普通高等教育机电类"十三五"规划教材

# 控制工程基础与应用

曾孟雄　周书兴　王如意　编著

电子工业出版社·
**Publishing House of Electronics Industry**
北京·BEIJING

# 内 容 简 介

本书主要介绍经典控制理论的基本原理及其在机械工程领域中的应用，内容包括控制工程基础的系统概念和基本性能要求、控制系统的数学模型、控制系统的时域分析法、控制系统的频域分析法、控制系统的校正与工程设计、离散控制系统、控制技术在工程中的应用等。全书主要章节均贯穿了 MATLAB/Simulink 在控制工程中的应用。相应章节备有小结及习题。

本书力求简明易懂、实用性强，可作为普通高等学校机械工程类专业，特别是机械设计制造及其自动化专业的本科、专科教材，也可供相关教师与工程技术人员参考。

**图书在版编目（CIP）数据**

控制工程基础与应用 / 曾孟雄，周书兴，王如意编著. —北京：电子工业出版社，2020.4

普通高等教育机电类"十三五"规划教材

ISBN 978-7-121-38393-9

Ⅰ. ①控… Ⅱ. ①曾… ②周… ③王… Ⅲ. ①自动控制理论－高等学校－教材 Ⅳ. ①TP13

中国版本图书馆 CIP 数据核字（2020）第 022137 号

责任编辑：李 洁　特约编辑：宋兆武

印　　刷：涿州市京南印刷厂

装　　订：涿州市京南印刷厂

出版发行：电子工业出版社

北京市海淀区万寿路 173 信箱　邮编　100036

开　　本：787×1092　1/16　印张：15.25　字数：390 千字

版　　次：2020 年 4 月第 1 版

印　　次：2020 年 11 月第 2 次印刷

定　　价：49.80 元

# 前　言

工程控制论所提供的理论和方法，在现代科学的迅猛发展中的重要性日益明显，并取得了很大发展，越来越多地成为科技工作者分析和解决问题的有效手段，也成为机械工程类专业的重要基础理论之一。本书可作为普通高等学校机械工程类专业，特别是机械设计制造及其自动化专业的本科、专科教材，也可供相关教师与工程技术人员参考。

本书力求内容翔实、体系新颖，突出基础性、实用性、综合性和先进性。在编写过程中力求体现如下思路和特点：按认知规律编排教材内容和重难点布局，注重课程内容衔接与交叉引用，注重概念及工程性；全书围绕工程设计的基本要求"快速性、稳定性、准确性"开展系统分析与校正；坚持"系统"和"动态"两个观点，将分析研究的对象抽象为系统，运用控制理论的方法，解决机械工程中的稳态和动态实际问题；贯彻"时域"和"频域"两条分析主线，分别从"时""频"两方面对系统性能进行分析和校正；注重控制工程仿真分析，强调 MATLAB/Simulink 建模仿真分析及优化。本书在讲解上力求深入浅出、循序渐进；在内容安排上既注重基础理论的系统阐述，同时也考虑到工程技术人员的实际需要，在介绍各种控制原理和方法时尽可能具体和实用。

本书基于作者本人早期出版的机械工程控制基础相关教材改编而成，在编排体系上对内容上做了较大改动，紧跟技术发展趋势，注重工程应用。在此，对原教材编著者刘春节、张屹、赵千惠、李郁表示感谢。

本书介绍了机械工程控制的基本理论和基本方法。全书共 7 章：第 1 章绪论，主要介绍机械工程控制的基本概念和本书结构体系与学习方法；第 2 章介绍控制系统的数学模型；第 3 章介绍控制系统的时域分析法；第 4 章介绍控制系统的频域分析法；第 5 章介绍控制系统的校正与工程设计；第 6 章介绍离散控制系统；第 7 章介绍控制技术在工程中的应用。各主要章节均贯穿了 MATLAB/Simulink 在控制工程中的应用。全书在各章均备有本章小结及习题，供读者参考练习。本书附录提供了全书主要符号说明和拉普拉斯（Laplace，拉氏）变换法与 Z 变换法，供读者参考。

本书由广东技术师范大学天河学院曾孟雄教授、周书兴老师和王如意老师共同编著，其中第 1～3 章和第 5～6 章由曾孟雄编写，第 4 章及附录 A 和附录 B 由周书兴编写，第 7 章及附录 C 由王如意编写。全书由曾孟雄整理定稿。

由于作者水平有限，书中难免存在错误和疏漏之处，恳请广大读者批评指正。

编著者

2019 年 12 月

# 目　　录

# 第 1 章
# 绪　　论

【学习要点】

　　了解控制理论及控制系统的发展概况，熟悉机械工程控制的研究对象与任务，掌握反馈及反馈控制的基本原理及其在控制系统中的应用，熟悉控制系统的基本组成及各部分的作用，掌握控制系统的基本分类及对控制系统的基本要求，了解本教材的体系结构和学习方法。

## 1.1　机械工程控制概述

### 1.1.1　控制理论与机械工程控制

　　机械工程控制基础课程主要阐述的是有关控制系统的基础技术，其理论基础是工程控制论。

　　控制理论是自动控制、电子技术、计算机科学等多种学科相互渗透的产物，是关于控制系统建模、分析和综合的一般理论。其任务是分析控制系统中变量的运动规律和如何改变这种运动规律以满足控制需求，为设计高性能的控制系统提供必要的理论手段。控制理论主要研究两方面的问题：一是在系统的结构和参数已经确定的情况下，对系统的性能进行分析，并提出改善性能的途径；二是根据系统要实现的任务，给出稳态和动态性能指标，要求组成一个系统，并确定适当的参数，使系统满足给定的性能指标。控制理论的形成远比人类对自动控制装置的应用要晚，它产生于人们对自动控制技术的长期探索和大量实践，它的发展得到了数学、力学和物理学等其他学科的推动，近代更是受到计算机科学的大力促进。控制理论方法已广泛应用于工程制造、交通管理、生态环境、经济科学、社会系统等领域。控制理论的建立和发展，不仅促进了控制技术在广度和深度上的发展，也对其他邻近的科学和技术的发展，乃至对人类的日常生活都产生着深刻的影响，自动控制理论被认为是 20 世纪在技术科学上所取得的重大成就之一。

控制理论在日渐成熟的发展过程中推广到工程技术领域，体现为工程控制论，在同机械工业相应的机械工程领域中体现为机械工程控制论。在工程技术中的机械制造业是制造业的基础与核心，尽管当今信息科学迅猛发展，高新科技日新月异，但仍然改变不了制造业、机械制造业的基础地位。可以说，没有制造业就没有工业。因此，发展机械制造业是发展国民经济、发展生产力的一项关键性的、基础性的战略措施。要想更快更好地发展机械制造业，就必须研究机械制造技术发展的现状、特点和动向。机械制造技术发展的一个重要方向是越来越广泛而紧密地同信息科学交融，越来越广泛而深刻地引入控制理论，形成机械工程控制这一新的学科分支。

通常把控制理论划分为经典控制理论和现代控制理论两部分。经典控制理论的研究对象是单输入、单输出的自动控制系统，特别是线性定常系统。经典控制理论主要研究系统运动的稳定性、时间域和频率域中系统的运动特性、控制系统的设计原理和校正方法。经典控制理论的特点是以输入/输出特性（主要是传递函数）为系统数学模型，其数学基础是拉氏（Laplace）变换。经典控制理论对于解决简单的自动控制系统的分析和设计问题是很有成效的，它在第二次世界大战期间及战后的工业自动化方面发挥过重要的作用，至今仍不失其应用价值。早期，经典控制理论常被称为自动调节原理，随着以状态空间法为基础和以最优控制理论为特征的现代控制理论的形成，它才开始广为使用现在的名称。现代控制理论是指在 20 世纪 60 年代前后发展起来的控制理论部分，它是建立在状态空间基础之上的。现代控制理论的研究对象要广泛得多，包括单变量系统和多变量系统，定常系统和时变系统。其基本分析和综合方法是时间域方法，包括各类系统数学模型的建立及其理论分析，涉及现代数学的大部分分支。现代控制理论的出现丰富了自动控制理论的内容，也扩大了所能处理的控制问题的范围。主要分支有线性系统理论、最优控制理论、随机控制理论等。

本书主要介绍经典控制理论。

## 1.1.2 机械工程控制论的研究对象与任务

机械工程控制论主要研究的是机械工程技术中广义系统的动力学问题。具体地说，是研究机械工程广义系统在一定外界条件下，从系统初始条件出发的整个动态过程，以及在这个过程中和过程结束后所表现出来的动态特性和静态特性，同时研究这一广义系统及其输入、输出三者之间的动态关系。以下具体阐释机械工程控制论的研究对象与任务。

### 1. 系统

学会以"系统"的观点认识、分析和处理客观现象，是科学技术发展的需要，也是人类在认识论与方法论上的一大进步。本课程的学习目的，就是要使读者逐步学会用"系统"、"动态"的观点，运用控制理论的方法，解决机械工程中的实际问题。随着生产的发展，生产设备、产品与工程结构变得越来越复杂，这种复杂性主要表现在其内部各组成部分之间，以及它们与外界环境之间的联系越来越密切，以至于其中某部分的变化可能会引起一连串的响应，即牵一发而动全身。在这种情况下，孤立地研究各部分已不能满足要求，必须将相关的部分联系起来作为一个整体加以认识、分析和处理。这个有机的整体称为"系统"。本课程所研究的系统就是由相互联系、相互作用的若干部分构成，而且有一定的目的或一定的运动规律的一个整体。

工程控制论所研究的系统是广义系统，这个系统可大可小、可繁可简、可虚可实，完全由研究的需要而定。例如，当研究某一产业集团应如何调整产品结构以适应市场变化的需要时，此集团就是一个广义系统；当研究某机械制造厂的某台机床在切削加工过程中的动力学问题时，切削加工本身就是一个广义系统；而当研究此台机床所加工的工件的某些质量指标时，工件本身可以作为一个广义系统；当研究此台机床的操作者在加工过程中的作用时，操作者本身或操作者的思维等都可以作为一个广义系统来研究。如果要研究所谓的"虚拟企业"或"动态联盟"围绕市场需求调整产品结构时，该虚拟企业也是一个广义系统。

机械工程控制论中研究的系统一般具有其固有特性，系统的固有特性由其结构和参数决定。

### 2. 系统的研究类型

在自然界、工程中存在着各式各样的系统，任何一个系统都处于同外界（其他系统）相互联系和运动中。系统由于其内部机制和与外界的相互作用，都会有相应的行为表现。这种外界对系统的作用和系统对外界的作用，分别以"输入"和"输出"表示，如图 1-1 所示。

图 1-1　系统的输入和输出

研究系统，就是研究系统和输入、输出三者之间的相互关系。工程控制论对系统及其输入、输出三者之间动态关系的研究内容大致包括以下 5 种研究类型：

（1）当系统已定时，输入（或激励）已知时，求出系统的输出（或响应），并通过输出来分析研究系统本身的问题，这类研究称为系统分析。

（2）当系统已定时，确定输入，且所确定的输入应使输出尽可能符合给定的最佳要求，此即最优控制问题。

（3）当输入已知时，确定系统，且所确定的系统应使输出尽可能符合给定的最佳要求，此即最优设计问题。

（4）当输出已知时，确定系统，以识别输入或输入中的有关信息，此即预测或滤波问题。

（5）当输入输出均已知时，求出系统的结构与参数，即建立系统的数学模型，此即系统识别或系统辨识问题。

机械工程控制以经典控制理论为核心，主要研究线性控制系统的分析问题。

### 3. 外界条件

在进行系统分析时，由于系统自身无法体现自身性能，因此需要给系统施加一定的外界条件，以此产生系统的输出（或响应），通过系统输出的表现来反映和分析研究系统本身的性能。这里所指的外界条件是指对系统的输入（激励），包括人为激励、控制输入、干扰输入等。

系统的输入往往又称为"激励"。激励本质上是一个主客体的交互过程，即在一定的时空环境下，激励主体采用一定的手段激发激励客体的动机，使激励客体朝着一个目标前进。一个系统的激励，如果是人为地、有意识地加到系统中去的，往往又称为"控制"，控制信号通常加在控制装置的输入端，也就是系统的输入端；如果是偶然因素产生而一般无法完全人为控制的输入，则称为"扰动"，扰动信号一般作用在被控对象上。实际的控制系统中，给定输入和扰动往往是同时存在的。实际系统除了给定的输入作用，往往还会受到不希望的扰动作用。例如，在机电系统中负载力矩的波动、电源电压的波动等。机械系统的激励一般是外界对系统的作用，如作用在系统上的力，即载荷等。而响应则一般是系统的变形或位移等。另外，系统在时间 $t=0_-$ 时的初始状态 $x(0_-)$ 也视为一种特殊的输入。

通常，把能直接观察到的响应叫输出。经典控制理论中，输出一般都能测量、观察到；而在现代控制理论中，状态变量不一定都能观察到。系统输出是分析系统性能的主要依据。

### 4. 动态过程与特性

从时间历程角度来说，在输入 $x_i(t)$ 的作用下，系统输出 $x_o(t)$ 从初始状态到达新的状态，或系统从一种稳态到另一稳态之间都会出现一个过渡过程，一般称为动态过程或动态历程。因此，实际系统在输入信号的作用下，其输出过程包含动态过程和稳态过程两部分。一个典型的输出响应曲线如图 1-2 所示。

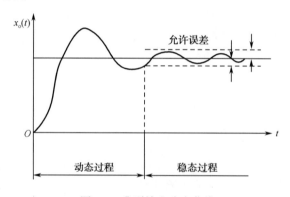

图 1-2　典型输出响应曲线

实际系统发生状态变化时总存在一个动态过程，其原因是系统中总会有一些储能元件（如机械系统中的阻尼器、弹簧），使输出不能立即跟随输入的变化而变化。在动态过程中系统的动态性能得到了充分体现，如输出响应是否迅速（快速性），动态过程是否有振荡或振荡程度是否剧烈（平稳性），系统最后是否收敛稳定下来（稳定性）等。动态过程结束后，系统进入稳态过程，也称为静态过程。系统的稳态过程主要反映系统工作的稳态误差（准确性）。快速性、稳定性、准确性是系统设计的三大指标要求。

## 1.2　控制系统的分类及组成

### 1.2.1　控制系统的几种分类

实际生产过程中，为了实现各种复杂的控制任务，采用的控制系统类型多种多样。从不同角度可以将控制系统分为不同的类型。

### 1. 按输入量的变化规律分类

按输入量的变化规律，控制系统可分为恒值控制系统、程序控制系统和随动系统。

恒值控制系统的输入量在系统运行过程中始终保持恒定。其任务是保证在任何干扰作用下维持系统输出量为恒定值。恒温、压力、液面等恒值参数控制均属恒值控制系统。如图 1-3 所示是一个水位控制系统，其任务是保持水箱水位高度在设定值。出水水流使水位高度偏离设定值时，浮球检测实际水位高度，根据水位偏差通过杠杆机构控制调节阀的开度变化，使水位维持在设定值。对于恒值控制系统，分析的重点是克服扰动对被控量的影响。

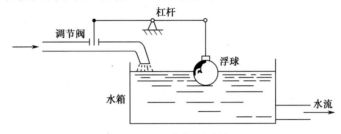

图 1-3　水位控制系统

程序控制系统的输入量是事先设定好的不为常数的给定函数，变化规律预先可知，其任务是保证在不同运行状态下被控量按照预定的规律变化。工业生产中常按生产工艺的要求，预先把输入量的变化规律编成程序，由程序发出控制指令，在输入装置中再将控制指令转换成控制信号，经过系统作用，使被控对象按指令的要求而运动。图 1-4 是一个用于机床切削加工的程序控制系统。其中，指令脉冲是由输入装置根据编制的程序发出的。

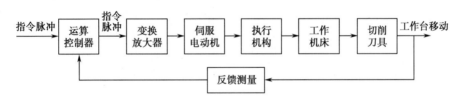

图 1-4　机床切削加工的程序控制系统

随动控制系统的输入量不是恒定的，也不是按已知规律变化的，而是按事先不能确定的一些随机因素而改变的，因此被控量也是跟随这个预先不能确定的输入量而随时变化的。其任务是当输入量发生变化时，要求输出量迅速而平稳地随之变化，且能排除各种干扰因素的影响，准确地复现控制信号的变化规律。控制指令由操作者根据需要随时发出，也可以由目标物或相应的测量装置发出，如火炮自动瞄准系统、导弹目标自动跟随系统，以及机械加工中的仿形机床等均属随动系统。在工业生产中，随动系统大多用来控制机械位移及速度，故也把随动系统称为伺服控制系统。

### 2. 按反馈分类

按控制系统的结构中有无反馈控制作用，控制系统可分为开环控制系统、闭环控制系统和复合控制系统。

开环控制系统是指系统的输出量对控制作用没有影响的系统。开环控制系统用一定的输入量产生一定的输出量，既不需要对输出量进行测量，也不需要将输出量反馈到输入端进行比较，每一个参考输入量都有一个固定的工作状态与之对应。如果由于某种扰动作用使系统的输出量偏离原始值，开环系统没有纠偏的能力。要进行补偿只能再借助人工改变输入量，所以开环系统的控制精度较低。如果组成系统的元件特性和参数比较稳定，外界干扰影响较小，用开环控制可保证一定的精度，对那些负载恒定、扰动小、控制精度要求不高的实际系统，开环控制是有效的控制方式。但为了获得高质量的输出，就必须选用高质量的元件，其结果必然导致投资大、成本高。图 1-5（a）是一个开环控制的电加热炉示例，给定电源电压可使加热炉电阻丝获得相应的发热量。

凡是系统输出量与输入端之间存在反馈回路的系统，称为闭环控制系统。反馈是把输出量送回系统的输入端并与输入信号进行比较的过程。若反馈信号与输入信号的差值越来越小，则称为负反馈；反之，称为正反馈。显然，负反馈控制是一个利用偏差进行控制并最后消除偏差的过程，同时，由于反馈的存在，整个控制过程是闭合的，所以闭环控制系统也称为反馈控制系统。闭环控制系统由于反馈作用的存在，因此具有自动修正被控制量出现偏差的能力，可以修正元件参数变化及外界扰动引起的误差，所以其控制效果好、精度高。其实，只有按反馈原理组成的闭环控制系统才能真正实现自动控制的任务。闭环控制系统也有不足之处，除了结构复杂和成本较高，一个主要的问题是由于反馈的存在，控制系统可能出现"振荡"。严重时，会使系统失去稳定而无法工作。在控制系统的研究中，一个很重要的问题就是如何解决好"振荡"或"发散"问题。图 1-5（b）是闭环控制的电加热炉示例，通过温度计检测炉内温度反馈到电源控制端，从而调节电源电压纠偏炉内温度。

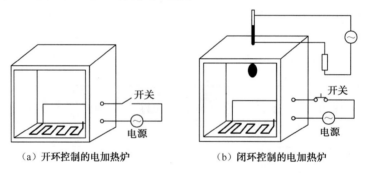

（a）开环控制的电加热炉　　　　　（b）闭环控制的电加热炉

图 1-5　具有不同控制系统结构的电加热炉

在工业生产过程中，常将开环控制和闭环控制配合使用，组成复合控制系统，也称前馈-反馈控制系统，如图 1-6 所示。当发生扰动，但被控量 $x_o(t)$ 还没反应时，前馈控制器（补偿器）先按扰动量的大小和方向进行"粗略"调整，尽可能使控制作用 $u_1(t)$ 在一开始就基本抵消扰动对被控量的影响，使被控量不致发生大的变化。被控量出现的"剩余"偏差则通过闭环回路来进行微调（校正作用）。因此，这类控制系统对扰动作用能够得到比简单闭环控制系统更好的控制效果。

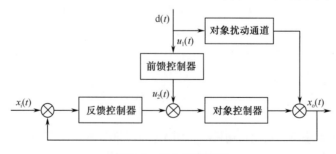

图 1-6　复合控制系统

### 3. 控制系统的其他分类

按系统中传递信号的性质，控制系统可分为连续控制系统和离散控制系统。系统中各部分传递的信号都是连续时间变量的系统称为连续控制系统，其控制规律多采用硬件组成的控制器实现。描述连续控制系统的数学工具是微分方程和拉氏变换。连续控制系统的特点是控制系统中所有环节之间的信号传递是不间断的，而且各个环节的输入量与输出量之间存在的都是连续的函数关系，因而控制作用也是连续的。在某一处或数处的信号是脉冲序列或数字量传递的系统称为离散控制系统，因而其控制作用是不连续的，其控制规律一般是用软件实现的，描述此种系统的数学工具是差分方程和 Z 变换。在离散控制系统中，数字测量、放大比较、给定等部件一般由微处理器实现。

按系统的数学描述，控制系统可分为线性控制系统和非线性控制系统。系统中所有的元件、部件都是线性的，输入与输出之间可以用线性微分方程来描述的控制系统称为线性控制系统。线性系统的重要特点是满足叠加原理，这对于分析多输入多输出的线性系统具有重要意义。当控制系统中存在非线性元件、部件时，该系统称为非线性控制系统，其输入输出关系需要用非线性微分方程来描述。

按系统输入输出信号的数量，控制系统可分为单变量系统和多变量系统。所谓单变量是从系统外部变量的描述来分类的，不考虑系统内部的通路与结构。单变量系统只有一个输入量和一个输出量，但系统内部的结构回路可以是多回路的，内部变量也可以是多种形式的。多变量系统有多个输入量和多个输出量。一般来说，当系统输入与输出信号多于一个时就称为多变量系统。多变量系统的特点是变量多，回路也多，而且相互之间呈现多路耦合，研究起来比较复杂。单变量系统是经典控制理论的主要研究对象，以传递函数为基本数学工具，主要讨论线性定常系统的分析和设计问题。多变量系统是现代控制理论研究的主要对象，在数学上以状态空间法为基础，讨论多变量、变参数、高精度、高能效等控制系统的分析和设计。

按系统闭环回路的数目，控制系统可分为单回路控制系统和多回路控制系统。单回路控制系统只有被控量的一个量反馈到控制器的输入端，形成一个闭合回路。如果除被控量反馈到控制器输入端外，还有另外的辅助信号也作为反馈信号送入控制系统的某一个入口，形成一个以上的闭合回路，即形成多回路控制系统。

## 1.2.2　控制系统的基本组成

### 1. 控制系统的基本结构

如图 1-7 所示为一个典型的反馈控制系统结构框图。该框图表示了控制系统各元件在系统中的位置和相互之间的关系。作为一个典型的反馈控制系统应该包括给定环节、反馈环节、比较环节、放大环节、执行环节及校正环节等。

### 2. 控制系统中的基本环节（元件、装置）

（1）给定环节：用于产生控制系统的输入量（给定信号），一般是与期望的输出量相对应的。输入信号的量纲要与主反馈信号的量纲相同。给定元件通常不在闭环回路中，可以是各种形式，以电类元件居多，在已知输入信号规律的情况下，也可用计算机软件产生给定信号。

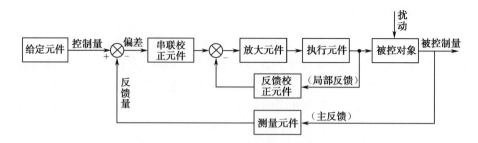

图 1-7　典型负反馈控制系统结构框图

（2）测量环节：用于测量被控制量，产生与被控制量有一定函数关系的信号。测量元件一般是各种各样的传感器，起反馈作用，一般为非电量电测。测量元件的精度直接影响控制系统的精度，应使测量元件的精度高于系统的精度，还要有足够宽的频带。

（3）比较环节：用于比较控制量和反馈量并产生偏差信号。电桥、运算放大器可作为电信号的比较元件。有些比较元件与测量元件是结合在一起的，如测角位移的旋转变压器和自整角机等。在计算机控制系统中，比较元件的职能通常由软件完成。

（4）放大环节：对偏差信号进行幅值或功率的放大，以足够的功率来推动执行机构或被控对象，以及对信号形式进行变换。

（5）执行环节：其职能是直接推动被控对象，使其被控量发生变化，如机械位移系统中的电动机、液压伺服电动机、温度控制系统中的加热装置。执行元件的选择应具有足够大的功率和足够宽的工作频带。

（6）校正环节：为改善或提高系统的动态和稳态性能，在系统基本结构基础上增加的校正元件。校正元件根据被控对象的特点和性能指标的要求而设计。校正元件串联在偏差信号与被控制信号间的前向通道中的称为串联校正；校正元件在反馈回路中的称为反馈校正。

（7）被控对象：控制系统所要控制的对象，它的输出量即控制系统的被控量。例如，水箱水位控制系统中的水箱、房间温度控制系统中的房间、火炮随动系统中的火炮、电动机转速控制系统中电机所带的负载等。设计控制系统时，认为被控对象是不可改变的。

应注意，上述环节（元件、装置）在具体实现时不一定是各自独立的，可能是一个实际元件同时担负几个环节的作用。例如，系统中的运算放大器，往往同时起着比较环节、放大环节及校正环节的作用；反之，也可能是几个实际元件共同担负一个环节的作用，如电冰箱中的电动机、压缩机、冷却管、节流阀及蒸发器共同起着执行环节的作用。

**3. 控制系统中的量**

为便于定量分析系统，通常给出控制系统中的量。

（1）被控量：也称输出量、被控参量，是在控制系统中按规定的任务需要加以控制的物理量。

（2）控制量：也称给定量、控制输入，是根据设计要求与输出量相适应的预先给定信号。

（3）干扰量：也称扰动量，干扰或破坏系统按预定规律运行的各种外部和内部条件，一般是偶然的、无法人为控制的随机输入信号。

（4）输入量：控制量与干扰量的总称，一般多指控制量。

（5）反馈量：由输出端引回到输入端的量。

（6）偏差量：控制量与反馈量之差。

（7）误差量：实际输出量与希望输出量之差值。

# 1.3 控制系统的基本要求

控制系统应用于不同场合和目的时，要求也往往不同。评价一个控制系统的好坏，其指标是多种多样的，但对控制系统的基本要求（即控制系统所需的基本性能）一般可归纳为稳定性、快速性和准确性。

## 1. 稳定性

稳定性是对控制系统的首要要求。一个控制系统能起控制作用，系统必须是稳定的，而且必须满足一定的稳定裕量，即当系统参数发生某些变化时，也能够使系统保持稳定的工作状态。

由于控制系统都包含有储能元件，存在着惯性，因此当系统的各个参数匹配不当时，将会引起系统的振荡而失去工作能力。稳定性就是指系统动态过程的振荡倾向和系统能否恢复平衡状态的性能。如图 1-8 所示为一个控制系统受到给定值为阶跃函数的输入扰动后，被控量的响应过程可能具有的几种不同振荡形式。（a）图是振荡衰减控制过程曲线，被控量经过一定的动态过程后重新达到新的平衡状态，系统是稳定的；（b）图是被控量等幅振荡的控制过程曲线，系统受到扰动后不能达到新的平衡，系统处于临界稳定状态，在工程上视为不稳定，在实际中不能采用；（c）图为被控量发散振荡的控制过程曲线，此时系统是不稳定的。

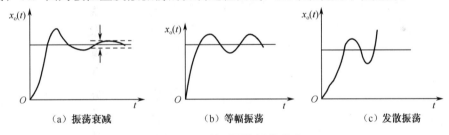

图 1-8　几种不同的振荡形式

控制系统的稳定性问题是由闭环反馈造成的，而稳定是一个闭环控制系统正常工作的先决条件。对工业控制对象而言，尤其是动力控制对象，被控量对控制作用的反应总是比较迟缓，因此在负反馈情况下，由于反馈"过量"，即控制作用"过大""过小"或控制速度"过快""过慢"，有可能使系统发生振荡。改变反馈作用的强弱，就可能出现图 1-8 所示的各种类型的控制过程。

## 2. 快速性

快速性是在系统稳定性的前提下提出的，反映对控制系统动态过程持续时间方面的要求。快速性是指当系统输出量与给定的输入量之间产生偏差时，消除这种偏差的快速程度。

由于实际系统的被控对象和元件通常都具有一定的惯性，如机械惯性、电磁惯性、热惯性等，再加上物理装置功率的限制，使得控制系统的被控量难以瞬时响应输入量的变化。因此，系统从一个平衡状态到另一个平衡状态都需要一定的时间，即存在一个动态过程（或称过渡过程）。

一般希望系统从扰动开始到系统达到新的平衡状态的过渡过程尽可能短，以保证下一次扰动来临时，上一次扰动所引起的控制过程已经结束。快速性好的系统，消除偏差的时间就短，也就能复现快速变化的输入信号，因而具有较好的动态性能。

### 3．准确性

准确性反映系统的控制精度，一般用系统的稳态误差来衡量。稳态误差是指系统稳定后的实际输出与期望输出之间的差值。稳态误差反映了动态过程后期的性能，是衡量系统品质的一个重要指标。稳态精度当然是越高越好。

有时为了提高生产设备对变动负荷的适应能力和稳定性，有意保持一定的动态误差和稳态误差，即在不同负荷下保持不同的稳态值。例如，火力发电机组为了能较快响应外界负荷的要求，当负荷指令发生变化时，允许主蒸汽压力在一定范围内变化（降低准确性要求），以利用锅炉蓄热，快速响应负荷变化。

要求一个控制系统的稳定性、快速性和准确性三方面都达到很高的质量往往是不可能的，三者之间往往是相互制约的。在设计与调试过程中，若过分强调系统的稳定性，则可能造成系统响应迟缓和控制精度较低的后果；若过分强调系统响应的快速性，则又会使系统的振荡加剧，甚至引起不稳定。不同的生产过程对稳定性、快速性和准确性的具体要求和主次地位是不同的，设计时，一般总是在满足稳定性的要求后，对准确性和快速性进行综合考虑。

## 1.4　控制工程的发展与应用

### 1.4.1　自动控制的发展阶段

控制理论是关于控制系统建模、分析和综合的一般理论，也可看作控制系统应用的数学分支，但它不同于数学，是一门技术科学。控制理论的发展是与控制技术的发展密切相关的。

根据控制理论的发展历史，大致可将其分为以下 4 个阶段。

### 1．经典控制理论阶段

18 世纪，瓦特（J.Watt）为控制蒸汽机速度而设计的离心调节器，是自动控制领域的一项重大成果。麦克斯威尔（J.C.Maxwell）于 1868 年从理论上分析飞球调节器的动态特性，发表了对离心调速器进行理论分析的论文。1922 年米罗斯基（N.Minorsky）给出了位置控制系统的分析，并对 PID 三作用控制给出了控制规律公式。1932 年奈奎斯特（Nyquist）提出了负反馈系统的频率域稳定性判据，这种方法只需利用频率响应的实验数据，不用导出和求解微分方程。1940 年，波德（H.Bode）进一步研究通信系统频域方法，提出了频域响应的对数坐标图描述方法，但它只适应单变量线性定常系统，又对系统内部状态缺少了解，且复数域方法研究时域特性得不到精确的结果。

在 1940 年以前，自动控制理论没有多大发展，但对于多数情况，控制系统的设计的确是一门技巧。1940 年后的十年期间，控制工程发展和实践了数学和分析的方法，并确定为具有独立特色的一门工程科学。第二次世界大战期间，为了设计和建造自动的飞机驾驶仪、火炮定位系统、雷达跟踪系统和其他的基于反馈控制原理的军用装备，自动控制理论有了一个很大的飞跃，并逐渐形成了较为完整的自动控制理论体系。20 世纪 40 年代末，自动控制在工程实践中得到了广泛的应用。

### 2．现代控制理论阶段

由于航天事业和电子计算机的迅速发展，20 世纪 60 年代初，在原有"经典控制理论"的基础上，又形成了所谓的"现代控制理论"，这是人类在自动控制技术认识上的一次飞跃。随着人造卫星的发展和太空时代的到来，为导弹和太空卫星设计高精度复杂的控制系统变得必要起来。因而，质量小、控制精度高的系统使最优控制变得重要起来。由于这些原因，时域手段也发展起来。现代控制理论以状态空间分析法为基础，主要分析和研究多输入/多输出、时变、非线性、高精度、高效能等控制系统的设计和分析问题。状态空间方法属于时域方法，其核心是最优化技术。它以状态空间描述（实质上是一阶微分或差分方程组）作为数学模型，利用计算机作为系统建模分析、设计乃至控制的手段。它不但在航天航空、制导与军事武器控制中有成功的应用，在工业生产过程控制中也得到了逐步应用。

### 3．大系统控制理论阶段

从 20 世纪 70 年代开始，一方面现代控制理论继续向深度和广度发展，出现了一些新的控制方法和理论，如现代频域方法、自适应控制理论和方法、鲁棒控制方法和预测控制方法等；另一方面，随着控制理论应用范围的扩大，现代控制理论从个别小系统的控制，发展到若干个相互关联的子系统组成的大系统的整体控制，从传统的工程控制领域推广到包括经济管理、生物工程、能源、运输、环境等在内的大型系统及社会科学领域，人们开始了对大系统理论的研究。大系统理论是过程控制与信息处理相结合的综合自动化理论基础，是动态的系统工程理论，具有规模庞大、结构复杂、功能综合、目标多样、因素众多等特点。它是一个多输入、多输出、多干扰、多变量的系统。大系统理论目前仍处于发展和开创性阶段。

### 4．智能控制阶段

这是近年来新发展起来的一种控制技术，是人工智能在控制上的应用。智能控制的概念和原理主要是针对被控对象、环境、控制目标或任务的复杂性提出来的，它的指导思想是依据人的思维方式和处理问题的技巧，解决那些目前需要人的智能才能解决的复杂的控制问题。被控对象的复杂性体现为模型的不确定性、高度非线性、分布式的传感器和执行器、动态突变、多时间标度、复杂的信息模式、庞大的数据量，以及严格的特性指标等。而环境的复杂性则表现为变化的不确定性和难以辨识。智能控制是从"仿人"的概念出发的。一般认为，其方法包括模糊控制、神经元网络控制和专家控制等方法。

从技术角度来看，自动控制经历了机械控制、电子控制和计算机控制 3 个阶段。

（1）机械控制：早期的控制系统几乎全是机械控制，它的指令通常是由离合器发出，只能给出希望点的值，而中间过渡点的信号则无法给出。它一般用同步电机驱动，轨迹靠凸轮产生，不仅控制性能无法保证，要改变轨迹实现不同功能也很困难。但由于系统简单、运行可靠、成本低廉而得到了一定应用，例如常见的离心调速系统、水箱液位控制系统等。

（2）电子控制：与机械控制相比，电子控制的指令不仅能给出最终值，而且还能给出中间信号，这样保证了被控对象可以按期望的规律趋于目标。大多数离线控制系统都属于电子控制。

（3）计算机控制：与电子控制相比，计算机控制的指令及调节参数可以按需要改变，可以实现在线控制。

## 1.4.2　控制理论在机械制造发展中的应用

无论是经典控制理论，还是现代控制理论，它们都起源于机械工程。控制理论是一门极其重要、极其有用的科学理论，将控制理论同机械工程结合起来，运用控制理论和方法，结合机械工程实际，来考察、提出、分析和解决机械工程中的问题。机械制造是制造业的基础与核心，机械制造技术发展的一个重要方向是越来越广泛而深刻地引入控制理论。控制理论在机械制造领域中的应用主要体现在以下几个方面。

### 1．机械制造过程自动化

现代生产的发展向机械制造过程自动化提出了越来越多、越来越高的要求。现代生产所采用的生产设备与控制系统越来越复杂，所要求的技术经济指标越来越高，这必然导致机械制造过程与自动化、最优化、可靠性的不断相互结合，从而使得机械制造过程的自动化技术从一般的自动机床、自动生产线发展到数控机床、多微机控制设备、柔性制造单元、柔性制造系统、无人化车间乃至设计、制造、管理一体化的计算机集成制造系统。可以预期，随着制造理论、计算机网络技术和智能技术，以及管理科学的发展，机械制造还将发展到网络环境下的智能动态联盟、智能制造系统，网络化的制造系统的组织与控制，当然也包括智能机器人、智能机床及其中的智能控制。

### 2．加工过程研究

现代生产一方面是生产效率越来越高，另一方面是加工质量特别是加工精度要求越来越高。高速切削、强力切削技术日益获得广泛应用，$0.1~\mu m$ 精度级、$0.01~\mu m$ 精度级乃至纳米精度级的相继出现，使加工过程中的"动态效应"必须被高度重视，这就要求把加工过程如实地作为一个动态控制系统加以研究。

### 3．产品与设备的设计

控制理论的发展早已摆脱经验设计、试凑设计、类比设计的束缚，优化设计、并行设计、虚拟设计、人工智能专家系统等新的设计方法不断出现。要在充分考虑产品与设备的动态特性的条件下，密切结合其制造过程，探索建立它们的数学模型，采用计算机及其网络进行人机交互对话信息反馈的优化设计。

### 4．动态过程和参数的测试

以控制理论为基础、以信息技术为手段的动态测试技术发展十分迅速。以控制技术与测试技术紧密结合的测控系统在动态误差与动态机械参数的测试与控制方面获得了长足进展。现代测试和故障诊断技术从基本概念、测试方法、测试手段到数据处理方法等无不同控制理论息息相关。

总之，控制理论、计算机技术尤其是信息技术同机械制造技术的结合，将促使机械制造领域中的研究、设计、试验、制造、诊断、监控、维修、销售、服务、回收、管理等各个方面发生巨大的乃至根本性的变化。

## 1.5 本书的结构体系

工程控制是一门技术基础课。课程以数学、物理及有关科学为理论基础，以机械工程中系统动力学为抽象、概括与研究的对象，运用信息的传播、处理与反馈控制的思维方法与观点，像桥梁一样将数理基础课程与专业课程紧密结合起来。

本课程的任务是使学生通过课程学习，掌握控制理论的基本原理，学会以动力学的基本观点对待机械工程系统，能够从整体系统的角度，研究系统中信息传递及反馈控制的动态行为，结合生产实际来考察、分析和解决机械工程中的实际问题。

本书在编写时力求体现如下特点：

（1）围绕工程设计的基本要求"稳定性、快速性、准确性"展开对系统的分析与校正。

（2）坚持"系统"和"动态"两个观点，将研究对象抽象为系统，运用控制理论的方法去解决机械工程中的实际问题。

（3）贯彻"时域"和"频域"两条分析主线，对系统性能进行分析和设计。

（4）强调 MATLAB/Simulink 建模仿真，注重控制工程仿真分析软件的介绍和使用。

本书体系结构如下：

第 1 章介绍控制理论和控制系统的基本概念，给出全书的结构体系。

第 2 章介绍控制系统的数学模型，主要介绍微分方程、传递函数和方框图。这部分内容将为后续学习控制系统分析和设计方法打下基础。

第 3 章和第 4 章介绍控制系统的性能分析方法。第 3 章介绍时域分析法，重点讲解低阶和高阶系统的时间响应、瞬态和稳态性能指标，以及稳定性判据；第 4 章介绍控制系统的频域分析法，主要内容包括乃奎斯特图、伯德图、频域稳定性分析，以及控制系统的闭环特性。

第 5 章介绍控制系统的校正设计方法，主要内容有基于频域的超前、滞后和滞后-超前校正装置的设计，PID 工程设计，以及复合控制系统的设计方法。

第 6 章介绍离散控制系统的分析和校正设计方法。

第 7 章介绍控制理论和技术在工程的应用。

学习本课程时，既要十分重视抽象思维，了解一般规律，又要充分注意结合实际、联系专业、努力实践；既要善于从个性中概括出共性，又要善于从共性出发深刻了解个性；努力学习用广义系统动力学的方法去抽象与解决实际问题，去开拓、分析与解决问题的思路。

要重视实验，重视习题，独立完成作业，重视有关的实践活动，这些都有助于对基本概念的理解与基本方法的运用。

## 本章小结

机械工程控制论主要研究机械工程技术中广义系统的动力学问题，研究机械工程广义系统在一定外界条件下，从系统初始条件出发的整个动态历程，以及在这个历程中和历程结束后所表现出来的动态特性和静态特性。

控制理论分为经典控制理论和现代控制理论两部分。经典控制理论研究单输入/单输出的自动控制系统,其数学基础是拉氏变换。现代控制理论是建立在状态空间基础之上的,研究对象包括单变量系统和多变量系统、定常系统和时变系统,其基本分析和综合方法是时间域方法。当系统已定,输入已知时,求出系统输出并通过输出来分析研究系统本身的问题称为系统分析,是本课程的主要内容。

控制系统按输入量的变化规律分为恒值控制系统、程序控制系统和随动系统;按结构中有无反馈控制作用分为开环控制系统、闭环控制系统和复合控制系统;按系统中传递信号的性质分为连续控制系统和离散控制系统;按系统的数学描述分为线性控制系统和非线性控制系统;按系统输入/输出信号的数量分为单变量系统和多变量系统;按系统闭环回路的数目分为单回路控制系统和多回路控制系统。

典型反馈控制系统的组成包括给定环节、反馈环节、比较环节、放大环节、执行环节及校正环节等。对控制系统的基本要求可归纳为稳定性、快速性、准确性。

# 习题

1.1 机械工程控制论的研究对象和任务是什么?闭环控制系统的工作原理是什么?

1.2 试列举两个日常生活中控制系统的例子,用框图说明其工作原理,并指出是开环控制系统还是闭环控制系统。

1.3 对控制系统的基本性能要求有哪些,并说明为什么?

1.4 题 1.4 图是仓库大门自动开闭控制系统原理示意图。试说明系统自动控制大门开、闭的工作原理,并画出系统方框图。

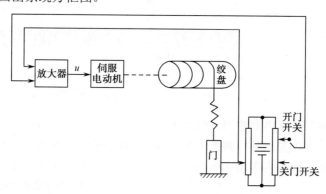

题 1.4 图 仓库大门自动开闭控制系统原理示意图

1.5 题 1.5 图为工业炉温自动控制系统的工作原理图。试分析系统的工作原理,指出被控对象、被控量和给定量,画出系统方框图。

1.6 控制导弹发射架方位的电位器式随动系统原理图如题 1.6 图所示。图中电位器 $P_1$、$P_2$ 并联后跨接到同一电源 $E_0$ 的两端,其滑臂分别与输入轴和输出轴相联结,组成方位角的给定元件和测量反馈元件。输入轴由手轮操纵,输出轴则由直流电动机经减速后带动,电动机采用电枢控制的方式工作。试分析系统的工作原理,指出系统的被控对象、被控量和给定量,画出系统的方框图。

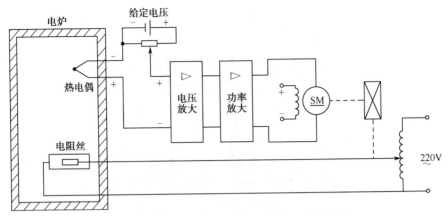

题 1.5 图　工业炉温自动控制系统的工作原理图

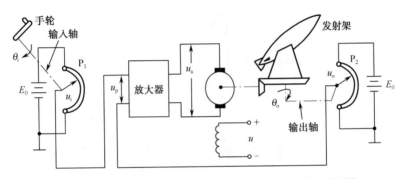

题 1.6 图　控制导弹发射架方位的电位器式随动系统原理图

1.7　采用离心调速器的蒸汽机转速自动控制系统如题 1.7 图所示。试指出系统中的被控对象、被控量和给定量，分析其工作原理，画出系统的方框图。

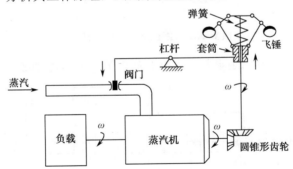

题 1.7 图　采用离心调速器的蒸汽机转速自动控制系统

1.8　摄像机角位置自动跟踪系统原理图如题 1.8 图所示。当光点显示器对准某个方向时，摄像机会自动跟踪并对准这个方向。试分析系统的工作原理，指出被控对象、被控量及给定量，并画出系统方框图。

1.9　题 1.9 图为水温控制系统原理图。冷水在热交换器中由通入的蒸气加热，从而得到一定温度的热水。冷水流量变化用流量计测量。试绘制系统方框图，并说明为了保持热水温度为期望值，系统是如何工作的，系统的被控对象和控制装置各是什么。

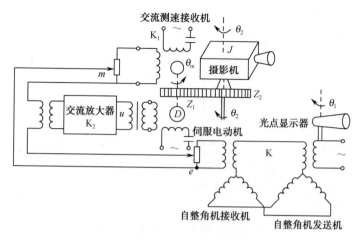

题 1.8 图 摄像机角位置自动跟踪系统原理图

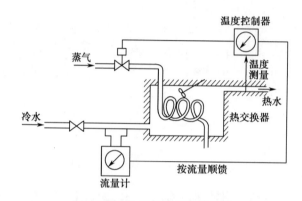

题 1.9 图 水温控制系统原理图

1.10 许多机器，像车床、铣床和磨床，都配有跟随器，用来复现模板的外形。题 1.10 图就是这样一种跟随系统的原理图。在此系统中，刀具能在原料上复制模板的外形。试说明其工作原理，画出系统方框图。

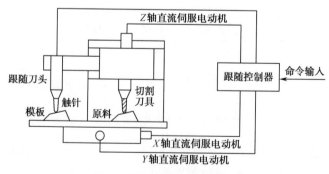

题 1.10 图 跟随系统原理图

Chapter **2**

# 第2章

# 控制系统的数学模型

【学习要点】

掌握数学模型的基本概念；掌握传递函数的概念、传递函数的零极点，用分析法求系统传递函数；熟练掌握典型环节的传递函数及物理意义；了解相似原理的概念；了解传递函数方框图的组成及意义，能够根据系统微分方程绘制系统传递函数方框图，掌握闭环系统中前向通道传递函数、开环传递函数、闭环传递函数的概念及传递函数的化简方法；了解干扰作用下的系统输出及传递函数。

## 2.1 系统的数学模型

### 2.1.1 系统的数学模型及分类

在控制系统的分析和设计中，不仅要定性地了解系统的工作原理及其特性，更重要的是要定量地描述系统的动态性能，揭示系统的结构、参数与动态性能之间的关系，这就需要建立系统的数学模型。分析和设计控制系统的首要任务就是建立系统的数学模型。控制系统数学模型既是分析控制系统的基础，又是综合设计控制系统的依据。

系统的数学模型就是描述系统输入/输出变量之间以及内部各变量之间相互关系的数学表达式。该表达式由决定系统特性的物理学定律组成，如机械、电气、热力、液压等方面的基本定律。它代表系统中各变量之间的相互关系，既定性又定量地描述了整个系统的特性和动态过程。系统的数学模型揭示了系统的结构、参数及性能之间的内在关系。依据数学模型中选取的变量的不同，用来描述系统数学模型的形式是多种多样的。描述各变量之间关系的代数方程叫作系统的静态数学模型，描述系统各变量动态关系的表达式称为动态数学模型，本章主要讨论系统的动态数学模型。时域中常采用微分方程的形式，对离散系统用差分方程，在现代控制理论中对多变量输入/输出系统用状态空间方程；在复数域中常采用传递函数和方框图形式；在频率域中常采用频率特性的形式。系统各种数学模型的建立和转换的数学基础是拉普拉斯变换（Laplace）和傅里叶变换（Fourier）。

当系统的数学模型能用线性微分方程来描述时，该系统称为线性系统。如果微分方程的各系数均为常数，则该系统称为线性定常系统。对于线性系统可以运用叠加原理，当有几个输入量同时作用于系统时，可以逐个输入，求出对应的输出，然后根据线性叠加原理把各个输出进行叠加，即可求出系统的总输出，这对于生产中大量的多变量输入/输出线性系统的分析和设计十分有用。若考虑系统的非线性因素，这时系统的数学模型就只能用非线性微分方程来描述，所对应的系统称为非线性系统。非线性系统不能应用叠加原理。非线性微分方程尚没有一个普遍的求解方法，因此，分析非线性系统要根据系统的不同特点选择不同的分析方法。

### 2.1.2　列写系统数学模型的一般方法

合理建立系统的数学模型是分析和研究系统的关键。实际的控制系统往往比较复杂，需要对其元件和系统的构造原理、工作情况等有足够的了解，需要对实际系统进行全面的分析，把握好模型简化与模型精度之间的尺度。所谓合理的数学模型是指它具有最简化的形式，但又能正确地反映所描述系统的特性。在工程上，建模过程常进行一些必要的假设和简化，忽略一些对系统特性影响小的次要因素，并对一些非线性因素进行线性化，在系统误差允许的范围内用简化的数学模型来表达实际系统，建立一个比较准确的近似的数学模型。

建立控制系统数学模型的方法主要有两种：分析法和实验法。分析法是对系统各部分的运动机理进行分析，根据系统和元件所遵循的有关定律分别推导出数学表达式，从而建立系统的数学模型。例如，建立机械系统的数学模型要根据牛顿定律、胡克定律；建立液压系统的数学模型还要应用流体力学的有关定律；建立电网络和电动机等系统的数学模型要根据欧姆定律、克希霍夫定律等。另外，常用的定律还有热力学定律及能量守恒定律等。实际上只有部分系统的数学模型主要由简单环节组成，能根据机理分析推导而成，而生产中相当多的系统，特别是复杂系统，涉及的因素较多时，往往需要通过实验法去建立数学模型。实验法是人为地给系统施加某种测试信号，记录其输出响应，根据实验数据进行整理，并用适当的数学模型去逼近、拟合出比较接近实际系统的数学模型，这种方法也叫系统辨识。

本章将针对线性定常系统，讨论在机械工程控制系统中如何列写线性定常系统的输入输出微分方程，介绍系统微分方程的求解法——拉氏变换法，阐述线性定常系统的传递函数的定义、相关概念、特性，以及典型环节传递函数的列写，最后介绍系统传递函数的方框图与简化方法。

## 2.2　系统的微分方程

在时域中，微分方程是控制系统最基本的数学模型。实际中常见的控制系统，如机械系统、电气系统、液压系统等，都是按照一定的运动规律进行的，这些运动规律都可以用微分方程来表示。微分方程是列写传递函数和状态空间方程的基础。

## 2.2.1　列写微分方程的一般步骤

要建立一个控制系统的微分方程，首先必须了解整个系统的组成结构和工作原理，然后根据系统或各组成元件所遵循的运动规律和物理定律，列写整个系统的输出变量与输入变量之间的动态关系表达式，即微分方程。用分析法列写微分方程的一般步骤如下：

（1）确定系统或各组成元件的输入输出变量，找出系统或各物理量（变量）之间的关系。系统给定的输入量或干扰输入量都是系统的输入量，而系统的被控制量则是系统的输出量。对于一个元件或环节而言，应按照系统信号的传递情况来确定输入和输出量。

（2）按照信号在系统中的传递顺序，从系统的输入端开始，根据各变量所遵循的运动规律或物理定律，列写出信号在传递过程中各环节的动态微分方程，一般为一个微分方程组。

（3）按照系统的工作条件，忽略一些次要因素，对已建立的原始动态微分方程进行数学处理，例如简化原始动态微分方程、对非线性项进行线性化处理等，并考虑相邻元件之间是否存在负载效应。

（4）消除所列动态微分方程的中间变量，得到描述系统输入、输出变量之间关系的微分方程。

（5）将微分方程标准化（规格化）。将与输出量有关的各项放在微分方程等号的左边，与输入量有关的各项放在微分方程等号的右边，并且各阶导数按降幂排列。

设有线性定常系统，若输入为 $x_i(t)$，输出为 $x_o(t)$，则系统的微分方程的一般形式可表达为

$$a_n \frac{\mathrm{d}^n x_o(t)}{\mathrm{d}t^n} + a_{n-1} \frac{\mathrm{d}^{n-1} x_o(t)}{\mathrm{d}t^{n-1}} + \cdots + a_1 \frac{\mathrm{d}x_o(t)}{\mathrm{d}t} + a_0 x_o(t)$$
$$= b_m \frac{\mathrm{d}^m x_i(t)}{\mathrm{d}t^m} + b_{m-1} \frac{\mathrm{d}^{m-1} x_i(t)}{\mathrm{d}t^{m-1}} + \cdots + b_1 \frac{\mathrm{d}x_i(t)}{\mathrm{d}t} + b_0 x_i(t), \quad (n \geqslant m)$$

(2-1)

由于系统中通常都存在储能元件而使系统具有惯性，因此输出量的阶次 $n$ 一般大于或等于输入量的阶次 $m$。

## 2.2.2　典型系统的微分方程

### 1. 机械系统

在机械系统的分析中，质量、弹簧和阻尼器是最常使用的 3 个理想化基本元件。理想的质量元件代表质点，此质点近似地将物体的质量全部集中到质心上。只要机械表面在滑动接触中运转，在物理系统中就都存在摩擦。物体弹性变形的概念则可用螺旋弹簧表示的理想要素来说明，如表 2-1 所示。机械系统中元件的运动有直线运动和旋转运动两种基本形式，列写微分方程采用的物理定律为达朗贝尔原理，即作用于每个质点上的合力同质点惯性力形成平衡力系。

表 2-1　机械系统基本元件的物理定律

| 元件名称及代号 | 符　　号 | 所遵循的物理定律 |
|---|---|---|
| 质量元件（$m$） | 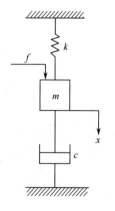 | $f = m\dfrac{\mathrm{d}x^2(t)}{\mathrm{d}t^2}$ |
| 弹性元件（$k$） | | $f = k(x_2 - x_1)$ |
| 阻尼元件（$c$） | | $f = c\left[\dfrac{\mathrm{d}x_2(t)}{\mathrm{d}t} - \dfrac{\mathrm{d}x_1(t)}{\mathrm{d}t}\right]$ |

【例 2.1】　由质量块 $m$、阻尼器 $c$、弹簧 $k$ 组成的单自由度机械系统如图 2-1 所示，当外力作用于系统时，系统将产生运动。试写出外力 $f(t)$ 与质量块的位移 $x(t)$ 之间的微分方程。

该系统在外力 $f(t)$ 的作用下，抵消了弹簧拉力 $kx(t)$ 和阻尼力 $c\dfrac{\mathrm{d}x(t)}{\mathrm{d}t}$ 后，与质点惯性力 $m\dfrac{\mathrm{d}^2x(t)}{\mathrm{d}t^2}$ 形成平衡力系，根据达朗贝尔原理，便可写出力的平衡方程式为

$$f(t) - c\frac{\mathrm{d}x(t)}{\mathrm{d}t} - kx(t) = m\frac{\mathrm{d}^2x(t)}{\mathrm{d}t^2}$$

即

$$m\frac{\mathrm{d}^2x(t)}{\mathrm{d}t^2} + c\frac{\mathrm{d}x(t)}{\mathrm{d}t} + kx(t) = f(t) \tag{2-2}$$

方程（2-2）是线性二阶常微分方程。

【例 2.2】　如图 2-2 所示为一做旋转运动的机械系统，其中 $J$ 为转动惯量，$c$ 为回转黏性阻尼系数，$k$ 为弹簧扭转刚度，试写出输入转矩 $T$ 与输出转角 $\theta$ 之间的微分方程。

由达朗贝尔原理可知，外加转矩 $T$ 与输出转角 $\theta$ 之间的微分方程为

$$J\frac{\mathrm{d}^2\theta(t)}{\mathrm{d}t^2} + c\frac{\mathrm{d}\theta(t)}{\mathrm{d}t} + k\theta(t) = T(t) \tag{2-3}$$

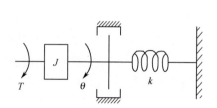

图 2-1　单自由度机械系统　　　　图 2-2　做旋转运动的机械系统

## 2. 电气系统

电气系统主要包括电阻、电容和电感等基本元件，其基本物理定律如表 2-2 所示。列写微分方程采用基尔霍夫电压定律和基尔霍夫电流定律。基尔霍夫电压定律为任意闭合回路中电压的代数和恒为零，即 $\sum u(t) = 0$；基尔霍夫电流定律为任意时刻在电路的任意节点上流出的电流总和与流入该节点的电流总和相等，即 $\sum i(t) = 0$。运用基尔霍夫定律时应注意电流的流向及元件两端电压的参考极性。

表 2-2　电气系统基本元件的物理定律

| 元件名称及代号 | 符　　号 | 所遵循的物理定律 |
|---|---|---|
| 电容（$C$） | $u_2 \xrightarrow{i} \| \| \; u_1$   C | $u_2 - u_1 = \dfrac{1}{C} \int i(t) \mathrm{d}t$ |
| 电感（$L$） | $u_2 \xrightarrow{i} \; u_1$   L | $u_2 - u_1 = L \dfrac{\mathrm{d}i(t)}{\mathrm{d}t}$ |
| 电阻（$R$） | $u_2 \xrightarrow{i} \; u_1$   R | $i(t) = \dfrac{u_2 - u_1}{R}$ |

**【例 2.3】** 如图 2-3 所示为一 RLC 串联电路。其中，$u_i(t)$ 为输入电压，$u_o(t)$ 为输出电压，$i(t)$ 为电流，R 为电阻，L 为电感，C 为电容，试写出 $u_o(t)$ 和 $u_i(t)$ 之间的微分方程。

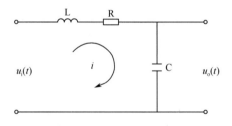

图 2-3　RLC 串联电路

利用基尔霍夫电压定律来分析该电路，该系统的电路方程为

$$u_i(t) = L \frac{\mathrm{d}i(t)}{\mathrm{d}t} + Ri(t) + u_o(t)$$

$$u_o(t) = \frac{1}{C} \int i(t) \mathrm{d}t$$

消去中间变量 $i(t)$，得输入和输出间的微分方程为

$$LC \frac{\mathrm{d}^2 u_o(t)}{\mathrm{d}t^2} + RC \frac{\mathrm{d}u_o(t)}{\mathrm{d}t} + u_o(t) = u_i(t) \tag{2-4}$$

**【例 2.4】** 如图 2-4 所示为由 RLC 组成的四端口无源网络。试列写以 $u_i(t)$ 为输入量，$u_o(t)$ 为输出量的电网络微分方程。

根据基尔霍夫定律，列写出原始微分方程

$$u_i(t) = L \frac{\mathrm{d}i_L(t)}{\mathrm{d}t} + u_o(t)$$

$$u_o(t) = \frac{1}{C}\int i_C(t)\mathrm{d}t = Ri_R(t)$$

$$i_L(t) = i_C(t) + i_R(t)$$

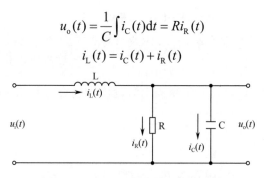

图 2-4　RLC 组成的四端口无源网络

整理后可得

$$LC\frac{\mathrm{d}u_o^2(t)}{\mathrm{d}t^2} + \frac{L}{R}\cdot\frac{\mathrm{d}u_o(t)}{\mathrm{d}t} + u_o(t) = u_i(t) \tag{2-5}$$

### 3. 机电系统

【例 2.5】 如图 2-5 所示是他励控制式直流电动机原理图，设 $u_a$ 为电枢两端的控制电压，$\omega$ 为电动机旋转角速度，$M_L$ 为折合到电动机轴上的总的等效负载力矩，系统中 $e_d$ 是电动机旋转时电枢两端的反电动势，$i_a$ 为电枢电流，$M$ 为电动机的电磁力矩。

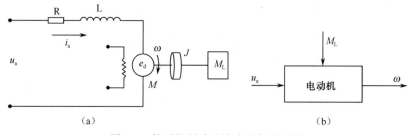

（a）　　　　　　　　　　　（b）

图 2-5　他励控制式直流电动机原理图

当励磁不变时，用电枢电压控制电动机输出转速。设 $L$ 和 $R$ 分别为电感和电阻的值，根据基尔霍夫定律，电动机电枢回路的电压平衡方程为

$$L\frac{\mathrm{d}i_a}{\mathrm{d}t} + i_a R + e_d = L\frac{\mathrm{d}i_a}{\mathrm{d}t} + i_a R + k_d\omega = u_a \tag{2-6}$$

式中，$k_d$ 为反电势常数。

根据刚体的转动定律，电动机转子的运动方程为

$$J\frac{\mathrm{d}\omega}{\mathrm{d}t} = M - M_L = k_m i_a - M_L \tag{2-7}$$

式中，$J$ 为转动部分折合到电动机轴上的总的转动惯量，并且略去了与转速成正比的阻尼力矩。当励磁磁通固定不变时，电动机的电磁力矩 $M$ 与电枢电流 $i_a$ 成正比。

由式（2-6）和式（2-7），可消去中间变量 $i_a$，得

$$\frac{LJ}{k_d k_m}\cdot\frac{\mathrm{d}^2\omega}{\mathrm{d}t^2} + \frac{RJ}{k_d k_m}\cdot\frac{\mathrm{d}\omega}{\mathrm{d}t} + \omega = \frac{1}{k_d}u_a - \frac{L}{k_d k_m}\cdot\frac{\mathrm{d}M_L}{\mathrm{d}t} - \frac{R}{k_d k_m}M_L$$

令 $L/R = T_a$，$RJ/(k_d k_m) = T_m$，$1/k_d = C_d$，$T_m/J = C_m$，则上式为

$$T_a T_m \frac{\mathrm{d}^2 \omega}{\mathrm{d}t^2} + T_m \frac{\mathrm{d}\omega}{\mathrm{d}t} + \omega = C_d u_a - C_m T_a \frac{\mathrm{d}M_L}{\mathrm{d}t} - C_m M_L \tag{2-8}$$

式（2-8）即电枢控制式直流电动机的数学模型。由式可见，转速 $\omega$ 既由 $u_a$ 控制，又受 $M_L$ 影响。

## 2.3　系统的传递函数

为分析和研究系统的动态特性，常需对建立的微分方程进行求解，得出系统的输出响应。但微分方程求解过程烦琐，且难以直接从微分方程去研究和分析系统的动态特性。如果对微分方程进行拉氏变换，就可将其转化为代数方程，使求解简化。传递函数就是在用拉氏变换求解微分方程的过程中引申出来的概念，它不仅将实数域中的微分、积分运算化为复数域中的代数运算，大大简化了计算工作量，可间接分析系统结构参数变化对动态特性的影响，而且由传递函数导出的频率特性还具有明显的物理意义。运用线性系统的传递函数与频率特性非常有利于对系统进行研究、分析与综合，从而对系统进行识别。

### 2.3.1　传递函数的基本概念

线性定常系统的传递函数，定义为在零初始条件下，系统输出变量的拉氏变换与输入变量的拉氏变换之比。

零初始条件如下：

（1）$t < 0$ 时，输入量及其各阶导数均为零。

（2）输入量施加于系统之前，系统处于稳定工作状态，即 $t < 0$ 时，输出量及其各阶导数也均为零。

设线性定常系统的输出变量为 $x_o(t)$，输入变量为 $x_i(t)$，系统微分方程的一般形式可表示为

$$\begin{aligned} &a_n \frac{\mathrm{d}^n x_o(t)}{\mathrm{d}t^n} + a_{n-1} \frac{\mathrm{d}^{n-1} x_o(t)}{\mathrm{d}t^{n-1}} + \cdots + a_1 \frac{\mathrm{d}x_o(t)}{\mathrm{d}t} + a_0 x_o(t) \\ &= b_m \frac{\mathrm{d}^m x_i(t)}{\mathrm{d}t^m} + b_{m-1} \frac{\mathrm{d}^{m-1} x_i(t)}{\mathrm{d}t^{m-1}} + \cdots + b_1 \frac{\mathrm{d}x_i(t)}{\mathrm{d}t} + b_0 x_i(t) \quad (n \geq m) \end{aligned} \tag{2-9}$$

式中，$n \geq m$，在初始条件为零时，对上式进行拉氏变换，求出输入量和输出量的象函数，可得

$$a_n s^n X_o(s) + a_{n-1} s^{n-1} X_o(s) + \cdots + a_1 s X_o(s) + a_0 X_o(s)$$
$$= b_m s^m X_i(s) + b_{m-1} s^{m-1} X_i(s) + \cdots + b_1 s X_i(s) + b_0 X_i(s)$$

根据定义，得到系统传递函数的一般形式为

$$G(s) = \frac{L[x_o(t)]}{L[x_i(t)]} = \frac{X_o(s)}{X_i(s)} = \frac{b_m s^m + b_{m-1} s^{m-1} + \cdots + b_1 s + b_0}{a_n s^n + a_{n-1} s^{n-1} + \cdots + a_1 s + a_0} \tag{2-10}$$

如无特别说明，一般将外界输入作用前的输出的初始条件 $x_o(0_-)$，$x_o'(0_-)$，$\cdots$，$x_o^{(n-1)}(0_-)$ 称为系统的初始状态。将式（2-10）所代表的系统用方框图表示，如图 2-6 所示。

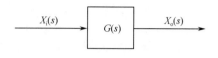

图 2-6　系统方框图

由上述定义可知，传递函数具有如下一些主要特点：

（1）传递函数是 $s$ 的复变函数。传递函数中的各项系数和相应微分方程中的各项系数对应相等，完全取决于系统的结构和参数。

（2）传递函数分母的阶次与各项系数只取决于系统本身的固有特性，与外界无关，分子的阶次与各项系数取决于系统与外界之间的关联。所以，传递函数的分母与分子分别反映了由系统的结构和参数所决定的系统的固有特性和系统与外界之间的联系。

（3）系统在零初始状态时，对于给定的输入，系统输出的拉氏逆变换完全取决于系统的传递函数，通过拉氏逆变换，可求得系统在时域中的输出为

$$x_o(t) = L^{-1}[X_o(s)] = L^{-1}[G(s)X_i(s)] \tag{2-11}$$

由于已设初始状态为零，因而这一输出与系统在输入作用前的初始状态无关。但是，一旦系统的初始状态不为零，则系统的传递函数不能完全反映系统的动态历程。

（4）传递函数分母中 $s$ 的阶次 $n$ 不会小于分子中 $s$ 的阶次 $m$，即 $n \geqslant m$。这是由于实际系统中总是存在具有惯性的储能元件使输出滞后于输入造成的。例如，单自由度二阶机械振动系统，输入力后先要克服系统的惯性产生加速度，再产生速度，才可能有位移输出，而与输入有关的各项的阶次是不可能高于二阶的。

（5）传递函数可以是有量纲的，也可以是无量纲的，这取决于系统输出的量纲与输入的量纲。在传递函数的计算中，应注意量纲的正确性。$G(s)$ 的量纲应该与 $x_o(s)/x_i(s)$ 的量纲相同。

（6）物理性质不同的系统、环节或元件，可以具有相同类型的传递函数。因为，既然可以用相同类型的微分方程来描述不同物理系统的动态过程，那么也就可以用相同类型的传递函数来描述不同物理系统的动态过程。因此，传递函数的分析方法可以用于不同的物理系统。

（7）传递函数是一种以系统参数表示的线性定常系统输入量与输出量之间的关系式，传递函数的概念通常只适用于线性定常系统。一个传递函数只能表示一个输入对一个输出之间的关系，对于多输入-多输出的线性定常系统，可对不同输入和对应的输出分别求传递函数，而后进行叠加。另外，系统传递函数只表示系统输入量和输出量的数学关系（描述系统的外部特性），而没有表示系统中间变量之间的关系（描述系统的内部特性）。针对这种局限性，在现代控制理论中，往往采用状态空间描述法对系统的动态特性进行描述。

## 2.3.2　系统的特征方程、零点和极点及复域特征

系统的传递函数 $G(s)$ 是复变量 $s$ 的函数，经因式分解后，可写成如下的形式：

$$
\begin{aligned}
G(s) &= \frac{b_m s^m + b_{m-1}s^{m-1} + \cdots + b_1 s + b_0}{a_n s^n + a_{n-1}s^{n-1} + \cdots + a_1 s + a_0} \\
&= \frac{K(s-z_1)(s-z_2)\cdots(s-z_m)}{(s-p_1)(s-p_2)\cdots(s-p_n)}
\end{aligned}
\tag{2-12}
$$

传递函数分母的多项式 $a_n s^n + a_{n-1}s^{n-1} + \cdots + a_1 s + a_0$ 反映系统的固有特性，称为系统的特征

多项式，令特征多项式等于零得到的方程称为特征方程，特征方程的解称为特征根。

经因式分解后得到的传递函数形式也称为传递函数的零极点增益模型。由复变函数可知，式（2-12）中，当 $s = z_j$（$1,2,\cdots,m$）时均能使 $G(s) = 0$，故称 $z_1,z_2,\cdots,z_m$ 为系统的零点；当 $s = p_i$（$1,2,\cdots,n$）时，均能使 $G(s)$ 取极值，即

$$\lim_{s \to p_i} G(s) = \infty \qquad (i=1,2,\cdots,n)$$

故称 $p_1, p_2, \cdots, p_n$ 为 $G(s)$ 的极点。系统传递函数的极点也就是系统特征方程的特征根。

系统传递函数的零点、极点和放大倍数 $K$ 对系统的分析研究非常重要。

系统极点的性质决定了系统是否稳定。根据拉氏变换求解微分方程可知，系统的瞬态响应主要由 $e^{pt}$、$e^{\sigma t}\sin\omega t$、$e^{\sigma t}\cos\omega t$ 等形式的分量构成。在此，$p$ 是系统传递函数实数极点，$\sigma$ 是系统传递函数复数极点（$\sigma + j\omega$）中的实数，$p$ 和（$\sigma + j\omega$）也就是微分方程的特征根。假定所有的极点是负数或具有负实部的复数，即 $p<0$，$\sigma<0$。系统传递函数所有的极点均在 $[s]$ 复平面左半平面，当 $t \to \infty$ 时，上述分量都将趋于零，瞬态响应是收敛的。在这种情况下，我们说系统是稳定的。也就是说，系统是否稳定由系统的极点性质来决定。

当系统的输入信号一定时，系统的零点、极点决定着系统的动态性能，即零点对系统的稳定性没有影响，但零点对系统瞬态响应曲线的形状有影响。当系统的输入为单位阶跃函数 $R(s) = 1/s$ 时，根据拉氏变换的终值定理，系统的稳态输出值为

$$\lim_{t \to \infty} x_o(t) = x_o(\infty) = \lim_{s \to 0} sX_o(s) = \lim_{s \to 0} sG(s)X_i(s) = \lim_{s \to 0} G(s) = G(0)$$

所以，$G(0)$ 决定着系统的稳态输出值。由式（2-12）可知

$$G(0) = \frac{b_0}{a_0}$$

$G(0)$ 就是系统的放大倍数，它由系统微分方程的常数项决定。由此可见，系统的稳态性能由传递函数的常数项来决定。

综上所述，系统传递函数的零点、极点和放大倍数决定着系统的瞬态性能和稳态性能。所以，对系统的性能研究可变成对系统传递函数零点、极点和放大倍数的研究。利用控制系统传递函数零点、极点的分布可以简明直观地表达控制系统的性能的许多规律。控制系统的时域、频域特性集中地以其传递函数零点、极点特征表现出来，从系统的观点来看，对于输入/输出的控制模型的描述，往往并不关心组成系统内部的结构和参数，而只需从系统的输入、输出的特征，即控制系统传递函数的零点、极点特征来考察、分析和处理控制系统中的各种问题。

## 2.3.3　典型环节的传递函数

不同的控制系统，它们的组成、所用的元部件及其功能是不同的。一个复杂的控制系统总可以分解为有限简单因式的组合，这些简单因式可以构成独立的控制单元，并具有各自独立的动态特性，通常称这些简单因式构成的控制单元为典型环节。从数学模型上讲，系统的微分方程往往是高阶的，因此其传递函数也往往是高阶的。但不管它们的阶次有多高，总可以化为零阶、一阶、二阶的一些典型环节的组合。线性系统的传递函数的典型环节有比例环节、惯性环节、积分环节、微分环节、振荡环节和延时环节等。

实际工程应用中，常常将这些典型环节通过串联、并联和反馈等方式构成复杂的控制系统；反之，将一个复杂的控制系统分解为由有限的典型环节组成，并求出这些典型环节的传递函数。

这对于分析、研究和设计复杂系统大有益处。

下面介绍这些典型环节的传递函数及其推导。

**1. 比例环节（放大环节、零阶环节、无惯性环节）**

凡输出量与输入量成正比，输出不失真、不延迟、以一定的比例复现输入量的环节称为比例环节。其动力学方程为

$$x_o(t) = Kx_i(t)$$

式中，$x_o(t)$ 为输出，$x_i(t)$ 为输入，$K$ 为比例环节的放大系数或增益。其传递函数为

$$G(s) = \frac{X_o(s)}{X_i(s)} = K \tag{2-13}$$

【例2.6】 求如图 2-7 所示的齿轮传动副的传递函数。其中，$\theta_m$ 为主动齿轮转速，$\theta_1$ 为从动齿轮转速；$N_1$ 为主动齿轮齿数，$N_2$ 为从动齿轮齿数。

在齿轮传动中，如果忽略啮合间隙、齿轮惯量、摩擦等，则主动齿轮与从动齿轮的转速之间有如下关系

$$\theta_1(t)N_2 = \theta_m(t)N_1$$

经拉氏变换后，得其传递函数为

$$G(s) = \frac{\Omega_1(s)}{\Omega_m(s)} = \frac{N_1}{N_2} = K$$

从上述示例可以看出，放大环节的特点是其传递函数为一常数。然而，纯粹的放大环节是极少见的，只有在忽略一些因素的前提下才能把某些部件看成放大环节。

【例2.7】 求如图 2-8 所示的运算放大器的传递函数。其中，$u_i(t)$ 为输入电压，$u_o(t)$ 为输出电压，$R_1$、$R_2$ 为电阻。

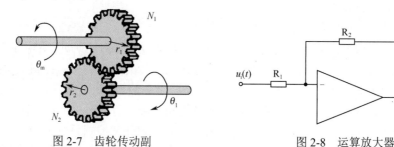

图 2-7 齿轮传动副    图 2-8 运算放大器

输入电压 $u_i(t)$ 与输出电压 $u_o(t)$ 的关系为

$$u_o(t) = -\frac{R_2}{R_1}u_i(t)$$

经拉氏变换后，得其传递函数为

$$G(s) = \frac{U_o(s)}{U_i(s)} = -\frac{R_2}{R_1} = K$$

**2. 惯性环节（一阶惯性环节）**

在时域中凡输入、输出量的动力学方程可以表达为如下一阶微分方程形式的环节称为惯性环节：

$$T\frac{\mathrm{d}x_\mathrm{o}(t)}{\mathrm{d}t}+x_\mathrm{o}(t)=x_\mathrm{i}(t)$$

式中，$T$ 为惯性环节的时间常数。惯性环节一般包含一个储能元件和一个耗能元件。显然，其传递函数为

$$G(s)=\frac{X_\mathrm{o}(s)}{X_\mathrm{i}(s)}=\frac{1}{Ts+1} \tag{2-14}$$

【例 2.8】　如图 2-9 所示为弹簧-阻尼系统，$x_\mathrm{i}(t)$ 为输入位移，$x_\mathrm{o}(t)$ 为输出位移，求该环节的传递函数。

根据受力平衡关系，可得其动力学方程为

$$c\frac{\mathrm{d}x_\mathrm{o}(t)}{\mathrm{d}t}+kx_\mathrm{o}(t)=kx_\mathrm{i}(t)$$

经拉氏变换，可得其传递函数为

$$G(s)=\frac{X_\mathrm{o}(s)}{X_\mathrm{i}(s)}=\frac{1}{Ts+1}$$

式中，$T=c/k$ 为该弹簧-阻尼系统的时间常数。

【例 2.9】　如图 2-10 所示为 RC 滤波电路，$u_\mathrm{i}(t)$ 为输入电压，$u_\mathrm{o}(t)$ 为输出电压，$i(t)$ 为电流，R 为电阻，C 为电容，求系统的传递函数。

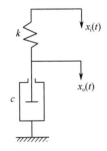

图 2-9　弹簧-阻尼系统

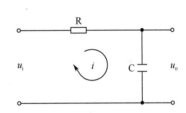

图 2-10　RC 滤波电路

根据基尔霍夫定律，输入电压消耗在电阻 R 与电容 C 上，则

$$u_\mathrm{i}(t)=Ri(t)+\frac{1}{C}\int i(t)\mathrm{d}t$$

输出电压为

$$u_\mathrm{o}(t)=C\int i(t)\mathrm{d}t$$

经拉氏变换后得

$$U_\mathrm{i}(s)=RI(s)+\frac{1}{C}\cdot\frac{I(s)}{s}$$

$$U_\mathrm{o}(s)=\frac{1}{C}\cdot\frac{I(s)}{s}$$

消去中间变量 $I(s)$，得传递函数为

$$G(s)=\frac{U_\mathrm{o}(s)}{U_\mathrm{i}(s)}=\frac{1}{RCs+1}=\frac{1}{Ts+1}$$

### 3. 微分环节

在时域中，凡输出量 $x_\mathrm{o}(t)$ 正比于输入量 $x_\mathrm{i}(t)$ 的微分，即具有

$$x_o(t) = T\frac{dx_i(t)}{dt}$$

形式的环节称为微分环节。显然，其传递函数为

$$G(s) = \frac{X_o(s)}{X_i(s)} = Ts \tag{2-15}$$

式（2-15）定义的微分环节称为理想的微分环节。微分环节的输出反映了输入的微分关系，当输入量 $x_i(t)$ 为阶跃函数时，输出 $x_o(t)$ 在理论上将是一个幅值为无穷大而时间宽度为零的脉冲函数 $\delta(t)$，这在实际中是不可能的。这也证明了传递函数中分子的阶次不可能高于分母的阶次。因此，微分环节不可能单独存在，只能与其他环节共同存在。

【例 2.10】 图 2-11 为机械–液压阻尼器原理图，相当于一个具有惯性环节和微分环节的系统。图中，$A$ 为活塞面积，$k$ 为弹簧刚度，R 为液体流过节流阀上阻尼小孔时的液阻，$p_1$、$p_2$ 分别为油缸左、右腔单位面积上的压力，$x_i$ 为活塞位移，$x_o$ 为油缸位移。

液压缸的力平衡方程为

$$A(p_2 - p_1) = kx_o(t)$$

通过节流阀的流量为

$$q = \frac{p_2 - p_1}{R} = A\left[\frac{dx_i(t)}{dt} - \frac{dx_o(t)}{dt}\right]$$

以上二式中消去 $p_1$、$p_2$，得到

$$\left[\frac{dx_i(t)}{dt} - \frac{dx_o(t)}{dt}\right] = \frac{k}{A^2 R}x_o(t)$$

经拉氏变换，令 $T = \dfrac{k}{A^2 R}$，得

$$G(s) = \frac{X_o(s)}{X_i(s)} = \frac{s}{s + \dfrac{k}{A^2 R}} = \frac{Ts}{Ts + 1}$$

【例 2.11】 图 2-12 为 RC 微分运算电路，$u_i(t)$ 为输入电压，$u_o(t)$ 为输出电压，$i(t)$ 为电流，R 为反馈电阻，C 为电容，求系统的传递函数。

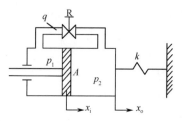

图 2-11  机械–液压阻尼器原理图

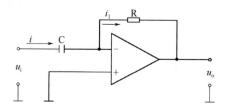

图 2-12  RC 微分运算电路

该电路的输出 $u_o(t)$ 与输入 $u_i(t)$ 的关系为

$$u_o(t) = -RC\frac{du_i(t)}{dt}$$

故其传递函数为

$$G(s) = \frac{U_o(s)}{U_i(s)} = -RCs = Ts$$

在控制系统中，微分环节主要用于改善系统的动态性能。主要体现在以下 3 个方面。

（1）使系统的输出提前，即对系统的输入有预测作用。

如图 2-13 所示，对一比例环节 $K_p$ 施加一速度函数，即单位斜坡函数 $r(t)$ 作为输入，当 $K_p = 1$ 时，此环节在时域中的输出 $x_o(t)$ 即 45° 斜线，如图 2-13（b）中原输出。若对此比例环节再并联一个微分环节 $K_p Ts$，则系统的传递函数为

$$G(s) = \frac{X_o(s)}{X_i(s)} = K_p(Ts + 1)$$

在 $K_p = 1$ 时，它在时域中增加的输出为

$$x_{o1}(t) = L^{-1}\left[TsR(s)\right] = T\frac{\mathrm{d}r(t)}{\mathrm{d}t} = Tu(t)$$

因为 $u(t) = 1$，故微分环节所增加的输出使原输出 $x_o(t)$ 垂直向上平移 $T$，得到新的输出。系统在每一时刻的输出都增加了 $T$。在原输出为 45° 斜线时，新输出也是 45° 斜线，它可以看成原输出向左平移了 $T$，即原输出在 $t_2$ 时刻才有的 $r(t_2)$，新输出在 $t_1$ 时刻就已达到了，因此具有预测作用。

微分环节的输出反映了输入的变化趋势，所以也相当于对系统的有关输入变化趋势进行了预测。由于微分环节使输出提前，预测了输入的情况，因而有可能对系统提前施加校正作用，提高了系统的灵敏度。

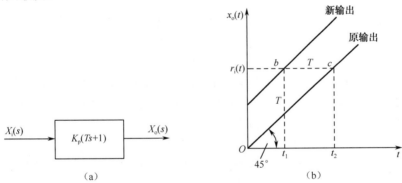

图 2-13　微分环节的预测作用

（2）强化噪声的作用。由于微分环节能对输入进行预测，噪声（即干扰）也是一种输入，所以也能对系统的噪声信号进行预测，因此对噪声的灵敏度也提高了，从而增大了因系统干扰而引起的误差。

（3）增加系统阻尼。如图 2-14（a）所示，系统的闭环传递函数为

$$G_1(s) = \frac{K_p \dfrac{K}{s(Ts+1)}}{1 + K_p \dfrac{K}{s(Ts+1)}} = \frac{K_p K}{Ts^2 + s + K_p K}$$

对系统的比例环节 $K_p$ 并联微分环节 $K_p T_d s$ 如图 2-14（b）所示，系统的闭环传递函数为

$$G_2(s) = \frac{K_p(T_d s + 1)\dfrac{K}{s(Ts+1)}}{1 + K_p(T_d s + 1)\dfrac{K}{s(Ts+1)}} = \frac{K_p K(T_d s + 1)}{Ts^2 + (1 + K_p K T_d)s + K_p K}$$

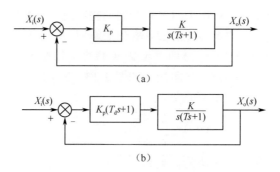

（a）

（b）

图 2-14　微分环节增加系统的阻尼

比较上两式，$G_1(s)$ 与 $G_2(s)$ 均为二阶系统的传递函数，其分母中 $s$ 一阶项前的系数与阻尼有关，$G_1(s)$ 的系数为 1，而 $G_2(s)$ 的系数 $1+K_pKT_d>1$。采用微分环节后，系统的阻尼增加。在需要增加系统阻尼的场合可采用微分环节进行校正，但同时应注意噪声引起的误差影响。

### 4．积分环节

在时域中，凡输出量 $x_o(t)$ 正比于输入量 $x_i(t)$ 的积分，即具有

$$x_o(t)=\frac{1}{T}\int x_i(t)\mathrm{d}t$$

形式的环节称为积分环节。显然，积分环节的传递函数为

$$G(s)=\frac{x_o(s)}{x_i(s)}=\frac{1}{Ts} \tag{2-16}$$

积分环节的特点是随着输出量对输入量时间的积累，输出的幅值呈线性增长。对阶跃输入，输出要在 $t=T$ 时才能等于输入，故有滞后作用。经过一段时间的积累后，当输入变为零时，输出量不再增加，但保持该值不变，具有记忆功能。

在系统中凡有存储特点的元件，都具有积分环节的特性。

【例 2.12】　图 2-15 为齿轮齿条传动机构，齿轮转速 $n(t)$ 为输入量，齿条的位移量 $x(t)$ 为输出量，试求其传递函数。

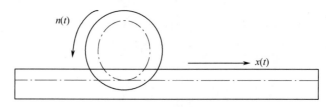

图 2-15　齿轮齿条传动机构

齿轮齿条的转速关系为

$$\frac{\mathrm{d}x(t)}{\mathrm{d}t}=\pi Dn(t)$$

式中，$D$ 为齿轮的节圆直径。对上式进行拉氏变换，得其传递函数为

$$G(s)=\frac{X(s)}{N(s)}=\frac{\pi D}{s}$$

【例 2.13】　如图 2-16 所示的水箱，以流量 $Q(t)=Q_1(t)-Q_2(t)$ 为输入，液面高度变化量 $h(t)$

为输出，$A$ 为水箱截面积，$\gamma$ 为水的密度。

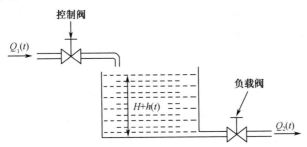

图 2-16  水箱液面高度变化与流量的关系

根据质量守恒定律，有

$$\gamma \int Q(t)\mathrm{d}t = Ah(t)\gamma$$

经拉氏变换，得其传递函数

$$G(s) = \frac{H(s)}{Q(s)} = \frac{1}{As}$$

### 5. 振荡环节

振荡环节是二阶环节。凡在时域中，输出量 $x_{\mathrm{o}}(t)$ 和输入量 $x_{\mathrm{i}}(t)$ 的关系可用下列微分方程表示的环节称为振荡环节：

$$T^2 \frac{\mathrm{d}^2 x_{\mathrm{o}}(t)}{\mathrm{d}t^2} + 2\zeta T \frac{\mathrm{d}x_{\mathrm{o}}(t)}{\mathrm{d}t} + x_{\mathrm{o}}(t) = x_{\mathrm{i}}(t) \tag{2-17}$$

经拉氏变换后，其传递函数为

$$G(s) = \frac{X_{\mathrm{o}}(s)}{X_{\mathrm{i}}(s)} = \frac{1}{T^2 s^2 + 2\zeta Ts + 1} = \frac{\omega_{\mathrm{n}}^2}{s^2 + 2\zeta \omega_{\mathrm{n}} s + \omega_{\mathrm{n}}^2} \tag{2-18}$$

式中，$T$ 为振荡环节的时间常数，$\omega_{\mathrm{n}}$ 为无阻尼固有频率，$\zeta$ 为阻尼比，且 $0 \leqslant \zeta < 1$。

当二阶环节以阶跃输入时，系统的输出有两种情况。

（1）当 $0 \leqslant \zeta < 1$ 时，系统的输出为一振荡过程，此时的二阶环节称为振荡环节，在图 2-17（a）所示的单位阶跃输入下，其输出曲线如图 2-17（b）所示，是一条按指数衰减振荡的曲线。

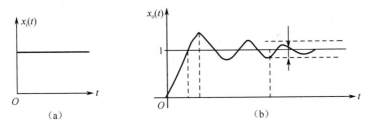

图 2-17  振荡环节的单位阶跃输入/输出曲线

（2）当 $\zeta \geqslant 1$ 时，系统的输出为一指数上升曲线而不振荡，最后到达常值输出。这时，这个二阶环节就不是振荡环节，而是两个一阶惯性环节的组合。因此，振荡环节一定是二阶环节，但二阶环节不一定是振荡环节。

当 $T$ 很小、$\zeta$ 较大时，由式（2-18）可知，$T^2 s^2$ 可忽略不计，分母变成一阶。这时二阶环节近似为一个惯性环节。

实际中的振荡环节一般含有两个储能元件和一个耗能元件，由于两个储能元件之间有能量交换，因此会使系统发生振荡。从数学模型上来看，当式（2-18）所表示的传递函数的极点为一对共轭复数极点时，系统输出就会发生振荡，而且阻尼比$\zeta$越小，振荡越厉害。由于存在耗能元件，所以振荡是逐渐衰减的。有关这方面的详细讨论见第 3 章。

【例 2.14】 在本章示例中，例 2.1～例 2.5 均是二阶系统的示例。

对例 2.1 中的式（2-2）进行拉氏变换，可得其传递函数为

$$G(s) = \frac{X(s)}{F(s)} = \frac{1}{ms^2 + cs + k} = \frac{\omega_n^2}{s^2 + 2\zeta\omega_n s + \omega_n^2}$$

因此，$\omega_n = \sqrt{\dfrac{k}{m}}$，$\zeta = \dfrac{c}{2\sqrt{mk}}$

对例 2.2 的式（2-3）进行拉氏变换，可得其传递函数为

$$G(s) = \frac{\theta(s)}{T(s)} = \frac{1}{Js^2 + cs + k} = \frac{\omega_n^2}{s^2 + 2\zeta\omega_n s + \omega_n^2}$$

因此，$\omega_n = \sqrt{\dfrac{k}{J}}$，$\zeta = \dfrac{c}{2\sqrt{Jk}}$

对例 2.3 的式（2-4）进行拉氏变换，可得其传递函数为

$$G(s) = \frac{U_o(s)}{U_i(s)} = \frac{1}{LCs^2 + RCs + 1} = \frac{\omega_n^2}{s^2 + 2\zeta\omega_n s + \omega_n^2}$$

因此，$\omega_n = \sqrt{\dfrac{1}{LC}}$，$\zeta = \dfrac{R}{2}\sqrt{\dfrac{L}{C}}$

读者可根据二阶系统的规格化表达式，求出不同物理系统的特征参数$\omega_n$和$\zeta$。

### 6. 延时环节（延迟环节）

在时域中，输出量$x_o(t)$滞后输入时间$\tau$且不失真地反映输入量$x_i(t)$的环节称为延时环节。具有延时环节的系统称为延时系统。其动力学方程为

$$x_o(t) = x_i(t-\tau)$$

式中，$\tau$为延时时间。延时环节也是线性环节，符合叠加原理，对上式两边进行拉氏变换，可得延时环节的传递函数

$$G(s) = \frac{L[x_o(t)]}{L[x_i(t)]} = \frac{L[x_i(t-\tau)]}{L[x_i(t)]} = \frac{X_i(s)e^{-\tau s}}{X_i(s)} = e^{-\tau s} \tag{2-19}$$

延时环节一般不单独存在，其输出量滞后输入量$\tau$，但不失真。滞后原因有机械系统启动时要克服摩擦力、内应力、液压气动管长等。延时时间$\tau$一般由实验测得。

在液压、气动系统中，施加输入后，往往由于管长而延缓了信号传递的时间，因而出现延时环节。在机械加工中，切削过程实际上也是一个具有延时环节的系统。许多机械传动系统也表现出具有延时环节的特性。

【例 2.15】 如图 2-18 所示为轧钢时带钢厚度检测的示意图。$h$为要求的理想带钢厚度，带钢在 $A$ 点轧出时，产生厚度偏差$\Delta h_1$，这一厚度偏差要达到 $B$ 点时才能被测厚仪检测到。测厚仪检测到的带钢厚度偏差为$\Delta h_2$，其延时时间为$\tau$。$\Delta h_2$和$\Delta h_1$之间的关系为

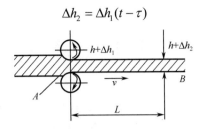

图 2-18　轧钢时带钢厚度检测的示意图

式中，延时时间 $\tau = L/v$，$L$ 为 $A$ 点和 $B$ 点的距离，$v$ 是带钢的速度。经拉氏变换，有

$$G(s) = \frac{L[\Delta h_2(t)]}{L[\Delta h_1(t)]} = \mathrm{e}^{-\tau s}$$

## 2.3.4　系统传递函数的几个问题

### 1. 延时环节、惯性环节和间歇的区别

当延时环节的延时时间 $\tau$ 较小时，按泰勒级数展开后近似为惯性环节。

$$\mathrm{e}^{-\tau s} = \frac{1}{\mathrm{e}^{\tau s}} = \frac{1}{1 + (\tau s) + \frac{1}{2!}(\tau s)^2 + \frac{1}{3!}(\tau s)^3 + \cdots} \approx \frac{1}{1 + \tau s} \quad (\tau\,较小)$$

在时域中，延时环节、惯性环节和机械传动副中的间歇等，对于输入信号，其输出都有一个时间的滞后，如图 2-19 所示。

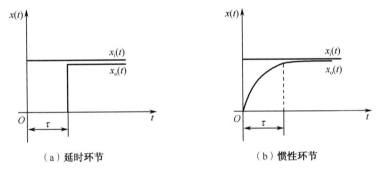

（a）延时环节　　　　　　　　（b）惯性环节

图 2-19　延时环节和惯性环节的区别

延时环节与惯性环节不同。惯性环节的输出需要延迟一段时间才接近于所要求的输出量，但从输入开始时刻起就已有了输出。而延时环节在输入开始之初的时间 $\tau$ 内并无输出，在时间 $\tau$ 后才开始有输出，且输出完全等于从一开始起的输入，没有其他滞后过程，即输出量 $x_o(t)$ 等于输入量 $x_i(t)$，只是在时间上延迟了一段时间间隔 $\tau$。

在机械传动副（如齿轮副、丝杠螺母副等）中的间歇，不是延时环节，而是典型的所谓死区的非线性环节。它们的相同之处是在输入开始一段时间后，才有输出；而它们的输出却有很大的不同。延时环节的输出完全等于从一开始起的输入，而死区的输出只反映同一时间的输入的作用，即系统对死区段的输入作用，对其输出无任何反映。

## 2. 负载效应

传递函数框图中的环节是根据运动微分方程来划分的，一个环节并不一定代表一个具体的物理元件（物理环节或子系统），一个具体的物理元件（物理环节或子系统）也不一定就是一个传递函数环节。也许几个具体的物理元件的特性才能组成一个传递函数环节，也许一个具体的物理元件的特性分散在几个传递函数环节中。从根本上讲，这取决于组成系统的各物理元件（物理环节或子系统）之间是否有负载效应，即各物理元件（物理环节或子系统）之间的功率传输或能量转换关系。所谓负载效应是物理环节之间的信息传输作用，相邻环节的串联应该考虑其功率传输或能量转换的负载效应问题。只有当后一环节输入阻抗很大，对前面环节的输出的影响可以忽略时，才可单独地分别列写每个环节的微分方程。

在研究、分析和设计系统时，要认真区分表示系统结构情况的物理框图与分析系统的传递函数框图，不要将这两种框图混淆，不要不加分析地将物理框图中的每一个物理元件（物理环节或子系统）本身的传递函数代入物理框图中所对应的框中，并将整个框图作为传递函数框图进行数学分析，这样将造成没有考虑各物理元件（物理环节或子系统）之间的负载效应的错误。

【例 2.16】 图 2-20 为由一 RC 组成的四端口无源网络。试列写以 $u_1(t)$ 为输入量、$u_2(t)$ 为输出量的网络微分方程。

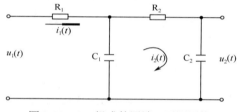

图 2-20　RC 组成的四端口无源网络

设回路电流为 $i_1(t)$、$i_2(t)$，根据基尔霍夫定律，列写出原始微分方程

$$i_1(t)R_1 + \frac{1}{C_1}\int[i_1(t)-i_2(t)]dt = u_1(t)$$

$$i_2(t)R_2 + \frac{1}{C_2}\int i_2(t)dt = \frac{1}{C_1}\int[i_1(t)-i_2(t)]dt$$

$$\frac{1}{C_2}\int i_2(t)dt = u_2(t)$$

整理后可得

$$R_1C_1R_2C_2\frac{d^2u_2(t)}{dt^2} + (R_1C_1 + R_1C_2 + R_2C_2)\frac{du_2(t)}{dt} + u_2(t) = u_1(t)$$

对上式进行拉氏变换，得该网络的传递函数为

$$G(s) = \frac{U_2(s)}{U_1(s)} = \frac{1}{R_1C_1R_2C_2s^2 + (R_1C_1 + R_1C_2 + R_2C_2)s + 1}$$

本例中，如果将前后两个阻容电路孤立看待（见图2-21），不考虑负载效应时，分别写出 $R_1C_1$ 和 $R_2C_2$ 这两个环节的传递函数

$$G_1(s) = \frac{U_2^*(s)}{U_1(s)} = \frac{1}{R_1C_1s + 1}$$

$$G_2(s) = \frac{U_2(s)}{U_2^*(s)} = \frac{1}{R_2 C_2 s + 1}$$

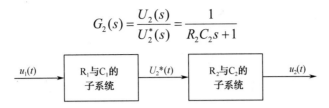

图 2-21　两级 RC 网络的物理框图

由此得出的系统传递函数为

$$G(s) = G_1(s) \cdot G_2(s) = \frac{1}{R_1 C_1 s + 1} \cdot \frac{1}{R_2 C_2 s + 1}$$

$$= \frac{1}{R_1 C_1 R_2 C_2 s^2 + (R_1 C_1 + R_2 C_2)s + 1}$$

这显然是错误的。

同一个物理元件（物理环节或子系统）在不同的系统中的作用不同时，其传递函数也可能不同。因为传递函数与输入、输出物理量的类型有关，并不是不可改变的。例如，微分环节的微分方程和传递函数分别为

$$x_o(t) = K \frac{\mathrm{d}x_i(t)}{\mathrm{d}t} \qquad\qquad G(s) = \frac{X_o(s)}{X_i(s)} = Ks$$

如果取速度 $x_i'(t)$ 作为输入，则有

$$x_o(t) = K x_i'(t) \qquad\qquad G(s) = \frac{X_o(s)}{X_i'(s)} = K$$

### 3．相似原理

从以上对机械系统和电气系统微分方程的列写中，我们可以发现，不同的物理系统（环节）可用形式相同的微分方程来描述。例如，将图 2-1 所示的机械直线运动系统的微分方程式（2-2）同图 2-3 所示的电系统的微分方程式（2-4）比较，可见它们的形式相同。一般称能用形式相同的数学模型来描述的物理系统（环节）为相似系统（环节），称在数学模型中占相同位置的物理量为相似量。注意，这里讲的"相似"只是就数学形式而言，而不是就物理实质而言的。

表 2-3 给出了在机械-电气相似中的相似变量。

表 2-3　机械-电气中的相似变量

| 机械（直线运动系统） | | 机械（旋转运动系统） | | 电 气 系 统 | |
|---|---|---|---|---|---|
| 力 | $F$ | 力矩 | $T$ | 电压 | $U$ |
| 质量 | $m$ | 转动惯量 | $J$ | 电感 | $L$ |
| 黏性摩擦系数 | $f$ | 黏性摩擦系数 | $f$ | 电阻 | $R$ |
| 弹簧刚度 | $K$ | 扭转弹簧刚度 | $K$ | 电容的倒数 | $1/C$ |
| 位移 | $x$ | 角位移 | $\theta$ | 电量 | $Q$ |
| 速度 | $v$ | 角速度 | $\omega$ | 电流 | $I$ |

由于相似系统（环节）的数学模型在形式上相同，因此可以用相同的数学方法对相似系统进行研究，可以通过一种物理系统去研究另一种相似的物理系统。在研究各种系统（如电气系

统、机械系统、热系统、液压系统等）时，相似系统的概念是一种有用的技术。若了解了一个系统，则可以将其推广到与它相似的所有系统上去。一般地，电气系统更易于实验研究，依据它们的电相似来研究机械系统是很方便的。特别是现代电气、电子技术的发展，为采用相似原理对不同系统（环节）的研究提供了良好条件。在数字计算机上，采用数字仿真技术进行研究，非常方便有效。

# 2.4 系统的传递函数方框图

## 2.4.1 控制系统数学模型图形化的优点

控制系统的图解数学模型常用的有 3 种，即方框图、信号流图，以及由它派生出来的状态变量图。方框图不仅适用于线性控制系统，而且适用于非线性控制系统和其他非工程系统，如社会系统、经济系统等。信号流图符号简单，易于绘制和应用，而且梅森（Mason）公式便于求取任意两个变量之间的传递函数，但它只适用于线性系统。由信号流图派生出来的状态变量图，可以图示线性系统的状态空间模型，还适合计算机仿真的需要。这 3 种图解模型都是控制系统的图形化数学模型，它们不仅能定性而且还能定量地将系统的结构和信号传递、变换，以及各环节的控制关系用图形表示出来，既形象直观又可避免繁杂的数学运算，便可求得系统的数学模型，是分析研究系统的有效工具，在实际中得到广泛应用。本节主要对系统传递函数所对应的方框图进行分析和讨论。

一个系统，特别是复杂系统，总是由若干个环节按一定的关系所组成的，将这些环节用方框来表示，其间用相应的变量及其信号流向联系起来，就构成了系统的方框图。系统方框图具体而形象地表示了系统内部各环节的数学模型、各变量之间的相互关系，以及信号的流向。系统方框图本身就是控制系统数学模型的一种图解表示法，具有很多优点。例如，它可以形象地反映系统中各环节、各变量之间的定性和定量关系；它提供了关于系统动态特性的有关信息；它可以揭示和评价每个组成环节对系统的影响；利用框图简化可以方便地列写整个系统的数学表达式形式的传递函数；系统方框图可以很方便地转化成系统的频率特性，便于在频域中对系统进行分析和研究。

本节主要介绍系统传递函数方框图的构成要素、方框图的化简原则、系统闭环传递函数的方框图、输入和干扰同时作用下系统的传递函数、复杂传递函数方框图的化简，以及传递函数的直接列写法等。

## 2.4.2 方框图的结构要素及建立

### 1. 方框图的结构要素

（1）函数方框：函数方框是传递函数的图解表示，如图 2-22 所示。指向方框的箭头表示输入的拉氏变换，离开方框的箭头表示输出的拉氏变换，方框中表示的是该环节的传递函数。因此，方框的输出应该是方框中的传递函数乘以其输入。

（2）相加点：相加点是信号之间代数求和运算的图解表示，如图 2-23 所示。在相加点处，输出信号等于各输入信号的代数和，每一个指向相加点的箭头前方的"+"号或"−"号表示该输入信号在代数运算中的符号。相加点可以有多个输入，但输出是唯一的。在相加点处加减的信号必须是同一种变量，运算时的量纲也必须相同。

（3）分支点：分支点表示同一信号向不同方向传递，如图 2-24 所示。在分支点引出的信号不仅量纲相同，而且数值也相同。

（4）信号箭头线：方框图中的信号箭头线表示信号的传递方向。

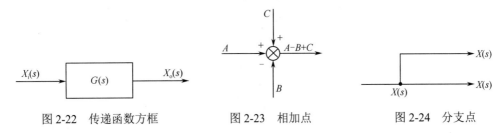

图 2-22　传递函数方框　　　图 2-23　相加点　　　图 2-24　分支点

### 2. 系统方框图的建立

建立系统方框图的一般步骤如下：

（1）根据系统的工作原理和特性将系统划分为若干个环节，注意划分的各环节之间不能有负载效应；

（2）建立各环节的原始微分方程；

（3）对原始微分方程进行拉氏变换，分别建立其环节的传递函数，绘出相应的方框图；

（4）按照信号在系统中的传递、变换关系，依次将各环节的传递函数方框图连接起来，同一变量的信号通路连接在一起，系统的输入量置于左端，输出量置于右端，便可得到整个系统的传递函数方框图。

【例 2.17】　图 2-25 为电枢控制式直流电动机在额定励磁下的等效电路，$R$ 为主电路的总电阻（Ω），$L$ 为主电路的总电感（mH），$E$ 为电枢回路的感应电动势，$i_\mathrm{d}$ 为电枢电流（A），$U_\mathrm{do}$ 为电枢控制电压，$n$ 为电动机输出转速，$T_\mathrm{e}$ 为电磁转矩，$T_\mathrm{L}$ 为负载转矩，试建立其传递函数方框图。

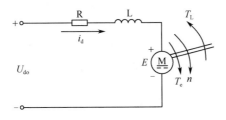

图 2-25　电枢控制式直流电动机在额定励磁下的等效电路

电动机主电路电压的微分方程为

$$U_\mathrm{do} = Ri_\mathrm{d} + L\frac{\mathrm{d}i_\mathrm{d}}{\mathrm{d}t} + E \tag{2-20}$$

在额定励磁下，$E = C_\mathrm{e}n$，$C_\mathrm{e}$ 为电动机电势常数，忽略摩擦力及弹性变形，其机电运动方程为

$$T_e - T_L = \frac{GD^2}{375} \cdot \frac{dn}{dt} \tag{2-21}$$

式中，$GD^2$ 为机电传动系统折算到电动机轴上的飞轮惯量（$N \cdot m^2$），在额定励磁下，$T_e = C_m i_d$，$C_m$ 为电动机的转矩系数（$N \cdot m/A$），再定义电枢回路电磁时间常数 $T_1 = L/R$，机电传动系统的时间常数 $T_m = \dfrac{GD^2}{375 C_e C_m}$，它们分别表示了电气与机械的影响。

根据式（2-20）和式（2-21）整理得出

$$U_{do} - E = R(i_d + T_1 \frac{di_d}{dt})$$

$$i_d - i_{dL} = \frac{T_m}{R} \cdot \frac{dE}{dt}$$

将上两式进行拉氏变换，得到电流与电压间的传递函数为

$$\frac{I_d(s)}{U_{do}(s) - E(s)} = \frac{1/R}{T_1 s + 1} \tag{2-22}$$

感应电动势与电流之间的传递函数为

$$\frac{E(s)}{I_d(s) - I_{dL}(s)} = \frac{R}{T_m s} \tag{2-23}$$

对应式（2-22）和式（2-23）的动态传递函数框图如图 2-26（a）和（b）所示。它们各是直流电动机结构的一部分，将它们组合在一起就是直流电动机的动态结构的传递函数框图，如图 2-26（c）所示。

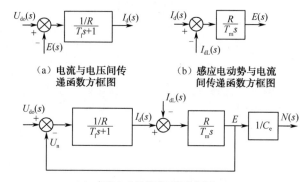

（a）电流与电压间传　　　（b）感应电动势与电流
　　　递函数方框图　　　　　　　间传递函数方框图

（c）直流电动机传递函数方框图

图 2-26　额定励磁下的直流电动机的动态传递函数方框图

### 3. 方框图的连接方式

传递函数方框图的连接方式主要有 3 种：串联、并联和反馈连接。

1）串联连接

串联连接就是将各环节的传递函数一个个顺序连接起来，其特点是前一环节的输出量就是后一环节的输入量。如图 2-27 所示为两个环节 $G_1(s)$ 和 $G_2(s)$ 的串联。

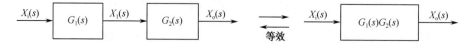

图 2-27　两个环节的串联

$$X_1(s) = G_1(s)X_i(s)$$

$$X_o(s) = G_2(s)X_1(s) = G_1(s)G_2(s)X_i(s)$$

则该系统的总传递函数为

$$\frac{X_o(s)}{X_i(s)} = G_1(s)G_2(s) \tag{2-24}$$

这种情况可推广到 $n$ 个环节串联的情况，即在没有负载效应的情况下，串联环节的等效传递函数等于所有环节传递函数的乘积，即

$$G(s) = \prod_{i=1}^{n} G_i(s) \tag{2-25}$$

应当指出只有当无负载效应，即前一环节的输出量不受后面环节影响时，上式方才有效。

例如，图 2-28（c）的电路是由图 2-28（a）和（b）的电路串联而成的。然而图 2-28（c）的传递函数并不等于图 2-28（a）和（b）的传递函数之积，原因是存在负载效应。如果在图 2-28（a）和（b）电路之间加入隔离放大器 K〔见图 2-28（d）〕，则由于放大器的输入阻抗很大，输出阻抗很小，负载效应可以忽略不计。这时，式（2-25）才完全有效。

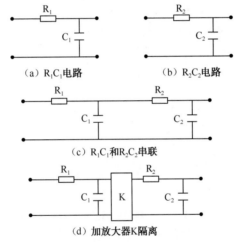

（a）$R_1C_1$电路    （b）$R_2C_2$电路

（c）$R_1C_1$和$R_2C_2$串联

（d）加放大器K隔离

图 2-28 电路串联的传递函数

**2）并联连接**

并联连接的特点是几个环节具有相同的输入量，而输出量相加（或相减）。如图 2-29 所示为 $G_1(s)$ 和 $G_2(s)$ 两个环节的并联。

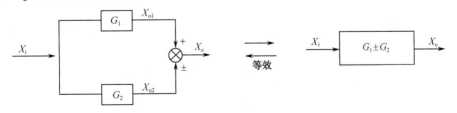

图 2-29 两个环节的并联

$$X_o(s) = X_{o1}(s) + X_{o2}(s) = X_i(s)G_1(s) + X_i(s)G_2(s)$$

$$= \left[G_1(s) + G_2(s)\right]X_i(s)$$

则该系统的总传递函数为

$$\frac{X_{\mathrm{o}}(s)}{X_{\mathrm{i}}(s)} = G_1(s) + G_2(s) \tag{2-26}$$

这种情况可推广到 $n$ 个环节并联的情况，即并联环节的等效传递函数等于各环节传递函数之和（或差），即

$$G(s) = \sum_{i=1}^{n} G_i(s) \tag{2-27}$$

**3）反馈连接**

若将系统或环节的输出信号反馈到输入端，与输入信号进行比较，如图 2-30 所示，就构成了反馈连接。

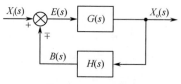

图 2-30　反馈连接

若反馈信号与参考输入信号的极性相反，称为负反馈连接；反之，则为正反馈连接。如果将输出量全部直接反馈到输入端，即 $H(s)=1$，则称为单位反馈系统。在有些情况下，系统的输出量和输入量不是相同的物理量，为了进行反馈比较，需要在反馈通道中设置一个变换装置，使反馈回来的信号具有与输入信号相同的量纲。例如调压调速，通过测速发电机将转速转换成相应的电压值进行反馈控制。

构成反馈连接后，信息的传递成为封闭路线，形成了闭环控制。通常闭环控制由两条传递信号的通道组成：一条是前向通道，即由信号输入点向信号引出点的通道；另一条为反馈通道，即把输出信号反馈到输入端的通道。

对于负反馈连接，比较环节的输出端 $E(s)$ 为参考输入信号 $X_{\mathrm{i}}(s)$ 和反馈信号 $B(s)$ 之差，称为偏差信号 $E(s)$，即

$$E(s) = X_{\mathrm{i}}(s) - B(s) = X_{\mathrm{i}}(s) - H(s)X_{\mathrm{o}}(s)$$

通常把反馈信号与偏差信号的拉氏变换式之比，定义为系统的开环传递函数。开环传递函数可以理解为封闭回路在相加点断开后，以 $E(s)$ 作为输入，经 $G(s)$、$H(s)$ 而产生输出 $B(s)$，此输出与输入的比值，可以认为是一个无反馈的开环系统的传递函数。（注意，闭环系统的开环传递函数不同于开环系统的传递函数。）

$$G_{\mathrm{K}}(s) = \frac{B(s)}{E(s)}$$

显然，当采用单位负反馈，即 $H(s)=1$ 时，开环传递函数即为前向通道传递函数。对于负反馈连接，有

$$X_{\mathrm{o}}(s) = E(s)G(s) = \left[ X_{\mathrm{i}}(s) - H(s)X_{\mathrm{o}}(s) \right] G(s)$$

由此可得系统的闭环传递函数

$$G_{\mathrm{B}}(s) = \frac{X_{\mathrm{o}}(s)}{X_{\mathrm{i}}(s)} = \frac{G(s)}{1 + G(s)H(s)} \tag{2-28}$$

对于正反馈连接，则有

$$\frac{X_{\mathrm{o}}(s)}{X_{\mathrm{i}}(s)} = \frac{G(s)}{1 - G(s)H(s)} \tag{2-29}$$

## 2.4.3　传递函数方框图的等效变换

对于实际系统,特别是自动控制系统,通常要用多回路的方框图来表示,如大环回路套小环回路,其方框图将很复杂。在对系统进行分析时,常常需要对方框图做一定的变换,特别是存在多回路和几个输入信号的情况下,更需要对方框图进行变换、组合与化简,以便求出总的传递函数。这里的变换主要是指对某些框图进行位置上的变换,以及增加或取消一些框图。所谓等效变换是指变换前后输入/输出总的数学关系保持不变。

对于一些多回路的实际系统,常会出现框图交错连接的情况,这就要通过分支点或相加点的移动来消除各种连接方式之间的交叉,然后再进行等效变换化简。

### 1. 分支点移动规则

(1)分支点:同一信号由一节点分开向不同方向传递的点。分支点可以相对于方框做前移或后移。

(2)分支点前移:若分支点由方框之后移到方框之前,为保持等效,必须在分支回路上串入具有相同函数的方框,如图 2-31(a)所示。

(3)分支点后移:若分支点由方框之前移到方框之后,为保持等效,必须在分支回路上串入具有相同函数倒数的方框,如图 2-31(b)所示。

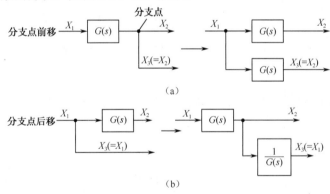

图 2-31　分支点移动规则

### 2. 相加点移动规则

(1)相加点:信号在该节点进行代数和运算的点。相加点可以相对于方框进行前移或后移。

(2)相加点前移:若相加点由方框之后移到方框之前,为保持等效,必须在分支回路上串入具有相同函数的倒数的方框,如图 2-32(a)所示。

(3)相加点后移:若相加点由方框之前移到方框之后,为保持等效,必须在分支回路上串入具有相同函数的方框,如图 2-32(b)所示。

### 3. 分支点之间、相加点之间相互移动规则

分支点之间、相加点之间的相互移动,均不改变原有的数学关系,因此可以相互移动,如图 2-33 所示。但分支点和相加点之间不能互相移动,因为它们并不等效。

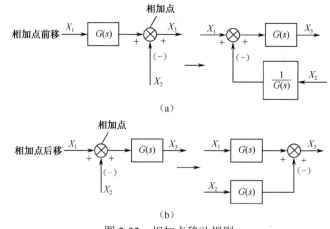

图 2-32 相加点移动规则

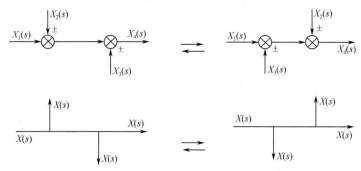

图 2-33 分支点之间、相加点之间的移动规则

## 2.4.4 复杂传递函数方框图化简与直接列写

### 1. 传递函数方框图的化简

实际工程中常见的复杂传递函数方框图需要化简，以便写出系统总的传递函数表达式。化简的方法主要是通过移动分支点或相加点，消除交叉连接，使其成为独立的小回路，以便使用串联、并联和反馈连接的等效规则进一步化简。一般应先化简内回路，再逐步向外回路一环环化简最后求得系统的闭环传递函数。

需要指出的是，方框图的化简途径并不是唯一的。系统中有多个分支点或相加点时，究竟移动哪一个分支点或相加点，并没有确切的定式，只要移动前后系统等效即可，以力求方便简单而为。

此处，以几个实例说明方框图的化简方法。

【例 2.18】 试化简如图 2-34 所示的三环回路方框图，并求其传递函数。

其步骤如下：

（1）在图 2-34 中，相加点前移，由图（a）化简至图（b）；

（2）将小回路用反馈规则化简为前向通道的一个环节，得到图（c）；

（3）由图（c）进一步化简小回路，得到图（d），此时为一个单位反馈系统；

（4）由图（d）得到图（e），获得该系统的闭环传递函数。

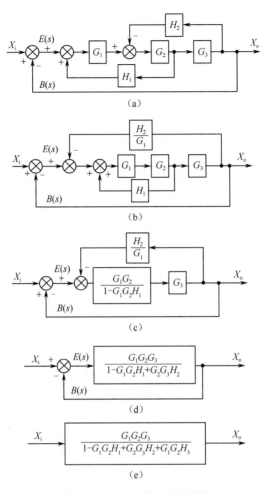

图 2-34　传递函数方框图化简

【例 2.19】 试化简如图 2-35 所示的系统传递函数方框图，并求其传递函数。

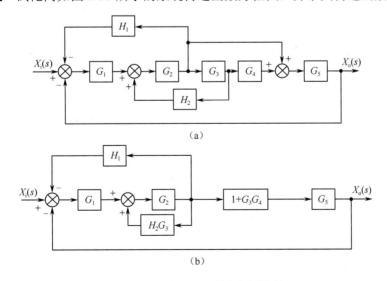

图 2-35　系统传递函数方框图化简

本例中，$G_3$、$G_4$ 有一个并联的支路，又与 $H_2$ 交叉。可先将 $H_2$ 的分支点后移，然后合并并联支路，得到图 2-36（b），最后根据反馈规则逐一消去反馈回路，即可得到该系统的闭环传递函数如下：

$$G_B(s) = \frac{G_1G_2G_5(1+G_3G_4)}{1+G_1G_2H_1+(1+G_3G_4)G_1G_2G_5-G_2G_3H_2}$$

【例 2.20】 试化简如图 2-36 所示的系统传递函数方框图，并求其传递函数（按图顺序化简即可）。

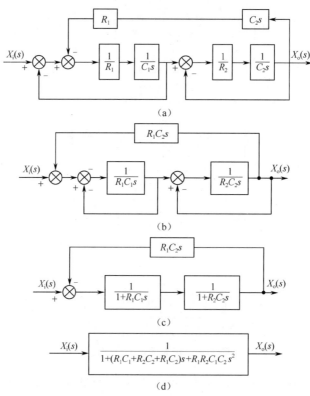

图 2-36　传递函数方框图化简

### 2. 传递函数方框图的直接列写

含有多个局部反馈回路的闭环传递函数也可以直接由下列公式求取，即

$$G(s)=\frac{前向通道的传递函数之积}{1+\sum(每一反馈环的传递函数之积)} \tag{2-30}$$

需注意的是，在应用式（2-30）时，必须同时具备以下两个条件：

（1）整个系统方框图仅有一条前向通道。如果系统有多条前向通道，则应先采用并联方式合并为一条前向通道。

（2）各局部反馈回路之间存在公共的传递函数方框。

同时满足上述两个条件，就可对复杂的传递函数方框图直接列写出其闭环系统的传递函数的数学表达式。

如果系统有两个独立的局部反馈回路，其间没有公共的方框，若直接利用式（2-30），则会出现错误的传递函数。

【例 2.21】　简化如图 2-37 所示的方框图，并求系统的闭环传递函数。

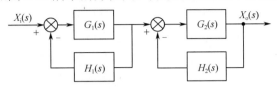

图 2-37　传递函数方框图的化简

在图 2-37 所示的方框图中，系统有两个独立的局部反馈回路，其间没有公共的方框。若直接用式（2-30），则会出现错误的传递函数

$$G'(s) = \frac{X_o(s)}{X_i(s)} = \frac{G_1(s)G_2(s)}{1 + G_1(s)H_1(s) + G_2(s)H_2(s)}$$

显然，应先将两局部反馈回路分别简化成两个方框图，然后再将这两个方框串联，才能得到正确的传递函数

$$G(s) = \frac{X_o(s)}{X_i(s)} = \frac{G_1(s)}{1 + G_1(s)H_1(s)} \cdot \frac{G_2(s)}{1 + G_2(s)H_2(s)}$$
$$= \frac{G_1(s)G_2(s)}{1 + G_1(s)H_1(s) + G_2(s)H_2(s) + G_1(s)G_2(s)H_1(s)H_2(s)}$$

## 2.4.5　输入和干扰同时作用下的系统传递函数

控制系统在工作过程中一般会受到两类输入作用，一类是有用的输入，也称为给定输入、参考输入或理想输入等；另一类则是干扰，或称扰动。给定输入通常加在控制装置的输入端，也就是系统的输入端；干扰输入一般作用在被控对象上。为了尽可能消除干扰对系统输出的影响，一般采用反馈控制的方式，将系统设计成闭环反馈系统。一个考虑扰动的反馈控制系统的典型结构可用如图 2-38 所示的方框图来表示。

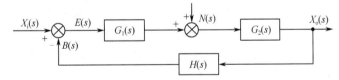

图 2-38　考虑扰动的反馈控制系统的典型框图

1）给定输入信号 $X_i(s)$ 作用下的系统传递函数

令干扰信号 $N(s) = 0$，则系统的方框图如图 2-39 所示，闭环系统的传递函数为

$$G_{x_i}(s) = \frac{X_{o1}(s)}{X_i(s)} = \frac{G_1(s)G_2(s)}{1 + G_1(s)G_2(s)H(s)} \qquad (2-31)$$

可见，在给定输入 $X_i(s)$ 作用下的输出 $X_{o1}(s)$ 只取决于系统的闭环传递函数和给定的输入 $X_i(s)$ 的形式。

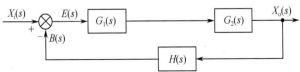

图 2-39　给定输入信号作用下的系统方框图

2）干扰信号 $N(s)$ 作用下的系统传递函数

令系统的给定输入信号 $X_i(s) = 0$，则系统方框图如图 2-40 所示。

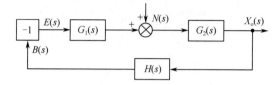

图 2-40　干扰信号作用下的系统方框图

$N(s)$ 作用下的系统传递函数为

$$G_N(s) = \frac{X_{o2}(s)}{N(s)} = \frac{G_2(s)}{1 + G_1(s)G_2(s)H(s)} \qquad (2\text{-}32)$$

3）给定输入信号 $X_i(s)$ 和干扰信号 $N(s)$ 共同作用下的系统输出

给定输入信号 $X_i(s)$ 和干扰信号 $N(s)$ 共同作用于线性系统时，系统总输出是两输出的线性叠加。故总输出为

$$X_o(s) = X_{o1}(s) + X_{o2}(s) = \frac{G_1(s)G_2(s)}{1 + G_1(s)G_2(s)H(s)} X_i(s) + \frac{G_2(s)}{1 + G_1(s)G_2(s)H(s)} N(s)$$

$$= \frac{G_2(s)}{1 + G_1(s)G_2(s)H(s)} [G_1(s)X_i(s) + N(s)]$$

如果在系统设计中确保 $|G_1(s)G_2(s)H(s)| \gg 1$ 和 $|G_1(s)H(s)| \gg 1$ 时，干扰信号引起的输出将很小，即

$$X_{o2}(s) = \frac{G_2(s)}{1 + G_1(s)G_2(s)H(s)} N(s) \approx \frac{1}{G_1(s)H(s)} N(s) \qquad (2\text{-}33)$$

这时，系统总的输出为

$$X_o(s) \approx \frac{1}{H(s)} X_i(s) + \frac{1}{G_1(s)H(s)} N(s) \approx \frac{1}{H(s)} N(s) \qquad (2\text{-}34)$$

因此，闭环系统能使干扰 $N(s)$ 引起的输出 $X_{o2}(s)$ 很小。或者说，闭环反馈系统能有效地抑制干扰对系统的影响，这是闭环控制能获得很高控制精度的一个重要原因。通过反馈回路组成的闭环系统能使输出 $X_o(s)$ 只随 $X_i(s)$ 变化，而不管外来干扰 $N(s)$ 如何变化，$X_o(s)$ 总是保持不变或变化很小。

如果系统没有反馈回路，即 $H(s) = 0$，则系统成为一个开环系统，这时，干扰 $N(s)$ 引起的输出 $X_{o2}(s) = G_2(s)N(s)$ 将无法消除，全部形成误差从系统输出。

由上述分析，我们可以得出这样的结论：通过负反馈回路所组成的闭环控制系统具有较强的抗干扰能力，即干扰信号对输出的影响很小。同时，系统的输出主要取决于反馈回路的传递函数和输入信号，与前向通道的传递函数几乎无关。特别地，当 $H(s) = 1$ 时，即单位反馈系统，这时，系统的输出 $X_o(s) \approx X_i(s)$，从而系统几乎实现了对输入信号的完全复现，这在实际工程设计中是十分有意义的。由于干扰不可避免，但只要对控制系统中的元器件选择合适的参数，就可以使干扰影响最小，这正是反馈控制的规律之一。

# 2.5　MATLAB/Simulink 在控制工程中的应用

## 2.5.1　MATLAB/Simulink 软件简介

在自动控制系统的分析设计中，可以借助计算机软件作为辅助工具，其中首推的就是 MATLAB/Simulink。MATLAB（Matrix Laboratory）是由美国 MathWorks 公司于 20 世纪 80 年代开发出的大型数学计算软件，它提供了丰富可靠的矩阵运算、图形绘制、数据处理、图像处理等便利工具及多媒体功能，越来越广泛地应用于自动控制、图像信号处理、生物医学工程、语音处理、雷达工程、信号分析、振动理论、时序分析与建模、优化设计等理论。而 1992 年 Simulink 的出现，为 MATLAB 提供了新的控制系统模型图形输入与仿真工具，使得 MATLAB 为控制系统的仿真与其在 CAD 中的应用打开了崭新的局面，表现出了一般高级语言难以比拟的优势。

## 2.5.2　MATLAB 工具箱及操作

MATLAB 的主要工具箱有控制系统工具箱、系统辨识工具箱、鲁棒控制工具箱、多变量频率设计工具箱、$\mu$ 分析与综合工具箱、神经网络工具箱、最优化工具箱、信号处理工具箱、模糊推理工具箱、小波分析工具箱等。

MATLAB 的操作界面与 Windows 视窗操作系统非常接近，除了菜单栏、工具栏和一个产品更新信息提示栏，MATLAB 基本界面包括 Command Windows（命令窗口）、Current Windows（搜索路径与当前目录）、Workspace（工作空间浏览器）和 Command History（历史命令浏览器）。

在 Command Windows 中，"＞＞"为运算符，表示 MATLAB 处于准备状态，在运算符之后用户可以直接输入命令。当在输入完一段正确的算式时，只需按下【Enter】键，命令窗口中就会直接显示运算结果。同时，MATLAB 的提示"＞＞"不会消失，这表示 MATLAB 继续处于准备状态。MATLAB 对窗口的命令是逐行解释执行的，如果有多条命令，可以逐行输入，也可以在同一行里输入多条命令，它们之间用逗号隔开。当一行命令太长无法在窗口一次输入完成时，可以使用"…"将命令续行。

MATLAB 的所有文件都放在一组目录上，把这些目录按优先级设计为"搜索路径"上的节点，此后 MATLAB 工作时，就沿着此搜索路径，从各个目录上寻找所需的文件、函数和数据。当前 Command Windows 输入一条命令的基本搜索过程是：①搜索是否为内存变量；②搜索是否为内建函数；③搜索是否为当前目录上的 M 文件；④搜索是否为 MATLAB 路径上的其他目录文件。如果在搜索路径上存在同名函数，则 MATLAB 仅发现搜索路径中的第一个函数，而其他同名函数不被执行。

工作空间窗口是 MATLAB 的重要组成部分，如 $A=100$ 产生了一个名为 $A$ 的空间变量，而且这个变量 $A$ 被赋予 100 的值，这个值就被存储在计算机内存中。工作空间窗口就是用来显示当前计算机内存中 MATLAB 变量名称、数据结构、该变量的字节数及其类型的。在 MATLAB 中，不同的变量类型对应不同的变量图标。应该注意，在 MATLAB 命令窗口中运行的所有命令都共享一个相同的工作空间，所以它们共享所有的变量。

指令历史窗口显示用户在指令窗口中所输入的每条命令的历史记录，并标明使用时间，这样可以方便用户的查询。如果用户想再次执行某条已经执行过的指令，只需在指令历史窗口中双击该指令。如果用户需要从指令历史窗口中删除一条或多条命令，只需选中这些命令，并单击鼠标右键，在弹出的快捷菜单中选择【Delete Selection】命令即可。

## 2.5.3　Simulink 模块库及建模

Simulink 模块库包含的子模块库主要有 Commonly Used Blocks（常用模块库）、Continuous（连续系统模块库）、Discontinuities（非线性系统模块库）、Discrete（离散系统模块库）、Logic and Bit Operations（逻辑与位操作模块库）、Lookup Tables（查询表模块库）、Math Operations（数学操作模块库）、Model Verification（模型验证模块库）、Model-Wide Utilities、Ports&Subsystem（接口与子系统模块库）、Signal Attributes（信号属性模块库）、Signal Routing（信号路由模块库）、Sink（输出模块库）、Sources（信号源模块库）、User-Defined Functions（用户自定义模块库）、Additional Math & Discrete（附加数学和离散系统模块库）。

在已知系统数学模型或系统框图的情况下，利用 Simulink 进行建模的基本步骤如下。

（1）启动 Simulink，打开 Simulink 库浏览器。

单击 MATLAB 主窗口工具栏中的图标，启动 Simulink。单击 Simulink 库浏览器左侧的子模块库标题，在库浏览器右侧显示该库的所有模块。也可以单击子模块库标题，在弹出的快捷菜单中选择【Open】命令，弹出子模块库独立窗口。

（2）建立空白模型窗口。

Simulink 建立空白模型的方法是，在 MATLAB 主窗口中选择【File】→【New】→【Model】命令，或者单击 Simulink 模块库浏览器工具栏中的【New model】工具。通过上述方法可以打开 Simulink 空白模型，并可将其保存为后缀是 mdl 的文件，如 Example_Model.mdl。

（3）由控制系统数学模型或结构框图建立 Simulink 仿真模型。

构建 Simulink 仿真模型，首先需要知道所需模块所属的子模块库名称，如闭环控制系统用到了单位阶跃信号、符号比较器、传递函数模型和信号输出模型等，可确定它们分别隶属信号源模块库、数学模块库、连续系统模块库和输出模块库。在模块库浏览器中打开相应的模块库，并选择所需模块。在找到所需模块后，需要将模块复制到 Simulink 空白模型上。在完成所需模块的复制操作之后，需要将模块连接起来，构成 Simulink 仿真模型。

（4）设置仿真参数，运行仿真。

双击模块图案，则出现关于该图案的对话框，通过修改对话框内容来设定模块的参数。在模型窗口选择【Simulation】→【Configuration Parameters】命令，打开"Configuration Parameters"对话框，可设置 Simulink 的仿真求解器参数。Simulink 默认的仿真参数是：起始时间"Starttime"为 0.0s，终止时间"Stoptime"为 10.0s。求解器的最大步长、最小步长和初始步长由系统自动设定，相对误差限为 0.001，绝对误差限由系统自动设定。

（5）输出仿真结果。

仿真参数配置完毕后，可运行仿真，方法有 3 种：单击模型工具窗口中的【Start Simulation】工具；选择【Simulation】→【Start】命令；同时按下【Ctrl+T】组合键。双击 Scope 模块可显示仿真结果。

## 2.5.4　数学模型的 MATLAB/Simulink 实现

本节主要介绍线性系统在 MATLAB 中的模型建立、零极点模型和模型转换，为控制系统的分析和设计打下基础。主要用到的函数命令有 tf()、zpk()、ss()等。

### 1. 系统的传递函数模型

线性系统的传递函数 $G(s)$ 定义为输出量的拉氏变换 $X_o(s)$ 与输入量的拉氏变换 $X_i(s)$ 之比，即

$$G(s) = \frac{X_o(s)}{X_i(s)} = \frac{b_1 s^m + b_2 s^{m-1} + \cdots + b_m s + b_{m+1}}{a_1 s^n + a_2 s^{n-1} + \cdots + a_n s + a_{n+1}} \tag{2-35}$$

依照 MATLAB 惯例，将分子多项式和分母多项式系数按 $s$ 的降幂顺序排列，再利用控制系统工具箱的 tf()函数就可以用一个变量表示函数变量 $G(s)$。

```
num=[b₁,b₂,···,bₘ,bₘ₊₁];
den=[a₁,a₂,···,aₙ,aₙ₊₁];
G=tf(num,den)
```

其中，MATLAB 中的 tf 除了 num、den 成员变量，还有其他变量可以选择，如采样周期 $T_s$（连续系统采样周期为 0）。

【例 2.22】　将传递函数模型 $G(s) = \dfrac{8s^2 + 24s + 16}{s^4 + 12s^3 + 47s^2 + 60s}$ 输入 MATLAB 的工作空间。

依题意，运行程序

```
>> num=[8 24 16];
>> den=[1 12 47 60 0];
>> G=tf(num,den)
```

结果为

```
Transfer function：
    8 s^2 + 24 s + 16
--------------------------------
s^4 + 12 s^3 + 47 s^2 + 60 s
```

在 MATLAB 语言中输入离散系统的传递函数模型为 H=tf(num,den,'T$_s$', T)。函数输入参数 num 和 den 分别为系统传递函数的分子和分母多项式系数向量。不同的是周期，传递函数中的拉氏算子 $s$ 用 Z 变换算子替换，$T_s$ 为采样时间，$T$ 为采样周期。

### 2. 零极点模型

如果连续系统的表达式用系统增益、零点和极点表示，则将其叫作系统的零极点模型，即系统的传递函数可以表示为

$$G(s) = K \frac{(s - z_1)(s - z_2)\cdots(s - z_m)}{(s - p_1)(s - p_2)\cdots(s - p_n)} \tag{2-36}$$

式中，$K$ 为系统增益；$z_1, z_2, \cdots, z_m$ 为系统零点；$p_1, p_2, \cdots, p_n$ 为系统极点。

离散传递函数也可用系统增益、零点和极点来表示，即

$$G(s) = K \frac{(z-z_1)(z-z_2)\cdots(z-z_m)}{(z-p_1)(z-p_2)\cdots(z-p_n)} \qquad (2\text{-}37)$$

在 MATLAB 中，连续与离散系统都可以直接用 $z$、$p$、$K$ 构成的向量组 $[z, p, K]$ 表示，然后调用 zpk() 函数就可以输入其零极点模型了。

```
>> z=[z₁;z₂;⋯;zₘ];
>> p=[p₁;p₂;⋯;pₙ];
>> K=[K];
>> G=zpK(z,p,K);
>> H=zpK(z,p,K,'Tₛ',T);
```

式中，变量 $G$ 返回的为连续系统的零极点模型；变量 $H$ 返回的为离散系统的零极点模型，$T$ 为系统的采样周期。

**【例 2.23】** 设系统的零极点模型为 $G(s) = \dfrac{6(s+5)(s+2+2\mathrm{j})(s+2-2\mathrm{j})}{(s+4)(s+3)(s+2)(s+1)}$，试通过 MATLAB 语句输入这个模型。

依题意，运行程序

```
>> z=[-5;-2-2j;-2+2j];
>> p=[-4;-3;-2;-1];
>> K=6;
>> G=zpk(z,p,K)
```

结果为

```
Zero/pole/gain:
6 (s+5) (s^2 + 4s + 8)
----------------------
(s+4) (s+3) (s+2) (s+1)
```

### 3. 模型转换

如果系统传递函数模型为 sys1=tf(num,den)，则将其转换为零极点模型 sys2=zpK(sys1)；如果系统零极点模型为 sys2=zpK(sys1)，则将其转换为传递函数模型 sys1=tf(num,den)。

**【例 2.24】** 已知系统的传递函数模型为 $G(s) = \dfrac{s^2 + 24s + 16}{s^4 + 12s^3 + 47s^2 + 60s}$，求其等效的零极点增益模型。

依题意，运行程序

```
>> num=[8 24 16];
>> den=[1 12 47 60 0];
>> sys1=tf(num,den);
>> sys2=zpK(sys1)
```

结果为

```
Zero/pole/gain:
   8 (s+2) (s+1)
----------------------
s (s+5) (s+4) (s+3)
```

## 本章小结

本章要求学生熟练掌握各种数学模型的建立方法。对于线性定常系统，能够正确列写出其输入输出微分方程，通过拉氏变换求出其传递函数，根据系统的传递函数，绘制系统方框图，并掌握方框图的变换与化简方法。

数学模型是描述系统动态特性的数学表达式，是系统分析的基础，又是综合设计控制系统的依据。用解析法建立控制系统的数学模型时，要分析系统工作原理，忽略系统的一些次要因素，依据系统所遵循的运动规律和物理特性，求出系统的数学模型以反映系统的动态特性。

传递函数是控制系统的基本数学工具，也是经典控制系统的基本分析方法；当系统输入/输出的初始条件为零时，线性定常系统的输出的拉氏变换与输入的拉氏变换之比定义为系统的传递函数；传递函数零极点决定着系统的动态性能，常用来考察、分析和处理控制系统中的各种问题。复杂高阶系统总可以化为零阶、一阶、二阶典型环节的组合，传递函数的典型环节有比例环节、惯性环节、积分环节、微分环节、振荡环节和延时环节。

方框图是控制系统数学模型的一种图解表示方法，它可以形象地反映系统中各环节、各变量之间的定性定量关系，提供系统动态特性的相关信息，揭示和评价各组成环节对系统的影响；利用方框图化简可获得复杂系统的传递函数，也可转化成系统的频率特性，便于在频域中对系统进行分析和研究。

运用 MATLAB/Simulink 建立系统的数学模型，对连续和离散系统进行时域分析和频域分析，对系统进行分析与校正。

可在 MATLAB 中运用 tf()、zpk()、ss()等命令建立系统传递函数、零极点模型，以及进行模型间的转换，为控制系统的分析和设计打下基础。

MATLAB 控制系统工具箱提供了很多线性系统在特定输入下的仿真函数，如连续时间系统在单位阶跃输入激励下的仿真函数 step()、单位脉冲激励下的仿真函数 impulse()、零输入响应 initial()、任意函数的激励响应 lsim()等，利用这些仿真函数能方便地进行时域分析。

## 习题

2.1　试建立如题 2.1 图所示的机械系统的微分方程。其中，外力 $x_i(t)$ 为输入量，位移 $x_o(t)$ 为输出量；弹性系数 $k$、阻尼系数 $c$、质量 $m$ 均为常数。

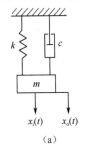

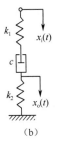

（a）　　　　　　　　　　　（b）

题 2.1 图

2.2 试建立如题 2.2 图所示的电路系统的微分方程。其中，输入电压为 $u_i(t)$，输出电压为 $u_o(t)$；电阻 $R$、电容 $C$ 均为常数。

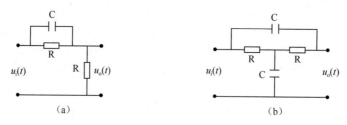

题 2.2 图

2.3 试证明如题 2.3 图中所示的力学系统（a）和电路系统（b）是相似系统。

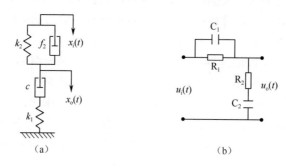

题 2.3 图

2.4 求下列函数的拉氏变换。

（1） $f(t) = 1 + 4t + t^2$

（2） $f(t) = \sin 4t + \cos 4t$

（3） $f(t) = t^3 + e^{4t}$

（4） $f(t) = t^n e^{\alpha t}$

（5） $f(t) = (t-1)^2 e^{2t}$

2.5 求下列各拉氏变换式的原函数。

（1） $F(s) = \dfrac{e^{-s}}{s-1}$

（2） $F(s) = \dfrac{1}{s(s+2)^3(s+3)}$

（3） $F(s) = \dfrac{s+1}{s(s^2+2s+2)}$

（4） $F(s) = \dfrac{20(s+1)(s+3)}{(s+2)(s+4)(s^2+2s+2)}$

2.6 试求如题 2.6 图所示的各信号 $x(t)$ 的象函数 $X(s)$。

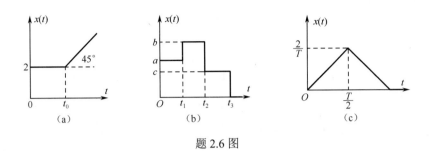

题 2.6 图

2.7　已知在零初始条件下，系统的单位阶跃响应为 $x_o(t) = 1 - 2e^{-2t} + e^{-t}$，试求系统的传递函数和单位脉冲响应。

2.8　某位置随动系统原理框图如题 2.8 图所示，已知电位器最大工作角度 $Q_m = 330°$，功率放大器放大系数为 $K_3$。

（1）分别求出电位器的传递函数 $K_0$，第一级和第二级放大器的放大系数 $K_1$、$K_2$；

（2）画出系统的传递函数方框图；

（3）求系统的闭环传递函数 $X_o(s)/X_i(s)$。

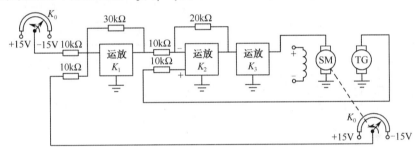

题 2.8 图

2.9　飞机俯仰角控制系统结构图如题 2.9 图所示，试求闭环传递函数 $X_o(s)/X_i(s)$。

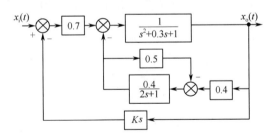

题 2.9 图

2.10　已知系统方程组如下，试绘制系统传递函数方框图，并求闭环传递函数 $X_o(s)/X_i(s)$。

$$\begin{cases} X_1(s) = G_1(s)X_i(s) - G_1(s)\big[G_7(s) - G_8(s)\big]X_o(s) \\ X_2(s) = G_2(s)\big[X_1(s) - G_6(s)X_3(s)\big] \\ X_3(s) = \big[X_2(s) - X_o(s)G_5(s)\big]G_3(s) \\ X_o(s) = G_4(s)X_3(s) \end{cases}$$

2.11　已知控制系统结构框图如题 2.11 图所示，求输入 $x_i(t) = 3u(t)$ 时系统的输出 $x_o(t)$。

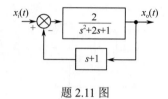

题 2.11 图

2.12 试用传递函数方框图等效化简，求如题 2.12 图所示的各系统的传递函数 $X_o(s)/X_i(s)$。

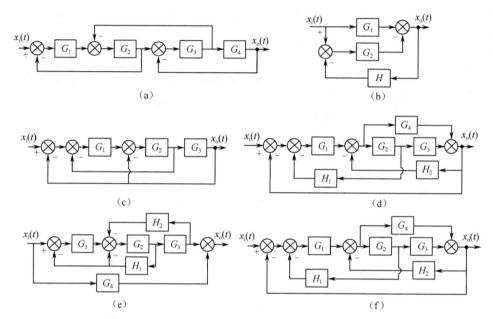

题 2.12 图

2.13 简化如题 2.13 图所示的系统方框图，并求其系统的传递函数 $X_o(s)/X_i(s)$。

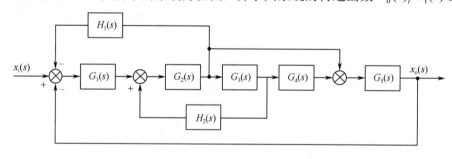

题 2.13 图

**Chapter 3**

# 第 3 章

# 控制系统的时域分析法

**【学习要点】**

　　了解系统时间响应的概念、组成及典型输入信号，掌握系统特征与系统稳定性及动态性能的关系；掌握一阶系统的定义和基本参数，求解一阶系统的单位脉冲响应、单位阶跃响应；掌握线性系统中存在微分（积分）关系的输入时其输出也存在微分（积分）关系的基本结论；掌握二阶系统的定义和基本参数，掌握二阶系统的单位脉冲响应曲线、单位阶跃响应曲线形状及其振荡与系统阻尼比之间的对应关系；掌握二阶系统性能指标的定义、计算及其与系统特征参数之间的关系；了解主导极点的定义及作用；掌握系统稳定性的概念及与特征根之间的关系；掌握劳斯稳定判据的应用；掌握系统误差的基本概念、误差与偏差的关系，稳态误差的求法，系统输入、结构和参数及干扰对系统误差的影响。

## 3.1　系统响应的构成和系统动态特性的时域特征

### 3.1.1　时间响应及组成

　　对于一个实际的控制系统，一旦建立了系统的数学模型，就可以采用各种不同的方法来对控制系统的动态性能和稳态性能进行分析，进而得出改进系统性能的方法。对于线性定常系统，常用的工程分析方法有时域分析法、频域分析法和根轨迹法。本章主要研究线性定常系统的时域分析方法。

时域分析法是分析线性定常控制系统的一种基本而直接的方法。其要点是首先建立系统的微分方程或传递函数，选择一个特定的输入信号，通过拉氏变换，直接求出系统输出随时间而变化的关系，即求出系统输出的时间响应，再根据时间响应的表达式及对应曲线来分析系统的性能，如稳定性、准确性和快速性等。时域分析法是一种在时间域中对系统进行分析的方法，具有直观、准确、易于接受等特点，并可以提供系统时间响应的全部信息，是经典控制理论中进行系统分析的一种重要方法。

本节首先给出时域分析法的一些基本概念、分析时间响应的组成，为时域分析提供必要的条件。

（1）响应：在经典控制理论中响应即输出，一般都能测量、观察到。我们称能直接观察到的响应叫输出。在现代控制理论中，状态变量不一定都能观察到。它不仅取决于系统的内部结构和参数，而且也和系统的初始状态，以及附加于系统上的外界作用有关。初始状态及外界作用不同，响应则完全不同。

（2）时间响应：系统在输入信号的作用下，其输出随时间变化的规律。一个实际系统的输出时间响应通常如图 3-1 所示。若系统稳定，时间响应由瞬态响应和稳态响应组成。

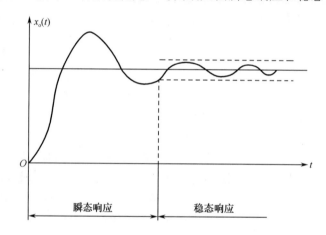

图 3-1　实际系统的输出时间响应曲线

（3）瞬态响应：系统在某一输入信号作用下，其输出量从初始状态到稳定状态的响应过程，称为系统的瞬态响应，它反映了控制系统的稳定性和快速性。

（4）稳态响应：系统在某一输入信号作用下，理论上定义为当 $t \to \infty$ 时的时间响应。工程实际常给出一个稳态误差$\Delta$，当满足

$$|x_o(t) - x(\infty)| \leqslant \Delta \cdot x(\infty)$$

时，我们称系统已经进入了稳态过程。

（5）过渡过程：从时间历程角度来说，在输入 $x_i(t)$ 的作用下，系统从初态到达新状态之间会出现一个过渡过程。实际系统发生状态变化时总存在一个过渡过程，其原因是系统中总有一些储能元件，使输出量不能立即跟随输入量的变化。在过渡过程中系统动态性能充分体现，例如，输出响应是否迅速（快速性），过渡过程是否有振荡，振荡程度是否剧烈（平稳性），系统最后是否收敛稳定下来（稳定性），等等。

（6）时间响应的数学概念：也可以从数学观点上理解时间响应概念，线性定常系统的微分方程是非齐次常系数线性微分方程，其全解包括通解和特解。通解对应于齐次方程，由系统初

始条件引起（零输入响应，自由响应）；特解由输入信号引起，包括瞬态和稳态响应。例如，考虑质量 $m$ 和弹簧刚度 $k$ 的单自由度系统如图 3-2 所示。

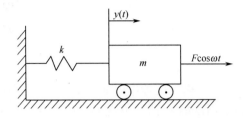

图 3-2　质量 $m$ 和弹簧刚度 $k$ 的单自由度系统

在外力 $F\cos\omega t$ 的作用下，系统的动力学方程为如下的线性常微分方程：

$$m\frac{\mathrm{d}^2 y(t)}{\mathrm{d}t^2} + ky(t) = F\cos\omega t$$

根据微分方程解的结构理论，全解为通解和特解之和

$$y(t) = A\sin\omega_n t + B\cos\omega_n t + \frac{F}{k}\cdot\frac{1}{1-\lambda^2}\cos\omega t$$

式中，$\omega_n = \sqrt{k/m}$，为系统的无阻尼固有频率。设 $t=0$ 时，$y(t)=y(0)$，$\dot{y}(t)=\dot{y}(0)$，则

$$A = \frac{\dot{y}(0)}{\omega_n} \qquad B = y(0) - \frac{F}{k}\cdot\frac{1}{1-\lambda^2}$$

$$y(t) = \frac{\dot{y}(0)}{\omega_n}\sin\omega_n t + y(0)\cos\omega_n t + \frac{F}{k}\cdot\frac{1}{1-\lambda^2}\cos\omega_n t + \frac{F}{k}\cdot\frac{1}{1-\lambda^2}\cos\omega t$$

上式中，第一、二项是由微分方程的初始条件引起的自由振动，即自由响应；第三项是由作用力引起的自由振动，其振动频率均为固有频率 $\omega_n$，此处第三项也称为自由振动，即指它的频率 $\omega_n$ 与作用力频率 $\omega$ 完全无关，其实它的幅值还是受外力 $F$ 的影响的；第四项是由作用力引起的强迫振动，即强迫响应，其振动频率为作用力频率 $\omega$。因此，系统的时间响应可以从两方面分类：按振动性质可分为自由响应与强迫响应，按振动来源可分为零输入响应与零状态响应。控制工程所要研究的往往是零状态响应。

一般情况下，设系统的动力学方程为

$$a_n\frac{\mathrm{d}x_0^{(n)}(t)}{\mathrm{d}t^n} + a_{n-1}\frac{\mathrm{d}x_0^{(n-1)}(t)}{\mathrm{d}t^{n-1}} + \cdots + a_1\frac{\mathrm{d}x_0(t)}{\mathrm{d}t} + a_0 x_0(t) = x_i(t) \qquad (3-1)$$

则，方程的解的一般形式为

$$x_0(t) = \sum_{i=1}^{n} A_{1i}\mathrm{e}^{s_i t} + \sum_{i=1}^{n} A_{2i}\mathrm{e}^{s_i t} + B(t) \qquad (3-2)$$

式中，$s_i(i=1,2,\cdots,n)$ 为系统的特征根。由此可得出如下一般性结论：

（1）系统的阶次 $n$ 和 $s_i$ 取决于系统的固有特性，与系统的初始状态无关。

（2）由 $x_o(t) = L^{-1}[G(s)X_i(s)]$ 所求得的输出是系统的零状态响应。

（3）系统特征根的实部影响自由响应项的收敛性；若所有特征根均具有负实部，则系统自由响应项收敛，系统稳定，此时称自由响应为瞬态响应，称强迫响应为稳态响应；若存在特征根的实部为正，则自由响应发散，系统不稳定；若存在特征根的实部为零，其余的实部为负，则自由响应等幅振荡，系统临界稳定；工程上一般视临界稳定为不稳定，因为一旦出现干扰，

很可能造成系统不稳定。

（4）特征根的虚部影响自由响应项的振荡情况，虚部绝对值越大，自由响应项的振荡越剧烈。

## 3.1.2　典型输入信号

控制系统的动态性能是通过某输入信号作用下系统的瞬态响应过程来评价的，时间响应不仅取决于系统本身的特性，而且还与输入信号的形式有关。实际的系统输入具有多样性，实际系统的输入信号可能是未知的，且多数情况下可能是随机的。但从考察系统性能出发，总可以选取一些具有特殊性质的典型输入信号来替代它们。尽管实际中很少是典型输入信号，但由于系统对典型输入信号的时间响应和系统对任意输入信号的时间响应之间存在一定的关系，所以，只要知道系统对典型输入信号的时间响应，再利用函数的卷积，就能求出系统对任意输入信号的时间响应。

如何选取典型输入信号，基本的选取原则是输入信号应能使系统充分显露出各种动态性能，能反映系统工作的大部分实际情况，能反映在最不利输入下系统的工作能力。输入信号应是个简单函数，便于用数学公式表达、分析和处理，易于在实验室中获得。

在实际控制系统中，常用以下 5 种信号作为典型的输入信号。

### 1. 阶跃信号

阶跃输入信号表示参考输入量的一个瞬间突变过程，常用于模拟指令、电压、负荷等的突然转换，如图 3-3 所示。

它的数学表达式为

$$x_i(t) = \begin{cases} 0 & t < 0 \\ A & t \geq 0 \end{cases} \tag{3-3}$$

式中，$A$ 为常数，当 $A=1$ 时，称为单位阶跃信号，用 $u(t)$ 或 $1(t)$ 表示。

单位阶跃信号的拉氏变换为

$$L[u(t)] = L[1(t)] = \frac{1}{s}$$

### 2. 脉冲信号

脉冲信号可视为一个持续时间极短的信号，常用于模拟碰撞、敲打、冲击等场合，如图 3-4 所示。

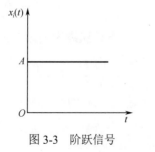

图 3-3　阶跃信号

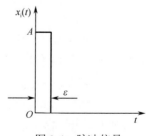

图 3-4　脉冲信号

它的数学表达式为

$$x_\mathrm{i}(t)=\begin{cases}0 & t<0,\quad t>\varepsilon\\ A & 0\leqslant t\leqslant\varepsilon\end{cases}\tag{3-4}$$

式中，$A$ 为常数，当 $A=1$，$\varepsilon\to0$ 时，称为单位脉冲信号，用 $\delta(t)$ 表示。

单位脉冲信号的拉氏变换为

$$L[\delta(t)]=1$$

### 3．斜坡信号

斜坡信号表示由零值开始随时间 $t$ 线性增长，也称恒速信号，常用来模拟速度信号，如图 3-5 所示。

它的数学表达式为

$$x_\mathrm{i}(t)=\begin{cases}0 & t<0\\ At & t\geqslant0\end{cases}\tag{3-5}$$

式中，$A$ 为常数，当 $A=1$ 时，称为单位斜坡信号，用 $r(t)$ 表示。

单位斜坡信号的拉氏变换为

$$L[r(t)]=\frac{1}{s^2}$$

### 4．抛物线信号

抛物线信号表示输入信号是等加速度变化的，也称加速度信号，常用来模拟系统输入一个随时间而逐渐增加的信号，如图 3-6 所示。

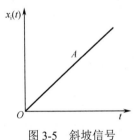

图 3-5　斜坡信号

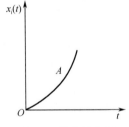

图 3-6　抛物线信号

它的数学表达式为

$$x_\mathrm{i}(t)=\begin{cases}0 & t<0\\ \dfrac{1}{2}At^2 & t\geqslant0\end{cases}\tag{3-6}$$

式中，$A$ 为常数，当 $A=1$ 时，称为单位抛物线信号，用 $a(t)$ 表示。

单位斜坡信号的拉氏变换为

$$L[a(t)]=\frac{1}{s^3}$$

### 5．正弦信号

正弦信号表示输入信号是正弦周期变化的，常用来模拟系统受周期信号作用，如图 3-7 所示。

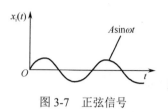

图 3-7 正弦信号

它的数学表达式为

$$x_i(t) = \begin{cases} 0 & t < 0 \\ A\sin\omega t & t \geq 0 \end{cases} \quad (3-7)$$

式中，$A$ 为正弦信号的幅值。正弦信号的拉氏变换为

$$L[\sin\omega t] = \frac{\omega}{s^2 + \omega^2}$$

控制系统的时域分析法以计算分析为主，本章介绍的时域分析法中，我们选取阶跃信号和脉冲信号作为输入信号；控制系统的频域分析法多以实验为主，在第 4 章介绍频域分析法时将用正弦信号作为输入信号。

## 3.2 控制系统时域动态性能分析

### 3.2.1 控制系统时域分析的基本方法及步骤

控制系统的基本性能要求是稳定性、快速性和准确性，对系统的设计和分析都将围绕对基本性能的求展开。由基本性能的定性要求推导出系统的定量性能指标，通过计算分析，获得实际系统的性能指标参数，将其与设计指标要求相比较，以便确定该系统是否满足设计要求和使用要求。如果实际系统的性能参数在某些方面不能完全满足要求，或者当实际产品已经制造出来但某些性能指标不能完全满足要求时，通过分析，我们可以不推翻原设计或报废原产品，而是通过系统校正的方式，在原系统基础上增加某些校正装置，以改善系统性能，使之完全满足设计要求和使用要求。这是进行系统分析的基本方法和目的。

实际系统多为高阶复杂系统，直接分析高阶系统将非常复杂。然而，高阶系统通常都是由低阶系统通过串联、并联和反馈等方式组合而成的，高阶系统的动态性能常可以用低阶系统进行近似。因此，系统分析的思路是先分析系统中低阶系统（一阶、二阶）的动态性能，然后利用高阶系统主导极点的概念去近似分析高阶系统的动态性能。

系统的性能自身不能表现出来，必须给系统一个外界激励，通过在该输入激励下产生的输出响应的外在表现，来体现系统自身的固有特性。如何选择适当的外界激励，在 3.1 节中已阐述过基本选取原则。由于系统的时域分析着重于计算法，因此希望输入信号是一个简单的函数，以便简化计算。阶跃信号输入可以模拟指令、电压、负荷等的开关转换，反映恒值系统的大部分工作情况；脉冲信号输入可以模拟碰撞、敲打、冲击等场合，反映系统受干扰时的工作情况。因此，系统的时域分析一般用阶跃信号和脉冲信号作为系统的输入。

系统在时域中的数学模型 $g(t)$ 是微分方程，微分方程求解困难，尤其是高阶微分方程，因此对线性定常系统的时域分析常采用如图 3-8 所示的分析思路。

首先将系统的微分方程 $g(t)$ 和选取的输入信号 $x_i(t)$ 利用拉氏变换转换到复数域，得到 $G(s)$ 和 $X_i(s)$，然后在复数域进行代数运算 $X_o(s) = G(s)X_i(s)$，获得系统在复数域的输出 $X_o(s)$，最后利用拉氏逆变换得到系统在时域的输出 $x_o(t)$。利用 $x_o(t)$ 的表现来分析系统自身的动态性能。

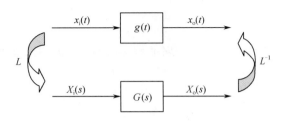

图 3-8　控制系统时域分析的思路

## 3.2.2　一阶系统的时间响应

由一阶微分方程描述的系统称为一阶系统。它的典型形式是一阶惯性环节，如 RC 网络、发电机、加热器、冰箱、处理炉和水箱等，均可近似为一阶系统。

**1. 一阶系统的单位脉冲响应**

系统在单位脉冲作用下的输出称为单位脉冲响应。一阶系统的动态传递函数框图如图 3-9 所示，其微分方程和传递函数分别为

$$T\frac{\mathrm{d}x_{\mathrm{o}}(t)}{\mathrm{d}t} + x_{\mathrm{o}}(t) = x_{\mathrm{i}}(t)$$

$$G(s) = \frac{X_{\mathrm{o}}(s)}{X_{\mathrm{i}}(s)} = \frac{1}{Ts+1}$$

式中，$T$ 为系统的特征参数，即系统的时间常数。

当输入为 $x_{\mathrm{i}}(t) = \delta(t)$，$X_{\mathrm{i}}(s) = L[\delta(t)] = 1$ 时，系统在复数域的输出

$$X_{\mathrm{o}}(s) = G(s)X_{\mathrm{i}}(s) = \frac{1}{Ts+1} \times 1 = \frac{1}{Ts+1}$$

上式经拉氏逆变换，得单位脉冲响应

$$\omega(t) = x_{\mathrm{o}}(t) = L^{-1}[G(s)] = L^{-1}\left[\frac{1}{Ts+1}\right] = \frac{1}{T}\mathrm{e}^{-\frac{t}{T}} \ (t \geqslant 0) \tag{3-8}$$

一阶系统的单位脉冲响应曲线是一条单调下降的指数曲线，只有瞬态项，稳态响应为零；初值为 $1/T$，当 $t$ 趋于无穷大时，其值趋于零，如图 3-10 所示。

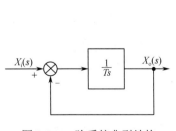

图 3-9　一阶系统典型结构

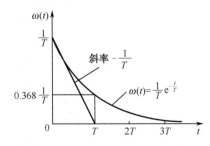

图 3-10　一阶系统的单位脉冲响应

若将指数曲线衰减到初值的 2%（或 5%）之前的过程定义为过渡过程，响应的时间为 $4T$（或 $3T$），则此时间称为过渡过程时间或调整时间。

一阶系统的动态性能均由其特征参数（时间常数 $T$）决定，时间常数 $T$ 越小，调整时间越短，说明系统的惯性越小，对输入信号反应的快速性能越好。

实际系统的输入脉冲信号总有一个极短的持续时间，为保证输出的准确性，通常对脉冲信号的要求是 $\varepsilon \leqslant 0.1T$，即脉冲宽度小于时间常数的 10%。

### 2．一阶系统的单位阶跃响应

系统在单位阶跃作用下的输出称为单位阶跃响应。

当输入为 $x_i(t) = u(t)$，$X_i(s) = L[u(t)] = \dfrac{1}{s}$ 时，系统在复数域的输出为

$$X_o(s) = G(s)X_i(s) = \frac{1}{Ts+1} \cdot \frac{1}{s}$$

上式经拉氏逆变换，得单位阶跃响应

$$x_o(t) = L^{-1}[G(s)] = L^{-1}\left[\frac{1}{Ts+1} \cdot \frac{1}{s}\right] = 1 - e^{-\frac{t}{T}} \quad (t \geqslant 0) \tag{3-9}$$

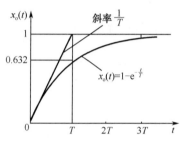

图 3-11　一阶系统的单位阶跃响应

其输出响应曲线如图 3-11 所示。

由图 3-11 可知，一阶系统的单位阶跃响应曲线是一条单调上升的指数曲线，稳态值为 1，瞬态过程平稳无振荡。

当 $t = T$ 时，输出响应为稳态值的 63.2%，因此用实验方法测出响应曲线达到稳态值的 63.2% 时，所用的时间即惯性环节的时间常数 $T$。

当 $t = 0$ 时，响应曲线的切线斜率等于 $1/T$，这是确定时间常数 $T$ 的另一种方法。

当 $t \geqslant 4T$ 时，响应曲线已达到稳态值的 98% 以上，认为瞬态响应过程结束。系统的过渡过程时间 $t_s = 4T$，与单位脉冲响应的过渡过程时间相同，说明时间常数 $T$ 反映了一阶系统的固有特性。同样，为保证输出的准确性，对脉冲信号要求 $\varepsilon \leqslant 0.1T$。

### 3．单位脉冲响应和单位阶跃响应的关系

从单位脉冲响应和单位阶跃响应的表达式可以看出，二者之间存在积分和微分关系，而单位脉冲信号和单位阶跃信号也存在积分和微分的关系，由此可以得出线性定常系统的一个重要性质：如果系统的输入信号存在积分和微分关系，则系统的时间响应也存在对应的积分和微分关系。由此可知，对阶跃响应微分即得到脉冲响应。

【例 3.1】 一阶系统如图 3-12 所示，试求系统单位阶跃响应的调节时间 $t_s$（$\Delta = 0.05$），如果要求 $t_s = 0.1\text{s}$，试问系统的反馈系数应调整为何值？

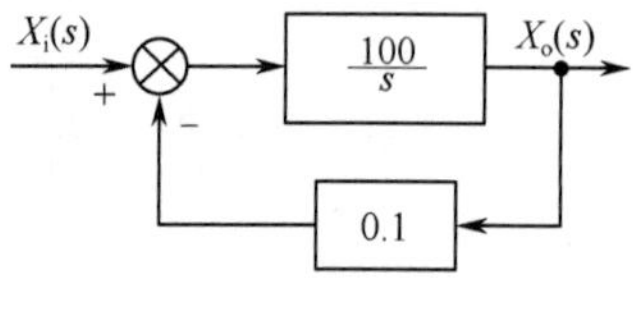

对方框图进行变换，得系统的闭环传递函数为

$$G_B(s) = \frac{X_o(s)}{X_i(s)} = \frac{100/s}{1 + 0.1(100/s)} = \frac{10}{0.1s+1}$$

故，时间常数 $T = 0.1$，调节时间 $t_s = 3T = 3 \times 0.1 = 0.3\,\text{s}$。

$G_B(s)$ 中的倍数 10，并不影响 $t_s$ 的值。

计算 $t_s = 0.1\,\text{s}$ 的反馈系数值。设图 3-12 中反馈系数为 $K_H$，则系统闭环传递函数

图 3-12　例 3.1 系统结构图

$$G_B'(s) = \frac{\dfrac{100}{s}}{1 + \dfrac{100}{s}K_H} = \frac{1/K_H}{\dfrac{0.01}{K_H}s + 1}$$

故

$$T' = \frac{0.01}{K_H}$$

$$t_s = 3T = \frac{0.03}{K_H} = 0.1\,\text{s}$$

求得，$K_H = 0.3$。

### 3.2.3 二阶系统的时间响应

#### 1. 二阶系统的数学模型及模型规格化

凡是能够用二阶微分方程描述的系统都称为二阶系统。二阶系统的典型形式是振荡系统。二阶系统动态结构框图如图 3-13 所示。电动机、机械动态方程、小功率随动系统等均可近似为二阶系统。很多实际的系统都是二阶系统，很多高阶系统在一定条件下也可近似地简化为二阶系统来研究。因此，分析二阶系统响应具有十分重要的意义。

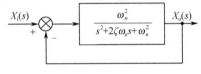

图 3-13 二阶系统动态结构框图

将二阶系统最高项系数变为 1，可得二阶系统的规格化微分方程和传递函数

$$\frac{\mathrm{d}x_o^2(t)}{\mathrm{d}t} + 2\zeta\omega_n\frac{\mathrm{d}x_o(t)}{\mathrm{d}t} + \omega_n^2 x_o(t) = \omega_n^2 x_i(t)$$

$$G(s) = \frac{X_o(s)}{X_i(s)} = \frac{\omega_n^2}{s^2 + 2\zeta\omega_n s + \omega_n^2} \tag{3-10}$$

式中，$\omega_n$ 为无阻尼固有频率，$\zeta$ 为阻尼比，若 $0 \leq \zeta < 1$，则二阶系统称为振荡系统。

$\omega_n$ 和 $\zeta$ 称为二阶系统的特征参数，它们表明了二阶系统本身与外界无关的特性；二阶系统规格化表达式中的分母多项式称为特征多项式，令特征多项式为零得到的方程 $s^2 + 2\zeta\omega_n s + \omega_n^2 = 0$ 称为特征方程；特征方程的根 $s_{1,2} = -\zeta\omega_n \pm \omega_n\sqrt{\zeta^2 - 1}$ 称为特征根，也就是系统的极点。

#### 2. 系统的极点配置

从二阶系统特征根的表达式中可以看出，当阻尼比 $\zeta$ 取值不同（即系统的极点配置不同）时，系统的闭环特征根也不同，所对应的响应形式也不同。

（1）当 $0 < \zeta < 1$ 时，称为欠阻尼系统。特征根为一对共轭复数，即

$$s_{1,2} = -\zeta\omega_n \pm j\omega_n\sqrt{1 - \zeta^2}$$

此时，二阶系统的传递函数的极点是一对位于复数[s]平面的左半平面内的共轭复数极点，如图 3-14（a）所示。

（2）当 $\zeta = 0$ 时，称为无阻尼系统。特征根为一对共轭纯虚数，在复数 [s] 平面的分布如图 3-14（b）所示。即

$$s_{1.2} = \pm j\omega_n$$

（3）当 $\zeta = 1$ 时，称为临界阻尼系统。特征根为一对相等的负实根，在复数[$s$]平面的分布如图 3-14（c）所示。即

$$s_{1.2} = -\omega_n$$

（4）当 $\zeta > 1$ 时，称为过阻尼系统。特征根为一对不等的负实根，在复数[$s$]平面的分布如图 3-14（d）所示。即

$$s_{1.2} = -\zeta\omega_n \pm \omega_n\sqrt{\zeta^2 - 1}$$

过阻尼二阶系统是两个一阶惯性环节的组合。

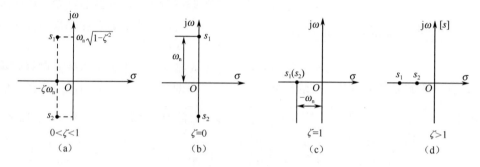

图 3-14　二阶系统的极点配置

由于二阶系统的极点配置中阻尼比 $\zeta$ 的取值不同，有 4 种情况，因此，讨论二阶系统的输出响应时也要分 4 种情况进行讨论。

### 3. 二阶系统的单位脉冲响应

当二阶系统的输入信号是理想的单位脉冲函数 $\delta(t)$，$X_i(s) = L[\delta(t)] = 1$ 时，系统的输出 $x_o(t)$ 称为单位脉冲响应函数，记为 $w(t)$。因为 $X_o(s) = G(s)X_i(s)$，则有

$$w(s) = X_o(s) = G(s) = \frac{\omega_n^2}{s^2 + 2\zeta\omega_n s + \omega_n^2}$$

系统的单位脉冲响应

$$w(t) = L^{-1}[G(s)] = L^{-1}\left[\frac{\omega_n^2}{s^2 + 2\zeta\omega_n s + \omega_n^2}\right] = L^{-1}\left[\frac{\omega_n^2}{(s + \zeta\omega_n)^2 + (\omega_n\sqrt{1-\zeta^2})^2}\right] \quad (3\text{-}11)$$

记 $\omega_d = \omega_n\sqrt{1-\zeta^2}$，称为二阶系统的有阻尼固有频率。

（1）$0 < \zeta < 1$ 时

$$
\begin{aligned}
w(t) &= L^{-1}\left[\frac{\omega_n}{\sqrt{1-\zeta^2}} \cdot \frac{\omega_n\sqrt{1-\zeta^2}}{(s + \zeta\omega_n)^2 + (\omega_n\sqrt{1-\zeta^2})^2}\right] \\
&= \frac{\omega_n}{\sqrt{1-\zeta^2}} e^{-\zeta\omega_n t}\sin(\omega_n\sqrt{1-\zeta^2}) \quad t = \frac{\omega_n}{\sqrt{1-\zeta^2}} e^{-\zeta\omega_n t}\sin\omega_d t \quad (t \geqslant 0)
\end{aligned}
\quad (3\text{-}12)
$$

（2）$\zeta = 0$ 时

$$w(t) = L^{-1}\left[\omega_n \cdot \frac{\omega_n}{s^2 + \omega_n^2}\right] = \omega_n\sin\omega_n t \quad (t \geqslant 0) \quad (3\text{-}13)$$

（3）$\zeta = 1$ 时

$$w(t) = L^{-1} \left[ \frac{\omega_{\text{n}}^2}{(s + \omega_{\text{n}})^2} \right] = \omega_{\text{n}}^2 t \, \text{e}^{-\omega_{\text{n}} t} \qquad (t \geq 0) \tag{3-14}$$

（4）$\zeta > 1$ 时

$$w(t) = L^{-1} \left[ \frac{\omega_{\text{n}}^2}{(s + \zeta\omega_{\text{n}})^2 + (\omega_{\text{n}}\sqrt{\zeta^2 - 1})^2} \right]$$

$$= \frac{\omega_{\text{n}}}{2\sqrt{\zeta^2 - 1}} L^{-1} \left[ \frac{1}{s + (\zeta - \sqrt{\zeta^2 - 1})\omega_{\text{n}}} - \frac{1}{s + (\zeta + \sqrt{\zeta^2 - 1})\omega_{\text{n}}} \right]$$

$$= \frac{\omega_{\text{n}}}{2\sqrt{\zeta^2 - 1}} \left[ \text{e}^{-(\zeta - \sqrt{\zeta^2 - 1})\omega_{\text{n}} t} - \text{e}^{-(\zeta + \sqrt{\zeta^2 - 1})\omega_{\text{n}} t} \right] \qquad (t \geq 0) \tag{3-15}$$

当 $\zeta$ 取不同值时，二阶欠阻尼系统的单位脉冲响应曲线如图 3-15 所示。

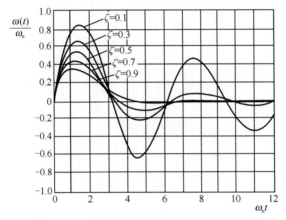

图 3-15　二阶欠阻尼系统的单位脉冲响应曲线

由图可知，欠阻尼系统的单位脉冲响应曲线是减幅的正弦振荡曲线，且 $\zeta$ 越小，衰减越慢，$\omega_{\text{d}}$ 越大。故欠阻尼系统常称为二阶振荡系统，其幅值衰减的快慢取决于 $\zeta\omega_{\text{n}}$ 的值。

### 4．二阶系统的单位阶跃响应

若系统的输入信号为单位阶跃信号 $x_{\text{i}}(t) = u(t)$，$X_{\text{i}}(s) = L[u(t)] = 1/s$，则二阶系统的单位阶跃响应函数的拉氏变换为

$$X_{\text{o}}(s) = G(s) \cdot \frac{1}{s} = \frac{\omega_{\text{n}}^2}{s^2 + 2\zeta\omega_{\text{n}} s + \omega_{\text{n}}^2} \cdot \frac{1}{s}$$

$$= \frac{1}{s} - \frac{s + 2\zeta\omega_{\text{n}}}{(s + \zeta\omega_{\text{n}} + \text{j}\omega_{\text{d}})(s + \zeta\omega_{\text{n}} - \text{j}\omega_{\text{d}})}$$

$$= \frac{1}{s} - \frac{s + 2\zeta\omega_{\text{n}}}{(s + \zeta\omega_{\text{n}})^2 + \omega_{\text{d}}^2}$$

（1）$0 < \zeta < 1$ 时

$$x_{\text{o}}(t) = L^{-1} \left[ \frac{1}{s} \right] - L^{-1} \left[ \frac{s + \zeta\omega_{\text{n}}}{(s + \zeta\omega_{\text{n}})^2 + \omega_{\text{d}}^2} \right] - L^{-1} \left[ \frac{\zeta}{\sqrt{1 - \zeta^2}} \cdot \frac{\omega_{\text{n}}\sqrt{1 - \zeta^2}}{(s + \zeta\omega_{\text{n}})^2 + \omega_{\text{d}}^2} \right]$$

$$= 1 - \frac{e^{-\zeta \omega_n t}}{\sqrt{1-\zeta^2}} \sin(\omega_d t + \beta) \quad (t \geq 0) \tag{3-16}$$

式中，$\beta = \arctan \dfrac{\sqrt{1-\zeta^2}}{\zeta}$ 为阻尼角，如图 3-16 所示。

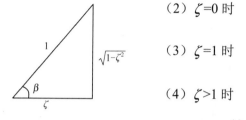

（2）$\zeta = 0$ 时

$$x_o(t) = 1 - \cos \omega_n t \quad (t \geq 0) \tag{3-17}$$

（3）$\zeta = 1$ 时

$$x_o(t) = 1 - (1 + \omega_n t) e^{-\omega_n t} \quad (t \geq 0) \tag{3-18}$$

（4）$\zeta > 1$ 时

$$x_o(t) = 1 + \frac{\omega_n}{2\sqrt{\zeta^2 - 1}} \left( -\frac{1}{s_1} e^{s_1 t} + \frac{1}{s_2} e^{s_2 t} \right) \quad (t \geq 0) \tag{3-19}$$

图 3-16　阻尼角

当 $\zeta$ 取不同值时，二阶系统的单位脉冲响应曲线如图 3-17 所示。

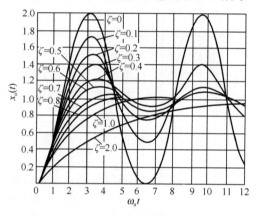

图 3-17　二阶系统的单位脉冲响应曲线

由图可知，欠阻尼系统的单位阶跃响应由两部分组成。稳态分量为 1，瞬态分量是一个以 $\omega_d$ 为频率的衰减正弦振荡过程，且随着阻尼比 $\zeta$ 的减小，其振荡特性愈加强烈，曲线的衰减快慢取决于衰减指数 $\zeta \omega_n$。无阻尼系统的响应呈等幅振荡。临界阻尼系统的响应为单调上升的指数曲线。过阻尼系统的响应也是一条单调上升的指数曲线，但其响应速度比临界阻尼时缓慢，系统没有超调，过渡过程时间较长。

在欠阻尼系统中，当 $\zeta$ 为 0.4～0.8 时，不仅其过渡过程时间比临界阻尼时更短，而且振荡不太严重。因此，一般希望系统工作在 $\zeta$ 为 0.4～0.8 的欠阻尼状态，因为该工作状态有一个振荡特性适度而持续时间又较短的过渡过程。由分析可知，决定过渡过程特性的是瞬态响应，所以合适的过渡过程实际上是选择合适的瞬态响应，也就是选择合适的 $\omega_n$ 和 $\zeta$ 值。

此处，将二阶系统单位脉冲响应和单位阶跃响应汇总于表 3-1 中。

表 3-1　二阶系统单位脉冲响应和单位阶跃响应比较

| 阻 尼 系 数 | 单位脉冲响应 | 单位阶跃响应 |
| --- | --- | --- |
| $\zeta = 0$ 无阻尼 | $w(t) = \omega_n \sin \omega_n t$ | $x_o(t) = 1 - \cos \omega_n t$ |
| $0 < \zeta < 0$ 欠阻尼 | $w(t) = \dfrac{\omega_n}{\sqrt{1-\zeta^2}} e^{-\zeta \omega_n t} \sin \omega_d t$ | $x_o(t) = 1 - \dfrac{e^{-\zeta \omega_n t}}{\sqrt{1-\zeta^2}} \sin(\omega_d t + \beta)$ |

续表

| 阻 尼 系 数 | 单位脉冲响应 | 单位阶跃响应 |
|---|---|---|
| $\zeta = 1$ 临界阻尼 | $w(t) = \omega_n^2 t\, e^{-\omega_n t}$ | $x_o(t) = 1 - (1 + \omega_n t)e^{-\omega_n t}$ |
| $\zeta > 1$ 过阻尼 | $w(t) = \dfrac{\omega_n}{2\sqrt{\zeta^2 - 1}}(e^{-s_2 t} - e^{-s_1 t})$ | $x_o(t) = 1 + \dfrac{\omega_n}{2\sqrt{\zeta^2 - 1}}\left(-\dfrac{1}{s_1}e^{s_1 t} + \dfrac{1}{s_2}e^{s_2 t}\right)$ |

【例 3.2】　某单位反馈系统，其开环传递函数如下式，求该系统的单位阶跃响应和单位脉冲响应。

$$G_k(s) = \frac{5.5}{s(0.13s + 1)}$$

系统的闭环传递函数为

$$G_B(s) = \frac{X_o(s)}{X_i(s)} = \frac{G_k(s)}{1 + G_k(s)} = \frac{42.3}{s^2 + 7.69s + 42.3} = \frac{6.5^2}{s^2 + 2\times0.592\times6.5s + 6.5^2}$$

其中，$\omega_n = 6.5$，$\zeta = 0.592$，则 $\omega_d = \omega_n\sqrt{1 - \zeta^2} = 5.24$

（1）当单位阶跃输入时

$$X_o(s) = G(s)X_i(s) = \frac{42.3}{s^2 + 7.69s + 42.3} \times \frac{1}{s}$$

$$x_o(t) = 1 - e^{-\zeta\omega_n t}\left(\cos\omega_d t + \frac{\zeta}{\sqrt{1 - \zeta^2}}\sin\omega_d t\right) = 1 - e^{-3.85t}(\cos5.24t + 0.73\sin5.24t)$$

（2）当单位脉冲输入时

$$X_o(s) = G(s)X_i(s) = \frac{42.3}{s^2 + 7.69s + 42.3}$$

$$x_o(t) = \frac{\omega_n}{\sqrt{1 - \zeta^2}} e^{-\zeta\omega_n t}\sin\omega_d t$$

$$= 8e^{-3.85t}\sin5.24t$$

## 3.2.4　控制系统的时域性能指标及计算

### 1. 控制系统的时域性能指标的确定

对控制系统的基本要求是响应过程的稳定性、准确性和快速性，要评价这些性能总要用一定的定量性能指标来衡量，如何选择性能指标是一个重要的问题。通常，系统的性能指标形式为二阶欠阻尼系统的单位阶跃响应（时域，单位阶跃输入，二阶系统，欠阻尼）。其原因有四个：一是产生阶跃输入比较容易，而且从系统对单位阶跃输入的响应也较容易求得对任何输入的响应；二是许多输入与单位阶跃输入相似，而且阶跃输入又往往是实际系统中最不利的输入情况；三是因为高阶系统总是由低阶系统组合而成的，低阶系统中二阶系统有两个特征参数 $\omega_n$ 和 $\zeta$，最能反映高阶系统的特征，实际系统中常用二阶系统的性能参数去近似高阶系统的性能，因此选用二阶系统作为性能指标推导的数学原型是恰当的；四是因为完全无振荡的单调过程的过渡时间太长，所以，除了那些不允许产生振荡的系统，通常都允许系统有适度的振荡，其目的是为了获得较短的过渡过程时间。这是在设计二阶系统时，常使系统在欠阻尼（通常取 $\zeta$ 为

0.4~0.8）状态下工作的原因。以下关于二阶系统响应的性能指标的定义及计算公式的推导，除特别说明外，都是针对欠阻尼二阶系统而言的。更确切地说，是针对欠阻尼二阶系统的单位阶跃响应的过渡过程而言的。

### 2．二阶系统的时域瞬态性能指标计算

一个欠阻尼二阶系统的典型输出响应过程如图 3-18 所示。

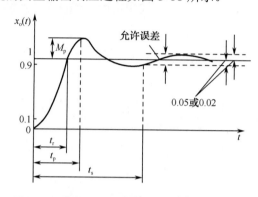

图 3-18  欠阻尼二阶系统的典型输出响应过程

为了说明欠阻尼二阶系统的单位阶跃响应的过渡过程的特性，通常采用下列性能指标：上升时间 $t_r$，峰值时间 $t_p$，最大超调量 $M_p$，调整时间 $t_s$，振荡次数 $N$。

下面推导它们的计算公式，分析它们与系统特征参数 $\omega_n$ 和 $\zeta$ 之间的关系。

（1）上升时间 $t_r$：将响应曲线从原工作状态出发，第一次到达输出稳态值所需要的时间定义为上升时间。对欠阻尼系统来说，通常采用响应曲线从零上升到稳态值所需的时间。对过阻尼系统来说，通常采用响应曲线从稳态值的 10%上升到 90%所需要的时间。

根据定义，当 $t = t_r$ 时，$x_o(t_r) = 1$，于是

$$1 - \frac{e^{-\zeta \omega_n t_r}}{\sqrt{1-\zeta^2}} \sin(\omega_d t_r + \beta) = 1$$

由于 $e^{-\zeta \omega_n t_r} \neq 0$，因此有 $\sin(\omega_d t_r + \beta) = 0$，$\omega_d t_r + \beta = n\pi$（$n = 0,1,2,3 \cdots$）。

因为上升时间 $t_r$ 是第一次到达稳态值的时间，故取 $n = 1$，所以得

$$t_r = \frac{\pi - \beta}{\omega_d} = \frac{\pi - \arctan\dfrac{\sqrt{1-\zeta^2}}{\zeta}}{\omega_n \sqrt{1-\zeta^2}} \tag{3-20}$$

当 $\zeta$ 一定时，$\omega_n$ 增大，$t_r$ 就减小；当 $\omega_n$ 一定时，$\zeta$ 增大，$t_r$ 就增大。

（2）峰值时间 $t_p$：将响应曲线到达第一个峰值所需的时间定义为峰值时间。将式（3-16）对时间 $t$ 求导，并令其为零，即可求出 $t_p$。

$$\frac{dx_o(t)}{dt} = 0$$

得

$$\tan(\omega_d t_p + \beta) = \frac{\sqrt{1-\zeta^2}}{\zeta} = \tan\beta$$

所以，$\omega_d t_p = n\pi$（取 $n = 1$），得到

$$t_p = \frac{\pi}{\omega_d} = \frac{\pi}{\omega_n \sqrt{1-\zeta^2}} \qquad (3\text{-}21)$$

峰值时间 $t_p$ 是有阻尼振荡周期 $2\pi/\omega_d$ 的一半。当 $\zeta$ 一定时，$\omega_n$ 增大，$t_p$ 就减小；当 $\omega_n$ 一定时，$\zeta$ 增大，$t_p$ 就增大，与 $t_r$ 的情况相同。

（3）最大超调量 $M_p$：将单位阶跃输入时，响应曲线的最大峰值 $x_o(t_p)$ 与稳态值 $x_o(\infty)$ 的差定义为最大超调量，即 $M_p = x_o(t_p) - x_o(\infty)$，通常用百分数表示最大超调量。

$$M_p = \frac{x_o(t_p) - x_o(\infty)}{x_o(\infty)} \times 100\%$$

因为最大超调量发生在峰值时间 $t = t_p = \pi/\omega_d$，且 $x_o(\infty) = 1$，所以带入上式，得

$$\begin{aligned} M_p &= -\frac{1}{\sqrt{1-\zeta^2}} e^{-\zeta\omega_n \pi/\omega_d} \sin\left(\omega_d \frac{\pi}{\omega_d} + \arctan\frac{\sqrt{1-\zeta^2}}{\zeta}\right) \\ &= e^{\frac{-\pi\zeta}{\sqrt{1-\zeta^2}}} \times 100\% \end{aligned} \qquad (3\text{-}22)$$

上式表明，最大超调量 $M_p$ 仅与阻尼比 $\zeta$ 有关，而与无阻尼固有频率 $\omega_n$ 无关。因此 $M_p$ 的大小直接说明系统的阻尼特性。当二阶系统的阻尼比 $\zeta$ 确定后，可求得与其对应的最大超调量 $M_p$，反之亦然。当系统 $\zeta$ 为 0.4～0.8 时，相应的超调量 $M_p$ 为 25%～1.5%。

（4）调整时间 $t_s$：将响应曲线达到并一直保持在稳态值的公差带 $\pm\Delta$（$\Delta$ 为 2%或 5%）内所需要的时间定义为系统的调整时间，即当 $t > t_s$ 时，$x_o(t)$ 应满足不等式

$$\left| x_o(t) - x_o(\infty) \right| \leqslant \Delta \cdot x_o(\infty) \qquad (t \geqslant t_s)$$

由于 $x_o(\infty)=1$，则 $x_o(t) \leqslant 1\pm\Delta$，即

$$\left| \frac{e^{-\zeta\omega_n t}}{\sqrt{1-\zeta^2}} \sin\left(\omega_d t + \arctan\frac{\sqrt{1-\zeta^2}}{\zeta}\right) \right| \leqslant \Delta$$

根据衰减正弦曲线的包络线，可将上式改写为

$$\frac{e^{-\zeta\omega_n t}}{\sqrt{1-\zeta^2}} \leqslant \Delta$$

求解得

$$t_s \geqslant \frac{1}{\zeta\omega_n} \ln \frac{1}{\Delta\sqrt{1-\zeta^2}} \qquad (3\text{-}23)$$

若取 $\Delta = 0.02$，得

$$t_s \geqslant \frac{4 + \ln\dfrac{1}{\sqrt{1-\zeta^2}}}{\zeta\omega_n}$$

若取 $\Delta = 0.05$，得

$$t_s \geqslant \frac{3 + \ln\dfrac{1}{\sqrt{1-\zeta^2}}}{\zeta\omega_n}$$

当 $0 < \zeta < 0.7$ 时，调整时间 $t_s$ 可近似取为

$$t_s \approx \frac{4}{\zeta \omega_n} \qquad (\Delta = 0.02) \tag{3-24}$$

$$t_s \approx \frac{3}{\zeta \omega_n} \qquad (\Delta = 0.05) \tag{3-25}$$

当阻尼比$\zeta$一定时，$\omega_n$增大，调整时间$t_s$就减小，系统的响应速度变快。

最佳阻尼比：若系统的$\omega_n$一定，以$\zeta$为自变量对$t_s$求极值，当$\Delta = 0.02$，$\zeta = 0.76$时，$t_s$为最小；当$\Delta = 0.05$，$\zeta = 0.68$时，$t_s$为最小。因此，在设计二阶系统时，将两种求极值的情况进行折中，一般取$\zeta = 0.707$作为最佳阻尼比。在此情况下，不仅调整时间$t_s$最小，超调量$M_p$也不大，这使二阶系统同时兼顾了快速性和平稳性两方面的要求。

在具体设计时，通常是根据对最大超调量$M_p$的要求来确定阻尼比$\zeta$，所以调整时间$t_s$主要是根据系统的$\omega_n$来确定的。由此可见，二阶系统的特征参数$\omega_n$和$\zeta$决定了系统的调整时间$t_s$和最大超调量$M_p$；反过来，根据对$t_s$和$M_p$的要求，也能确定二阶系统的特征参数$\omega_n$和$\zeta$。

（5）振荡次数$N$：是指在调整时间$t_s$内响应曲线振荡的次数，也就是在过渡过程时间内$x_o(t)$穿越其稳态值$x_o(\infty)$的次数的一半。

在过渡过程时间$0 \leqslant t \leqslant t_s$内，系统的振荡周期是$2\pi / \omega_d$，所以其振荡次数为

$$N = \frac{t_s}{2\pi / \omega_d}$$

当$\Delta = 0.02$时，$t_s = 4 / \zeta\omega_n$，则

$$N = \frac{2\sqrt{1-\zeta^2}}{\pi\zeta} \tag{3-26}$$

当$\Delta = 0.05$时，$t_s = 3 / \zeta\omega_n$，则

$$N = \frac{1.5\sqrt{1-\zeta^2}}{\pi\zeta} \tag{3-27}$$

从上式可以看出，振荡次数只与阻尼比$\zeta$有关，随$\zeta$的增大而减小，它的大小直接反映了系统的阻尼特性。

由以上讨论可得出如下结论。

在以上性能指标中，上升时间$t_r$、峰值时间$t_p$、调整时间$t_s$及延迟时间反映系统的快速性，而最大超调量$M_p$、振荡次数$N$反映系统过渡过程的平稳性。应当指出，这些性能指标并非在任何情况下都需全部考虑。对于欠阻尼系统主要的性能指标是上升时间$t_r$、峰值时间$t_p$、最大超调量$M_p$和调整时间$t_s$；而对于过阻尼系统，则无须考虑峰值时间$t_p$和最大超调量$M_p$。

要使二阶系统具有满意的动态性能指标，必须选择合适的阻尼比$\zeta$和无阻尼固有频率$\omega_n$。提高$\omega_n$，可以提高二阶系统的响应速度，减少上升时间$t_r$、峰值时间$t_p$和调整时间$t_s$；增大$\zeta$，可以减弱系统的振荡性能，即降低超调量$M_p$，减少振荡次数$N$，但会增大上升时间$t_r$和峰值时间$t_p$。

系统的响应速度与振荡性能之间往往是存在矛盾的。例如，对于$m-c-k$的单自由度机械系统，由于$\omega_n = \sqrt{k/m}$，$\omega_n$的提高，一般是通过提高$k$值来实现的；另外，又由于$\zeta = \dfrac{c}{2\sqrt{mk}}$，所以要增大$\zeta$，当然希望减小$k$值。因此，既要减弱系统的振荡性能，又要系统具有一定的响应速度，那就只能选取合适的$\zeta$和$\omega_n$值才能实现。此处的$k$、$c$、$m$和$\zeta$、$\omega_n$均应作广义理解。

【**例 3.3**】　如图 3-19 所示系统，试求其单位阶跃响应表达式和瞬态性能指标。

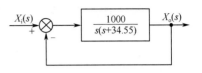

系统的闭环传递函数为

$$G_{\mathrm{B}}(s) = \frac{\omega_{\mathrm{n}}^2}{s^2 + 2\zeta\omega_{\mathrm{n}}s + \omega_{\mathrm{n}}^2} = \frac{1000}{s^2 + 34.55s + 1000}$$

图 3-19　二阶系统示例框图

$$\omega_{\mathrm{n}} = \sqrt{1000} = 31.55\ (\mathrm{rad/s}), \quad \zeta = \frac{34.55}{2\omega_{\mathrm{n}}} = 0.546$$

可以看出，系统工作在欠阻尼情况，其单位阶跃响应为

$$x_{\mathrm{o}}(t) = 1 - \frac{\mathrm{e}^{-\zeta\omega_{\mathrm{n}}t}}{\sqrt{1-\zeta^2}}\sin\left(\sqrt{1-\zeta^2}\,\omega_{\mathrm{n}}t + \arctan\frac{\sqrt{1-\zeta}}{\zeta}\right)$$

$$= 1 - \frac{\mathrm{e}^{-0.546\times31.6t}}{\sqrt{1-0.546^2}}\sin\left(\sqrt{1-0.546^2}\times31.6t + \arctan\frac{\sqrt{1-0.546^2}}{0.546}\right)$$

$$= 1 - 1.19\mathrm{e}^{-17.25t}\sin(26.47t + 0.993)$$

各项性能指标为

$$t_{\mathrm{r}} = \frac{\pi - \beta}{\omega_{\mathrm{n}}\sqrt{1-\zeta^2}} = \frac{\pi - 0.993}{31.6\sqrt{1-0.546^2}} = 0.085\ (\mathrm{s})$$

$$t_{\mathrm{p}} = \frac{\pi}{\omega_{\mathrm{n}}\sqrt{1-\zeta^2}} = \frac{\pi}{31.6\sqrt{1-0.546^2}} = 0.110\ (\mathrm{s})$$

$$M_{\mathrm{p}} = \mathrm{e}^{\frac{-\pi\zeta}{\sqrt{1-\zeta^2}}} \times 100\% = \mathrm{e}^{-\frac{0.546\pi}{\sqrt{1-0.546^2}}} = 12.9\%$$

$$t_{\mathrm{s}}(\varDelta = 0.05) \approx \frac{3}{\zeta\omega_{\mathrm{n}}} = \frac{3}{0.546\times31.6} = 0.174\ (\mathrm{s})$$

【**例 3.4**】　设一个位置随动系统，其传递函数方框图如图 3-20（a）所示，当系统输入单位阶跃函数时，最大超调量 $M_{\mathrm{p}} \leqslant 5\%$，试校核该系统的各参数是否满足要求；如果在原系统基础上增加一微分负反馈如图 3-20（b）所示，求微分反馈的时间常数 $\tau$。

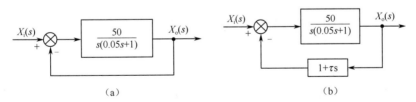

（a）　　　　　　　　　　　　　　　（b）

图 3-20　随动系统示例

列出图 3-20（a）系统闭环传递函数并写成规格化形式

$$G_{\mathrm{B1}}(s) = \frac{50}{0.05s^2 + s + 50} = \frac{31.62^2}{s^2 + 2\times0.316\times31.62s + 31.62^2}$$

可知，此系统的 $\zeta = 0.316$，$\omega_{\mathrm{n}} = 31.62\mathrm{s}^{-1}$。用 $\zeta$ 求得 $M_{\mathrm{p}} = 35\%$，大于 5%，故不能满足要求。

图 3-20（b）所示系统的闭环传递函数为

$$G_{\mathrm{B2}}(s) = \frac{50}{0.05s^2 + (1+50\tau)s + 50} = \frac{1000}{s^2 + 20(1+50\tau)s + 1000}$$

为满足条件 $M_p \leqslant 5\%$，求得 $\zeta = 0.69$，现因 $\omega_n = 31.62 s^{-1}$，而 $20(1+50\tau) = 2\zeta\omega_n$，从而可求得 $\tau = 0.0236\,s$。

【例3.5】 某机械系统如图 3-21（a）所示，对质量块 $m$ 施加 $x_i(t) = 9.5\,N$ 的力（单位阶跃）后，质量块的位移 $x_o(t)$ 曲线如图 3-21（b）所示，试确定系统的各参数值。

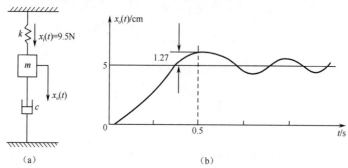

图 3-21 某机械系统及质量块的位移曲线

机械系统的微分方程为

$$m\frac{dx_o^2(t)}{dt} + c\frac{dx_o(t)}{dt} + kx_o(t) = x_i(t)$$

此系统的传递函数为

$$G(s) = \frac{X_o(s)}{X_i(s)} = \frac{\dfrac{1}{m}}{s^2 + \dfrac{c}{m}s + \dfrac{k}{m}}$$

与二阶系统的规格化表达式相比较，得

$$\omega_n^2 = \frac{k}{m} \qquad\qquad 2\zeta\omega_n = \frac{c}{m}$$

因 $X(s) = \dfrac{9.5}{s}$，故

$$X_o(s) = G(s)X_i(s) = \frac{\dfrac{1}{m}}{s^2 + \dfrac{c}{m}s + \dfrac{k}{m}} \times \frac{9.5}{s}$$

由终值定理得

$$x_o(\infty) = \lim_{t \to \infty} x_o(t) = \lim_{s \to 0} X_o(s) = \frac{9.5}{k} = 5 \quad (cm)$$

所以，弹簧刚度 $k = 190\,N/m$，由质量块的响应曲线可知其最大超调量为

$$M_p = e^{-\frac{\pi\zeta}{\sqrt{1-\zeta^2}}} \times 100\% = \frac{1.27}{5} \times 100\% = 25.4\%$$

故系统的阻尼比 $\zeta = 0.4$，从响应曲线可知，峰值时间 $t_p = 0.5s$，而根据 $t_p = \dfrac{\pi}{\omega_n\sqrt{1-\zeta^2}}$，解得

$$\omega_n = \frac{\pi}{t_p\sqrt{1-\zeta^2}} = \frac{\pi}{0.5\sqrt{1-0.4^2}} = 6.86 \quad (rad/s)$$

最后求得两参数值为

$$m = \frac{k}{\omega_{\mathrm{n}}^2} = \frac{190}{6.86^2} = 4 \text{（kg）}$$

$$c = 2\zeta\omega_{\mathrm{n}}m = 2\times0.4\times6.86\times4 = 22 \text{（N·s/m）}$$

#### 3. 改善二阶系统响应性能的方法

前面的讨论曾经分析过，系统瞬态响应的平稳性和快速性对结构参数的要求往往是矛盾的。为提高响应速度而加大开环增益，结果阻尼又偏小，使振荡加剧；反之，减少增益能显著改善平稳性，但瞬态过程又偏于迟缓。只通过调整系统原有部件的有限个参数，有时难以全面满足性能指标。在这种情况下，改善系统品质只得另辟蹊径。例如，采取在原系统中引入附加控制信号的方法，来着重提高响应某方面的性能。

在原二阶系统中，引入什么信号才能达到抑制振荡改善平稳性的目的呢？可以想象，如果能在响应过快时外加一个反信号，适时地降低速度，则将会使系统特别是在接近稳态值时，不致因积累的速度过快而超调量过大，从而提高瞬态过程平稳性。因此，附加控制可以选用 $-X_{\mathrm{o}}(s)$ 或与之有关的信号。为获取 $-X_{\mathrm{o}}(s)$ 信号，可以采用对 $X_{\mathrm{o}}(s)$ 微分倒相的办法，也可以利用偏差信号 $E(s)$ 的微分，因为 $E(s) = X_{\mathrm{i}}(s) - X_{\mathrm{o}}(s)$ 中隐含了 $-X_{\mathrm{o}}(s)$ 信号。

##### 1）误差信号的比例-微分控制

如图 3-22 所示为具有比例-微分控制的二阶系统动态结构图。系统同时受误差信号和误差微分信号的双重控制，$T_{\mathrm{d}}$ 称为微分时间常数。

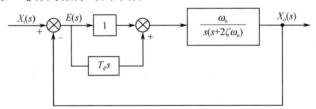

图 3-22　具有比例-微分控制的二阶系统动态结构图

系统的开环传递函数

$$G(s) = \frac{(T_{\mathrm{d}}s+1)\omega_{\mathrm{n}}^2}{s(s+2\zeta\omega_{\mathrm{n}})}$$

闭环传递函数

$$G_{\mathrm{B}}(s) = \frac{X_{\mathrm{o}}(s)}{X_{\mathrm{i}}(s)} = \frac{(T_{\mathrm{d}}s+1)\omega_{\mathrm{n}}^2}{s^2 + 2\zeta\omega_{\mathrm{n}}s + (T_{\mathrm{d}}s+1)\omega_{\mathrm{n}}^2}$$

$$= \frac{(T_{\mathrm{d}}s+1)\omega_{\mathrm{n}}^2}{s^2 + 2(\zeta + T_{\mathrm{d}}\omega_{\mathrm{n}}/2)\omega_{\mathrm{n}}s + \omega_{\mathrm{n}}^2} = \frac{(T_{\mathrm{d}}s+1)\omega_{\mathrm{n}}^2}{s^2 + 2\zeta_{\mathrm{d}}\omega_{\mathrm{n}}s + \omega_{\mathrm{n}}^2}$$

式中，$\zeta_{\mathrm{d}} = \zeta + \frac{1}{2}T_{\mathrm{d}}\omega_{\mathrm{n}}$，$\zeta_{\mathrm{d}}$ 称为等效阻尼比。

$T_{\mathrm{d}}s$ 的设置等效于阻尼比加大了，从而使超调量减小，改善了系统的平稳性。甚至在原系统阻尼比 $\zeta$ 很小的情况下，可实现等效阻尼比大于 1，完全消除振荡。

微分控制能在实际超调量出现之前，就产生一个适当的修正作用。另外，由图 3-22 亦可看出，$T_{\mathrm{d}}s$ 的设置除引入 $-X_{\mathrm{o}}(s)$ 信号外，将 $X_{\mathrm{i}}(s)$ 信号也引入了系统，驱使系统快速跟踪指令输入，这将可能削弱阻尼效果。因此，$T_d$ 值的选择是非常重要的，$T_d$ 大一些，可使系统具有过阻尼，则 $X_i(s)$ 的作用将有可能使响应在不出现超调的情况下，显著地提高快速性。这种 $X_i(s)$ 的效应反映在数学模型上，就是系统传递函数式的分子 $T_d\omega_n^2 s$ 项。

2）输出量的速度反馈控制

将输出量 $X_o(s)$ 的速度信号负反馈至输入端，与误差信号 $E(s)$ 叠加，称为速度反馈控制。系统结构如图 3-23 所示，$K_t$ 称为速度反馈系数。

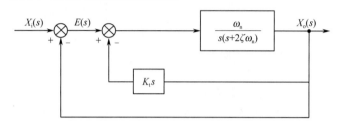

图 3-23　带速度反馈的二阶系统结构

系统的闭环传递函数为

$$G_B(s) = \frac{X_o(s)}{X_i(s)} = \frac{\omega_n^2}{s^2 + 2(\zeta + K_t\omega_n/2)\omega_n s + \omega_n^2}$$

$$= \frac{\omega_n^2}{s^2 + 2\zeta_t\omega_n s + \omega_n^2}$$

式中，$\zeta_t = \zeta + \dfrac{1}{2}K_t\omega_n$，$\zeta_t$ 称为等效阻尼比。

$K_t s$ 的设置使等效阻尼比加大，从而使超调量减弱，改善了系统的平稳性。亦可在原系统 $\zeta$ 较小的情况下，实现过阻尼，消除振荡。速度反馈控制的闭环传递函数其分子没有 $s$ 项，因此其系统响应的平稳性优于比例-微分控制。速度反馈控制，可采用测速发电机、线速度传感器或 RC 微分电路与位置传感器等的组合来实现。

## 3.2.5　高阶系统的时域分析

一般动态特性用三阶以上的微分方程描述的系统，称为高阶系统。直接对高阶系统进行分析往往比较复杂，通常是抓住主要矛盾，忽略次要因素，使问题简化。一般的高阶系统均可以化简为零阶、一阶和二阶环节的组合。所重视的主要是系统中的二阶环节，特别是二阶振荡环节的性能特征对高阶系统的近似非常重要。因此，本节将利用二阶系统的一些结论对高阶系统进行分析，阐明将高阶系统简化为二阶系统来做出定量估算的可能性。

### 1. 高阶系统时间响应分析

对于一般的单输入/单输出高阶线性定常系统来说，其传递函数的普遍形式可表示为

$$G(s) = \frac{X_o(s)}{X_i(s)} = \frac{b_m s^m + b_{m-1} s^{m-1} + \cdots + b_1 s + b_0}{a_n s^n + a_{n-1} s^{n-1} + \cdots + a_1 s + a_0} \quad (n \geqslant m) \tag{3-28}$$

为确定系统的零点、极点，将式（3-28）的分子分母分解成因式形式，则有

$$G(s) = \frac{K(s+z_1)(s+z_2)\cdots(s+z_m)}{(s+p_1)(s+p_2)\cdots(s+p_n)} = \frac{K\prod_{j=1}^{m}(s+z_j)}{\prod_{i=1}^{n}(s+p_i)} \quad (3\text{-}29)$$

式中，$z_1, z_2, \cdots, z_m$ 为系统闭环传递函数的零点；$p_1, p_2, \cdots, p_n$ 为系统闭环传递函数的极点。

高阶系统时域分析的前提是系统为稳定系统，全部极点都应在[s]复平面的左半部。系统在单位阶跃作用下有两种情况。

（1）$G(s)$ 的极点是不相同的实数，全在[s]复平面左半部（实数极点可组成一阶项）。

在阶跃信号作用下

$$X_o(s) = G(s)X_i(s) = \frac{K\prod_{j=1}^{m}(s+z_j)}{\prod_{i=1}^{n}(s+p_i)} \cdot \frac{1}{s} = \frac{a}{s} + \sum_{i=1}^{n}\frac{b_i}{s+p_i}$$

对上式进行拉氏逆变换，得

$$x_o(t) = a + \sum_{i=1}^{n} b_i \mathrm{e}^{-p_i t} \quad (t \geq 0) \quad (3\text{-}30)$$

式中，第一项 $a$ 为稳态分量；第二项为包含多项式分量的指数曲线（一阶系统），随着 $t \to \infty$，只要所有实数极点 $p_i$ 值为负值，则所有指数曲线分量都趋于零。在各个指数曲线的衰减过程中，$p_i$ 值不同，衰减速度也不一样。按照抓住主要矛盾，忽略次要因素的原则，我们主要关注那些衰减较慢的分量（$p_i$ 较小），它们主要影响系统的过渡过程，而忽略那些衰减较快的分量，从而将高阶系统简化为低阶系统来分析。

（2）极点位于复平面左半部，为实数极点和共轭复数极点（可组成二阶项）。

$$G(s) = \frac{K\prod_{j=1}^{m}(s+z_j)}{\prod_{i=1}^{n}(s+p_i)} = \frac{K\prod_{j=1}^{m}(s+z_j)}{\prod_{i=1}^{q}(s+p_i)\prod_{k=1}^{r}(s^2+2\zeta_k\omega_{nk}s+\omega_{nk}^2)} \quad (q+2r=n) \quad (3\text{-}31)$$

在阶跃信号作用下

$$X_o(s) = \frac{a}{s} + \sum_{i=1}^{q}\frac{b_i}{s+p_i} + \sum_{k=1}^{r}\frac{c_k s + d_k}{s^2+2\zeta_k\omega_{nk}s+\omega_{nk}^2}$$

令 $\omega_{dk} = \omega_{nk}\sqrt{1-\zeta_k^2}, D_k = \dfrac{d_k - c_k\zeta_k\omega_{nk}}{\omega_{dk}}$，则

$$X_o(s) = \frac{a}{s} + \sum_{i=1}^{q}\frac{b_i}{s+p_i} + \sum_{k=1}^{r}\left[\frac{C_k(s+\zeta_k\omega_{nk})}{(s+\zeta_k\omega_{nk})^2+\omega_{dk}^2} + \frac{D_k\omega_{dk}}{(s+\zeta_k\omega_{nk})^2+\omega_{dk}^2}\right]$$

对上式进行拉氏逆变换

$$x_o(t) = a + \sum_{i=1}^{q} b_i \mathrm{e}^{-p_i t} + \sum_{k=1}^{r}\mathrm{e}^{-\zeta_k\omega_{nk}t}\left[C_k\cos\omega_{dk}t + D_k\sin\omega_{dk}t\right] \quad (t\geq 0) \quad (3\text{-}32)$$

式中，$a, b_i, C_k, D_k$ 均为常数。

由式（3-32）可知，系统的单位阶跃响应包括 3 部分：第一项 $a$ 为稳态分量，第二项为指数曲线（一阶系统），第三项为振荡曲线（二阶系统）。因此，高阶系统的单位阶跃响应也是由稳态响应和瞬态响应组成的，且稳态响应与输入信号和系统的参数有关，瞬态响应取决于系统

的参数，由一些一阶惯性环节和二阶振荡环节的响应信号叠加组成。这也证明了关于高阶系统总是由低阶系统组合而成的论点。当所有极点均具有负实部时，除常数 $a$ 外，其他各项随着时间 $t$ 趋于无穷大而衰减为零，即系统是稳定的。

### 2. 主导极点与高阶系统的简化

我们进一步来分析高阶系统的瞬态响应过程。

瞬态响应的特性与系数 $a$，$b_i$，$C_k$，$D_k$ 有关，而系数 $a$，$b_i$，$C_k$，$D_k$ 的大小又与闭环零点、极点在[s]复平面上的位置有关。因此系统瞬态响应的特性与闭环零点、极点的分布情况有着密切的关系。

当系统闭环极点全部在[s]复平面左半平面，即极点 $p_i$ 值为负值或特征根具有负实根及其复根有负实部时，所有指数曲线分量都衰减，系统稳定。各分量衰减的快慢，取决于极点距虚轴的距离 $p_i$。位于[s]复平面左半平面远离虚轴的极点，以及靠近零点的极点对瞬态响应影响较小，因为响应中与它相应的分量衰减得快，其作用常可忽略。而距离虚轴很近的极点如果附近又没有零点干扰，在响应中与它对应的分量衰减很慢，主要影响系统的过渡过程。按照抓住主要矛盾，忽略次要因素的原则，为了简化分析，提出主导极点的概念。

主导极点：如图 3-24（a）所示，如果高阶系统中距虚轴最近的极点 $s_1,s_2$ 的附近没有零点，且其他极点距虚轴的距离都在这对极点距虚轴距离的 5 倍以上，则距虚轴最近的极点称为主导极点。

系统中的主导极点对应的响应分量衰减最慢，如图 3-24（b）所示。可以认为系统的动态响应主要由主导极点所决定。但应注意的是，当有零点接近距离虚轴最近的极点时，由于零点的干扰作用，该极点便失去了主导极点的作用。而离虚轴次近的极点则成为主导极点。一般情况下，高阶系统具有振荡性，所以主导极点常是共轭复数极点。找到了系统的一对共轭复数主导极点，忽略非主导极点的影响，高阶系统就可以近似地当作二阶振荡系统来分析，相应的性能指标都可以按二阶系统得到估计。

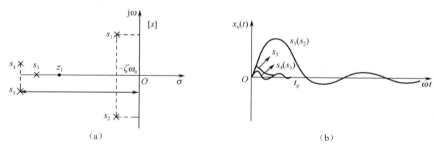

图 3-24　系统极点位置及脉冲响应

下面通过实例说明高阶系统性能指标的估算。

【例 3.6】　已知某系统的闭环传递函数如下式，试估计系统的阶跃响应特性。

$$G(s) = \frac{X_o(s)}{X_i(s)} = \frac{1}{(0.67s+1)(0.005s^2+0.08s+1)}$$

本系统为三阶系统，它的 3 个极点分布情况为 $p_1 = -1.5$，极点 $p_2$ 和 $p_3$ 离虚轴的距离是极点 $p_1$ 离虚轴距离的 5.3 倍，故极点 $p_2$ 和 $p_3$ 对系统响应的影响可以忽略，极点 $p_1$ 是主导极点，主导着系统的响应。因此，系统可以近似看成具有传递函数

$$G(s) = \frac{X_o(s)}{X_i(s)} = \frac{1}{0.67s + 1}$$

该一阶系统的时间常数 $T = 0.67$ s，其阶跃响应没有超调，若取 $\Delta = 2\%$，则系统的调整时间为

$$t_s = 4T = 4 \times 0.67 = 2.68 \text{(s)}$$

【例 3.7】　已知某系统的闭环传递函数如下式，试估计系统的阶跃响应特性。

$$G(s) = \frac{X_o(s)}{X_i(s)} = \frac{0.61s + 1}{(0.67s + 1)(0.005s^2 + 0.08s + 1)}$$

本系统为三阶系统，有 3 个闭环极点和 1 个闭环零点。极点 $p_1 = -1.5$，$p_{2,3} = -8 \pm \text{j}11.7$，零点 $z_1 = -1.64$。由于零点 $z_1$ 和极点 $p_1$ 非常接近，它们对系统响应的影响将相互抵消，故共轭复数极点 $p_2$、$p_3$ 成为主导极点。本系统可以近似看成具有传递函数

$$G(s) = \frac{X_o(s)}{X_i(s)} = \frac{0.61s + 1}{0.005s^2 + 0.08s + 1}$$

该二阶系统的阻尼比 $\zeta = 0.57$，无阻尼振荡频率 $\omega_n = 14.1$ rad/s，因此该系统在阶跃信号作用下的超调量

$$M_p = \text{e}^{\frac{-\pi\zeta}{\sqrt{1-\zeta^2}}} \times 100\% = \text{e}^{\frac{0.57 \times \pi}{\sqrt{1-0.57^2}}} \times 100\% = 11.3\%$$

若取 $\Delta = 5\%$，则调整时间

$$t_s = \frac{3}{\zeta\omega_n} = \frac{3}{0.57 \times 14.1} = 0.37 \text{（s）}$$

## 3.3　控制系统稳定性时域分析

稳定是控制系统正常工作的首要条件，也是控制系统的重要性能指标之一。分析系统的稳定性是经典控制理论的重要组成部分，经典控制理论对判断线性定常系统是否稳定提供了多种方法。本节首先介绍线性定常系统稳定性的基本概念和条件，然后主要讨论系统稳定性在时域中的判断方法——劳斯稳定性判据。

### 3.3.1　系统稳定性的概念

如果一个系统受到干扰，偏离了原来的平衡状态，而当干扰取消后，这个系统又能恢复原来的状态，则这个系统是稳定的；否则，称系统是不稳定的。如图 3-25 所示为稳定性示例，A 球受到干扰后系统是不稳定的；B 球受到干扰后能恢复原来位置，系统是稳定的。

稳定性反映干扰消失后过渡过程的性质，是系统自身的一种恢复能力，是系统的固有特性。当干扰消失的时刻，系统与平衡状态的偏差可以看成系统的初始偏差。因此，系统的稳定性定义如下：若系统在初始条件影响下，其过渡过程随时间的推移逐渐

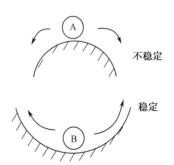

图 3-25　稳定性示例

衰减并趋于零，则系统稳定；反之，系统过渡过程随时间的推移而发散，则系统不稳定。

从系统稳定性的定义可知，线性系统稳定性只取决于系统内部结构和参数，是一种自身恢复能力，与输入量的种类、性质无关。若系统输出 $x_o(t)$ 收敛，则系统稳定；若 $x_o(t)$ 发散，则系统不稳定。若 $X_o(s)$ 反馈到输入端的作用是反馈削弱 $E(s)$，则系统是稳定的；若 $X_o(s)$ 的反馈是加强 $E(s)$，则系统有可能不稳定。从数学上讲，稳定性是自由振荡下的定义，而在 $x_i(t)$ 作用下的强迫运动使系统是否稳定不属于讨论范围。

## 3.3.2  线性系统稳定性的充分必要条件

设线性定常系统的微分方程为

$$a_n \frac{\mathrm{d}^n x_o(t)}{\mathrm{d}t^n} + a_{n-1} \frac{\mathrm{d}^{n-1} x_o(t)}{\mathrm{d}t^{n-1}} + \cdots + a_1 \frac{\mathrm{d}x_o(t)}{\mathrm{d}t} + a_0 x_o(t)$$

$$= b_m \frac{\mathrm{d}^m x_i(t)}{\mathrm{d}t^m} + b_{m-1} \frac{\mathrm{d}^{m-1} x_i(t)}{\mathrm{d}t^{m-1}} + \cdots + b_1 \frac{\mathrm{d}x_i(t)}{\mathrm{d}t} + b_0 x_i(t) \qquad (n \geqslant m)$$

对上式进行拉氏变换，得

$$a_n s^n X_o(s) + a_{n-1} s^{n-1} X_o(s) + \cdots + a_1 s X_o(s) + a_0 X_o(s)$$

$$= b_m s^m X_i(s) + b_{m-1} s^{m-1} X_i(s) + \cdots + b_1 s X_i(s) + b_0 X_i(s)$$

令 $B(s) = a_n s^n + a_{n-1} s^{n-1} + \cdots + a_1 s + a_0$，$A(s) = b_m s^m + b_{m-1} s^{m-1} + \cdots + b_1 s + b_0$，并考虑系统的初始条件 $B_o(s)$、$A_o(s)$，则系统的输出 $X_{o1}(s)$ 为

$$X_{o1}(s) = \frac{A(s)}{B(s)} X_i(s) + \frac{N_o(s)}{B(s)} \qquad\qquad N_o(s) = B_o(s) - A_o(s)$$

根据稳定性定义，研究系统在初始状态下的时间响应（零输入响应），取 $X_i(s) = 0$，得到由初始条件引起的输出

$$X_o(s) = \frac{N_o(s)}{B(s)} = \frac{N_o(s)}{a_n s^n + a_{n-1} s^{n-1} + \cdots + a_1 s + a_0}$$

$$= \frac{N_o(s)}{K(s-p_1)(s-p_2)\cdots(s-p_n)} = \sum_{i=1}^{n} k_i \frac{1}{s-p_i} \qquad (3\text{-}33)$$

对上式进行拉氏逆变换

$$x_o(t) = \sum_{i=1}^{n} k_i \mathrm{e}^{p_i t} \qquad\qquad (3\text{-}34)$$

上式中，$k_i$ 是与初始条件有关的系数，$p_i$ 即系统特征方程的根。根据稳定性定义，若系统要稳定，必须满足

$$\lim_{t \to \infty} x_o(t) = 0$$

即 $p_i$ 为负值。反之，若特征根中有一个或多个根具有正实部，则零输入响应随着时间的增长而发散，即

$$\lim_{t \to \infty} x_o(t) = \infty$$

此时系统是不稳定的。

由此可见，线性定常系统稳定性的充要条件是系统特征方程的根全部具有负实部。由于系统的特征根就是系统闭环传递函数的极点，因此，系统稳定性的充要条件还可以表述为系统传

递函数的极点全部位于[s]复平面的左半部。

如果特征根中有一个或一个以上的根的实部为正，则系统不稳定；若系统有一对共轭极点位于虚轴上或有一极点位于原点，其他极点均位于[s]复平面的左半平面，则零输入响应趋于等幅振荡或恒定值，此时系统处于临界稳定状态。由于临界稳定往往导致系统的不稳定，因此，临界稳定系统属于不稳定系统，或称工程意义上的不稳定。另外，零点对稳定性无影响。零点仅反映外界输入对系统的作用，而稳定性是系统本身的固有特性。

### 3.3.3　劳斯（Routh）稳定性判据

线性定常系统稳定性的充要条件是系统的特征根全部具有负实部或闭环传递函数极点全部位于[s]复平面的左半平面。由此可引出系统稳定性的判定方法有两种。一是直接求解出特征方程的根，看这些根是否全部具有负实部。但当系统的阶数高于 3 阶时，求解特征根比较困难。二是讨论特征根的分布，看其是否全部具有负实部，以此来判断系统的稳定性，这种方法避免了对特征方程的直接求解，由此产生了一系列稳定性判据，如时域的劳斯（Routh）判据、胡尔维茨（Hurwitz）判据等，频域的奈奎斯特（Nyquist）判据、伯德（Bode）判据等。

1884 年由 E.J.Routh 提出判据。劳斯判据是基于特征方程的根和系数之间的关系建立起来的，通过对特征方程各项系数的代数运算，直接判断其根是否在[s]复平面的左半平面，从而判断系统的稳定性，因此这种判据又称为代数判据。

#### 1. 系统稳定性与特征方程系数的关系

设系统的特征方程为

$$B(s) = a_n s^n + a_{n-1} s^{n-1} + \cdots + a_1 s + a_0$$

$$= a_n \left( s^n + \frac{a_{n-1}}{a_n} s^{n-1} + \cdots + \frac{a_1}{a_n} s + \frac{a_0}{a_n} \right) = a_n(s-s_1)(s-s_2)\cdots(s-s_n) = 0 \quad (3\text{-}35)$$

式中，$s_1, s_2, \cdots, s_n$ 为系统的特征根。由根与系数的关系，可求得

$$\left. \begin{aligned} \frac{a_{n-1}}{a_n} &= -(s_1 + s_2 + \cdots + s_n) \\ \frac{a_{n-2}}{a_n} &= +(s_1 s_2 + s_1 s_3 + \cdots + s_{n-1} s_n) \\ \frac{a_{n-3}}{a_n} &= -(s_1 s_2 s_3 + s_1 s_2 s_4 + \cdots + s_{n-2} s_{n-1} s_n) \\ &\vdots \\ \frac{a_0}{a_n} &= (-1)^n (s_1 s_2 \cdots s_n) \end{aligned} \right\} \quad (3\text{-}36)$$

从式（3-36）可知，要使全部特征根 $s_1, s_2, \cdots, s_n$ 均具有负实部，就必须满足两个条件。一是特征方程的各项系数 $a_i$（$i = 0, 1, 2, \cdots, n$）都不等于零。因为若有一个系数为零，则必出现实部为零的特征根或实部有正有负的特征根，才能满足式（3-36）中各式的条件，此时为临界稳定或不稳定。二是特征方程的各项系数 $a_i$ 的符号都相同，才能满足式（3-36）中各式的条件。按

习惯，一般 $a_i$ 取正值。这样，上述两个条件可归纳为系统稳定的一个必要条件，即 $a_i > 0$。但这仅仅是一个必要条件，满足必要条件的系统不一定都是稳定的系统，还需要进一步判定其是否满足稳定的充分条件。

### 2. 劳斯（Routh）稳定性判据

劳斯判据：系统稳定的充要条件是劳斯表中第一列各元素的符号均为正，且值不为零。如果劳斯表中第一列系数的符号有变化，则系统不稳定，其符号变化的次数等于该特征方程式的根在[s]复平面的右半平面上的个数。

采用劳斯稳定性判据判别系统的稳定性，步骤如下。

（1）列出系统的特征方程。

$$B(s) = a_n s^n + a_{n-1} s^{n-1} + \cdots + a_1 s + a_0 = 0$$

检查各项系数 $a_i$ 是否都大于零。若都大于零，则进行第二步。

（2）按系统的特征方程列写劳斯表。

$$
\begin{array}{c|cccccc}
s^n & a_n & a_{n-2} & a_{n-4} & a_{n-6} & \cdots \\
s^{n-1} & a_{n-1} & a_{n-3} & a_{n-5} & a_{n-7} & \cdots \\
s^{n-2} & A_1 & A_2 & A_3 & A_4 & \cdots \\
s^{n-3} & B_1 & B_2 & B_3 & B_4 & \cdots \\
\vdots & \vdots & \vdots & \vdots \\
s^2 & D_1 & D_2 \\
s^1 & E_1 \\
s^0 & F_1 \\
\end{array}
$$

表中

$$A_1 = \frac{a_{n-1}a_{n-2} - a_n a_{n-3}}{a_{n-1}} \qquad A_2 = \frac{a_{n-1}a_{n-4} - a_n a_{n-5}}{a_{n-1}} \qquad A_3 = \frac{a_{n-1}a_{n-6} - a_n a_{n-7}}{a_{n-1}} \qquad \cdots$$

一直计算到 $A_i = 0$ 为止。

$$B_1 = \frac{A_1 a_{n-3} - a_{n-1}A_2}{A_1} \qquad B_2 = \frac{A_1 a_{n-5} - a_{n-1}A_3}{A_1} \qquad B_3 = \frac{A_1 a_{n-7} - a_{n-1}A_4}{A_1} \qquad \cdots$$

一直计算到 $B_i = 0$ 为止。

用同样的方法，求取劳斯表中其余行的元素，一直到第 $n+1$ 行排完为止。表中空缺的项，运算时以零代入。

（3）根据劳斯表中第一列系数的符号，判断系统稳定情况。

若第一列各数均为正数，则闭环特征方程所有根具有负实部，系统稳定。若第一列中有负数，则系统不稳定，第一列中数值符号改变的次数就等于系统特征方程含有正实部根的数目。

【例 3.8】 设系统的特征方程为

$$B(s) = s^4 + 2s^3 + 3s^2 + 4s + 3 = 0$$

试用劳斯判据判断系统的稳定性。

由特征方程的各项系数可知，各项系数均大于零且无缺项，满足必要条件。列劳斯表如下：

$$
\begin{array}{c|ccc}
s^4 & 1 & 3 & 3 \\
s^3 & 2 & 4 & 0 \\
s^2 & 1 & 3 & \\
s^1 & -2 & & \\
s^0 & 3 & &
\end{array}
$$

由劳斯表第一列看出，系数符号不全为正值，从 +1 → −2 → +3，符号改变两次，说明闭环系统有两个正实部的根，即在[$s$]复平面的右半平面有两个极点，所以控制系统不稳定。

【例 3.9】　某单位反馈的控制系统如图 3-26 所示，试用劳斯判据确定使系统稳定的 $K$ 值的范围。

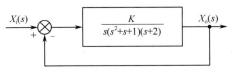

图 3-26　控制系统稳定判据示例

该控制系统的闭环传递函数为

$$
G_{\mathrm{B}}(s) = \frac{X_{\mathrm{o}}(s)}{X_{\mathrm{i}}(s)} = \frac{K}{s(s^2 + s + 1)(s + 2) + K}
$$

闭环系统特征方程为

$$
s(s^2 + s + 1)(s + 2) + K = s^4 + 3s^3 + 3s^2 + 2s + K = 0
$$

可见，特征方程的系数均大于零且无缺项。

列劳斯表如下：

$$
\begin{array}{c|ccc}
s^4 & 1 & 3 & K \\
s^3 & 3 & 2 & \\
s^2 & \dfrac{7}{3} & K & \\
s^1 & 2 - \dfrac{9}{7}K & & \\
s^0 & K & &
\end{array}
$$

要使系统稳定，必须满足

$$
\begin{cases}
2 - \dfrac{9}{7}K > 0 \\
K > 0
\end{cases}
$$

所以，$K$ 的取值范围是 $0 < K < \dfrac{14}{9}$。

本例说明了控制系统稳定性与系统放大系数之间的矛盾关系，即希望增大系统的放大系数来降低系统的稳态误差，但放大系数过大将导致系统不稳定。

### 3．劳斯（Routh）稳定性判据的特殊情况

在列劳斯表的时候，可能出现两种特殊情况。

（1）劳斯表的任意一行中，出现第一个元素为零，其余各元素不全为零的情况，这将使劳

斯表无法往下排列。此时，可用一个很小的正数 $\varepsilon$ 代替零的那一项，继续排列劳斯表中的其他元素。最后取 $\varepsilon \to 0$ 的极限，利用劳斯判据进行判断。

【例 3.10】 用劳斯判据判断下列特征方程表示的系统稳定性，并说明使系统不稳定的特征根的性质。

$$B(s) = s^4 + 2s^3 + 3s^2 + 6s + 1 = 0$$

列劳斯表如下：

| $s^4$ | 1 | 3 | 1 |
|---|---|---|---|
| $s^3$ | 2 | 6 | |
| $s^2$ | $0 \approx \varepsilon$ | 1 | |
| $s^1$ | $\dfrac{6\varepsilon - 2}{\varepsilon} < 0$ | | |
| $s^0$ | 1 | | |

因为劳斯表第一列出现零元素，故系统不稳定。又因为第一列中元素的符号变化了两次，故特征根中有两个带正实部的根。

（2）劳斯列表的任意一行中，所有元素都为零。出现这种情况的原因可能是系统中存在对称于复平面原点的特征根，这些根或者是两个符号相反、绝对值相等的实根，或者是一对共轭复数虚根，或者是一对共轭复数根。由于根对称于复平面原点，故特征方程的次数总是偶数。出现任意一行全为零的时候，可做以下处理：

① 利用全为零的这一行的上一行的各项系数组成一个偶次辅助多项式；

② 对辅助多项式求导，用辅助多项式一阶导数的系数代替劳斯表中的零行继续计算，直到列出劳斯表；

③ 解辅助方程，可以得到特征方程中对称分布的根。

【例 3.11】 设控制系统的特征方程为

$$B(s) = s^5 + s^4 + 3s^3 + 3s^2 + 2s + 2 = 0$$

求使系统不稳定的特征根的数目和性质。

列劳斯表如下：

| $s^5$ | 1 | 3 | 2 |
|---|---|---|---|
| $s^4$ | 1 | 3 | 2 |
| $s^3$ | 0 | 0 | |
| $s^2$ | | | |
| $s^1$ | | | |
| $s^0$ | | | |

劳斯列表的 $s^3$ 行出现全为零的情况，故辅助多项式为

$$F(s) = s^4 + 3s^2 + 2 = 0$$

$F(s)$ 对 $s$ 求导，得

$$F'(s) = 4s^3 + 6s = 0$$

用 $F'(s)$ 的系数取代全零行，作为 $s^3$ 行的元素，得到的劳斯表如下

$$
\begin{array}{c|ccc}
s^5 & 1 & 3 & 2 \\
s^4 & 1 & 3 & 2 \\
s^3 & 4 & 6 & \\
s^2 & \dfrac{3}{2} & 2 & \\
s^1 & \dfrac{2}{3} & & \\
s^0 & 2 & &
\end{array}
$$

劳斯表第一列系数全大于 0，故系统稳定。

## 3.4　控制系统误差时域分析及计算

控制系统的准确性是性能要求之一，系统的准确性用误差表示。在外界输入作用下，系统的运行分为两个阶段：第一阶段是过渡过程或瞬态，第二阶段是到达新的状态或稳态。系统的输出量则由瞬态分量和稳态分量组成，因而，系统的误差也由瞬态误差和稳态误差两部分组成。在过渡过程开始时，瞬态误差是误差的主要部分，但它随时间而逐渐衰减，稳态误差将逐渐成为误差的主要部分。引起瞬态误差的内因是系统本身的结构，对瞬态误差的分析是与过渡过程的品质分析相一致的。引起稳态误差的内因当然也是系统本身的结构，而外因则是输入量及其导数的连续变化部分。对于稳定系统，稳态误差是衡量系统稳态响应的时域指标，是系统控制精度及抑制干扰能力的度量，对系统的误差分析主要是针对稳态误差的分析和计算。控制系统设计的主要任务之一就是如何使稳态误差最小，或小于某一允许值。

### 3.4.1　系统的误差与偏差

系统误差 $e(t)$ 一般定义为控制系统所期望的输出量 $x_{or}(t)$ 与实际输出量 $x_o(t)$ 之间的差值，即
$$e(t) = x_{or}(t) - x_o(t) \tag{3-37}$$
为避免与系统偏差混淆，误差的拉氏变换记为 $E_1(s)$，则
$$E_1(s) = X_{or}(s) - X_o(s) \tag{3-38}$$
在闭环控制系统中，系统偏差 $\varepsilon(t)$ 定义为参考输入信号 $x_i(t)$ 与反馈信号 $b_o(t)$ 之差，即
$$\varepsilon(t) = x_i(t) - b_o(t) \tag{3-39}$$
其拉氏变换为
$$E(s) = X_i(s) - B_o(s) = X_i(s) - H(s)X_o(s) \tag{3-40}$$
误差和偏差有何关系？一个闭环控制系统之所以能对输出 $X_o(s)$ 起自动控制作用，就在于运用了偏差 $E(s)$ 进行控制。当 $X_o(s) \neq X_{or}(s)$ 时，由于 $E(s) \neq 0$，$E(s)$ 就起控制作用，力图将 $X_o(s)$ 调节到 $X_{or}(s)$ 的值；反之，当 $X_o(s) = X_{or}(s)$ 时，应有 $E(s) = 0$，这时 $E(s)$ 不再对 $X_o(s)$ 进行调节。

当 $X_o(s) = X_{or}(s)$ 时，$E(s) = X_i(s) - B_o(s) = X_i(s) - H(s)X_{or}(s) = 0$，可得
$$X_i(s) = H(s)X_{or}(s) \quad \text{或} \quad X_{or}(s) = \frac{1}{H(s)}X_i(s)$$
因此，在一般情况下系统的误差和偏差之间的关系为

$$E_1(s) = \frac{1}{H(s)} E(s) \tag{3-41}$$

由上式可知，求出偏差 $E(s)$ 后即可求出误差 $E_1(s)$。对单位反馈系统， $H(s)=1$，则偏差与误差相同。由于误差和偏差之间具有确定性的关系，故往往把偏差作为误差的量度，用偏差信号来求取稳态误差。

## 3.4.2 系统的稳态误差与稳态偏差

在时域中，系统的稳态误差定义为

$$e_{ss} = \lim_{t \to \infty} e(t) \tag{3-42}$$

为计算系统稳态误差，可先求出 $E_1(s)$，再利用拉氏变换的终值定理求解。

$$e_{ss} = \lim_{t \to \infty} e(t) = \lim_{s \to 0} sE_1(s) \tag{3-43}$$

同理，系统的稳态偏差为

$$\varepsilon_{ss} = \lim_{t \to \infty} \varepsilon(t) = \lim_{s \to 0} sE(s) \tag{3-44}$$

通常在输入信号和干扰信号共同作用下的系统框图如图 3-27 所示。下面分析系统在参考输入和干扰输入共同作用下的稳态误差。

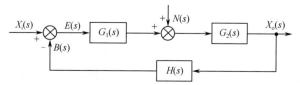

图 3-27 输入信号和扰动信号共同作用下的系统框图

系统在参考输入 $X_i(s)$ 作用下的偏差传递函数为

$$\frac{E(s)}{X_i(s)} = \frac{1}{1 + G_1(s)G_2(s)H(s)}$$

系统在输入 $X_i(s)$ 作用下的偏差 $E(s) = \dfrac{1}{1 + G_1(s)G_2(s)H(s)} X_i(s)$。

利用式（3-41），可求出系统在参考输入 $X_i(s)$ 作用下的稳态误差为

$$e_{iss} = \lim_{s \to 0} sE_1(s) = \lim_{s \to 0} s\frac{1}{H(s)} E(s) = \lim_{s \to 0} s\frac{1}{H(s)} \frac{1}{1 + G_1(s)G_2(s)H(s)} X_i(s) \tag{3-45}$$

系统在干扰输入 $N(s)$ 作用下的偏差传递函数为

$$\frac{E(s)}{N(s)} = \frac{-G_2(s)H(s)}{1 + G_1(s)G_2(s)H(s)}$$

系统在干扰输入 $N(s)$ 作用下的偏差 $E(s) = \dfrac{-G_2(s)H(s)}{1 + G_1(s)G_2(s)H(s)} N(s)$。

利用式（3-41），可求出系统在干扰输入 $N(s)$ 作用下的稳态误差为

$$e_{Nss} = \lim_{s \to 0} sE_1(s) = \lim_{s \to 0} s\frac{1}{H(s)} E(s) = \lim_{s \to 0} s\frac{1}{H(s)} \cdot \frac{-G_2(s)H(s)}{1 + G_1(s)G_2(s)H(s)} N(s)$$

$$= \lim_{s \to 0} \frac{-sG_2(s)N(s)}{1 + G_1(s)G_2(s)H(s)} \tag{3-46}$$

由式（3-45）和式（3-46），得出系统在 $X_i(s)$ 和 $N(s)$ 共同作用下的稳态误差为

$$e_{ss} = e_{iss} + e_{Nss} = \lim_{s \to 0}\left[ \frac{1}{H(s)} \cdot \frac{sX_i(s)}{1+G_1(s)G_2(s)H(s)} - \frac{sG_2(s)N(s)}{1+G_1(s)G_2(s)H(s)} \right] \quad (3\text{-}47)$$

当 $H(s)=1$ 时，系统误差 $e_{ss}$ 等于系统偏差 $\varepsilon_{ss}$，因此分析时不再区分稳态误差 $e_{ss}$ 和稳态偏差 $\varepsilon_{ss}$。

## 3.4.3　系统的型次与偏差系数

由上述讨论可知，系统的稳态误差与输入信号和系统传递函数有关，此处先讨论系统类型与稳态误差之间的关系。

线性系统的开环传递函数的一般表达式可写为

$$G(s)H(s) = \frac{K_1(s-z_1)(s-z_2)\cdots(s-z_m)}{(s-p_1)(s-p_2)\cdots(s-p_n)} = \frac{K(\tau_1 s+1)(\tau_2 s+1)\cdots(\tau_m s+1)}{s^\nu(T_1 s+1)(T_2 s+1)\cdots(T_{n-\nu} s+1)} \quad (3\text{-}48)$$

式中，$K$ 为系统的开环增益；$\tau_1, \tau_2, \cdots, \tau_m$ 和 $T_1, T_2, \cdots, T_{n-\nu}$ 为时间常数；$\nu$ 为开环传递函数中包含积分环节的个数。

工程上，通常根据系统中包含积分环节的个数 $\nu$ 来划分系统的型次：$\nu=0$ 的系统称为 0 型系统；$\nu=1$ 的系统称为 I 型系统；$\nu=2$ 的系统称为 II 型系统，以此类推。

下面讨论稳态误差与输入信号之间的关系，并给出稳态误差系数的概念。

### 1. 静态位置误差系数 $K_p$

当系统输入为单位阶跃信号时，$X_i(s)=1/s$，系统的稳态误差

$$e_{ss} = \lim_{s \to 0} s \frac{1}{H(s)} \cdot \frac{1}{1+G_1(s)G_2(s)H(s)} \cdot \frac{1}{s} = \frac{1}{H(0)} \cdot \frac{1}{1+\lim\limits_{s \to 0}G(s)H(s)} = \frac{1}{H(0)} \cdot \frac{1}{1+K_p}$$

式中，$K_p = \lim\limits_{s \to 0} G(s)H(s)$ 定义为静态位置误差系数。

当系统为单位反馈控制系统时

$$e_{ss} = \frac{1}{1+K_p} \quad (3\text{-}49)$$

对于 0 型系统，$K_p = \lim\limits_{s \to 0}G(s)H(s) = \lim\limits_{s \to 0}\dfrac{K}{s^0} = K$，$e_{ss} = \dfrac{1}{1+K}$，则该系统为有差系统。

对于 I 型系统，$K_p = \lim\limits_{s \to 0}G(s)H(s) = \lim\limits_{s \to 0}\dfrac{K}{s^1} = \infty$，$e_{ss} = 0$，则该系统为位置无差系统。

对于 II 型系统，同理可得 $K_p = \infty$，$e_{ss} = 0$，则该系统为位置无差系统。II 型以上系统以此类推。

从上述分析可见，系统稳态误差除与输入信号 $X_i(s)$ 有关外，只与系统的开环增益 $K$ 及 $\nu$ 值有关，而与时间常数 $\tau$、$T$ 等参数毫无关系。欲消除系统在阶跃作用下的稳态误差，要求开环传递函数 $G(s)H(s)$ 中至少应配置一个积分环节，即 $\nu \geq 1$，如图 3-28 所示。

### 2. 静态速度误差系数 $K_v$

当系统输入为单位斜坡信号时，$X_i(s)=1/s^2$，系统的稳态误差

$$e_{ss} = \lim_{s \to 0} s \frac{1}{H(s)} \cdot \frac{1}{1 + G_1(s)G_2(s)H(s)} \cdot \frac{1}{s^2} = \frac{1}{H(0)} \cdot \lim_{s \to 0} \frac{1}{s + sG(s)H(s)}$$

$$= \frac{1}{H(0)} \cdot \frac{1}{\lim_{s \to 0} sG(s)H(s)} = \frac{1}{H(0)} \cdot \frac{1}{K_v}$$

式中，$K_v = \lim_{s \to 0} sG(s)H(s)$ 定义为静态速度误差系数。

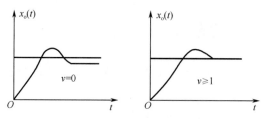

图 3-28 不同 $v$ 值的阶跃响应曲线

当系统为单位反馈控制系统时，有

$$e_{ss} = \frac{1}{K_v} \tag{3-50}$$

对于 0 型系统，$K_v = \lim_{s \to 0} sG(s)H(s) = \lim_{s \to 0} s \cdot K = 0$，$e_{ss} = \frac{1}{K_v} = \infty$。

对于 I 型系统，$K_v = \lim_{s \to 0} sG(s)H(s) = \lim_{s \to 0} \frac{K}{s} = K$，$e_{ss} = \frac{1}{K}$。

对于 II 型系统，$K_v = \lim_{s \to 0} sG(s)H(s) = \lim_{s \to 0} \frac{K}{s} = \infty$，$e_{ss} = 0$。II 型以上系统以此类推。

上述分析表明，输入为斜坡信号时，0 型系统不能跟随，误差趋于无穷大。I 型系统为有差系统，II 型系统及其以上系统为无差系统。欲消除系统在斜坡作用下的稳态误差，开环传递函数中至少应配置两个积分环节，即 $v \geq 2$。不同 $v$ 值下的斜坡响应曲线如图 3-29 所示。0 型系统不能跟随并不表明系统不稳定，这是由于 $x_o(t)$ 的稳态速度与 $x_i(t)$ 不相同，致使误差逐渐积累。因此，响应发散的系统不一定不稳定，但不稳定的系统其响应必定发散。

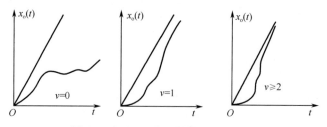

图 3-29 不同 $v$ 值下的斜坡响应曲线

### 3. 静态加速度误差系数 $K_a$

当系统输入为单位加速度信号时，$X_i(s) = 1/s^3$，系统的稳态误差

$$e_{ss} = \lim_{s \to 0} s \frac{1}{H(s)} \cdot \frac{1}{1 + G_1(s)G_2(s)H(s)} \cdot \frac{1}{s^3} = \frac{1}{H(0)} \cdot \lim_{s \to 0} \frac{1}{s^2 + s^2 G(s)H(s)}$$

$$= \frac{1}{H(0)} \cdot \frac{1}{\lim_{s \to 0} s^2 G(s)H(s)} = \frac{1}{H(0)} \cdot \frac{1}{K_a}$$

式中，$K_a = \lim\limits_{s \to 0} s^2 G(s)H(s)$ 定义为静态加速度误差系数。

当系统为单位反馈控制系统时，有

$$e_{ss} = \frac{1}{K_a} \tag{3-51}$$

对于 0 型系统，$K_a = \lim\limits_{s \to 0} s^2 G(s)H(s) = \lim\limits_{s \to 0} s^2 \cdot K = 0$，$e_{ss} = \frac{1}{K_a} = \infty$。

对于 Ⅰ 型系统，分析同 0 型系统。

对于 Ⅱ 型系统，$K_a = \lim\limits_{s \to 0} s^2 G(s)H(s) = \lim\limits_{s \to 0} s^2 \frac{K}{s^2} = K$，$e_{ss} = \frac{1}{K}$。

上述分析表明，输入为加速度信号时，0 型和 Ⅰ 型系统不能跟随，Ⅱ 型系统为有差系统，Ⅱ 型及其以上系统为无差系统。欲消除或减少系统稳态误差，必须增加积分环节数目（$v \geqslant 3$）和提高开环增益 $K$，这与系统稳定性的要求是矛盾的。不同 $v$ 值下的加速度响应曲线如图 3-30 所示，合理地解决这一矛盾，是系统的设计任务之一。一般是首先保证稳态精度，然后再采用某些校正措施改善系统的稳定性。

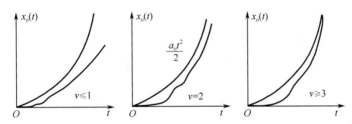

图 3-30　不同 $v$ 值的加速度响应曲线

综合以上的分析结果典型输入信号下系统的稳态误差如表 3-2 所示。

表 3-2　典型输入信号下系统的稳态误差

| 系统类型 | 单位阶跃输入 | 单位斜坡输入 | 单位加速输入 |
|---|---|---|---|
| 0 型系统 | $\dfrac{1}{1 + K_p}$ | $\infty$ | $\infty$ |
| Ⅰ 型系统 | 0 | $\dfrac{1}{K_v}$ | $\infty$ |
| Ⅱ 型系统 | 0 | 0 | $\dfrac{1}{K_a}$ |

（1）同一系统，在输入信号不同时，系统的稳态误差不同。

（2）系统的稳态误差与系统的型次有关。在输入信号相同时，系统的型次越高，稳态精度也越高。应根据系统承受输入情况选择系统的型次。

（3）系统的稳态误差随开环增益的增大而减小。$K$ 值大有利于减少 $\varepsilon_{ss}$，但 $K$ 值太大不利于系统的稳定性。

（4）要获得系统的稳态误差可以通过系统的稳态偏差来求取，系统的稳态偏差由系统的静态误差系数 $K_p$、$K_v$、$K_a$ 来求得。在一定意义上 $K_p$、$K_v$、$K_a$ 反映了系统减少或消除 $\varepsilon_{ss}$ 的能力。

（5）上述结论是在单位阶跃函数、单位斜坡函数和单位加速度函数等典型输入信号的作用下得到的，但具有普遍意义。这是因为控制系统输入信号变化往往是比较缓慢的，可把输入信号 $x_i(t)$ 在 $t=0$ 点附近展开成泰勒级数

$$x_i(t) = x_i(0) + x_i^{(1)}(0)t + \frac{1}{2!}x_i^{(2)}(0)t^2 + \cdots$$

由于 $x_i(t)$ 的变化是比较缓慢的，它的高阶导数是微量，即泰勒级数收敛很快，因此一般取到 $t$ 的二次项即可。这样，就可以把输入信号 $x_i(t)$ 看成阶跃函数、斜坡函数和加速度函数的叠加，故系统的总稳态误差可以看成上述信号作用下产生的误差总和。

【例 3.12】 已知某单位反馈系统的开环传递函数为

$$G(s)H(s) = \frac{2.5(s+1)}{s^2(0.25s+1)}$$

求系统在参考输入 $x_i(t) = 6 + 6t + 6t^2$ 作用下的系统的稳态误差。

系统的静态误差系数为

$$K_p = \lim_{s \to 0} G(s)H(s) = \lim_{s \to 0} \frac{2.5(s+1)}{s^2(0.25s+1)} = \infty$$

$$K_v = \lim_{s \to 0} sG(s)H(s) = \lim_{s \to 0} s \cdot \frac{2.5(s+1)}{s^2(0.25s+1)} = \infty$$

$$K_a = \lim_{s \to 0} s^2 G(s)H(s) = \lim_{s \to 0} s^2 \cdot \frac{2.5(s+1)}{s^2(0.25s+1)} = 2.5$$

因此，系统的稳态误差为

$$e_{ss} = \frac{6}{1+K_p} + \frac{6}{K_v} + \frac{6}{K_a} = 2.4$$

## 3.4.4 扰动作用下的稳态误差

实际系统中，除了给定的输入作用，往往还会受到不希望的扰动作用，如机电传动系统中的负载力矩波动、电源电压波动等。在扰动作用下的稳态误差值的大小，反映了系统的抗干扰能力。如图 3-31 所示的闭环控制系统在扰动作用下的稳态误差为

$$e_{Nss} = \lim_{s \to 0} \frac{-sG_2(s)N(s)}{1 + G_1(s)G_2(s)H(s)}$$

此式表明，在扰动作用下，系统的稳态误差与开环传递函数、扰动及扰动的位置有关。应该注意的是，前面所定义的静态误差系数是在输入作用下得出的，并不适用于求取扰动作用下的稳态误差。下面通过例题进一步说明。

【例 3.13】 求图 3-31 所示的单位反馈系统在不同位置的单位阶跃扰动下的稳态误差。

（1）当扰动位置在如图 3-31（a）所示的位置时，设 $G_1(s) = K_1 \dfrac{K_2}{s(Ts+1)}$，$G_2(s) = \dfrac{K_3}{s}$，$H(s) = 1$，在单位扰动 $N(s) = 1/s$ 的作用下，系统的稳态误差为

$$e_{Nss} = \lim_{s \to 0} \frac{-sG_2(s)N(s)}{1 + G_1(s)G_2(s)H(s)} = -\lim_{s \to 0} \frac{s \cdot \dfrac{K_3}{s} \cdot \dfrac{1}{s}}{1 + \dfrac{K_1K_2K_3}{s^2(Ts+1)}}$$

$$= -\lim_{s \to 0} \frac{K_3 s(Ts+1)}{s^2(Ts+1) + K_1 K_2 K_3} = 0$$

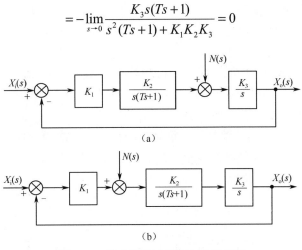

图 3-31　扰动作用下的稳态误差示例

（2）当扰动位置在如图 3-31（b）所示的位置时，设 $G_1(s) = K_1$，$G_2(s) = \dfrac{K_2}{s(Ts+1)} \cdot \dfrac{K_3}{s}$，$H(s) = 1$，在单位扰动 $N(s) = 1/s$ 的作用下，系统的稳态误差为

$$e_{\text{Nss}} = \lim_{s \to 0} \frac{-sG_2(s)N(s)}{1 + G_1(s)G_2(s)H(s)} = -\lim_{s \to 0} \frac{s \cdot \dfrac{K_2}{s(Ts+1)} \cdot \dfrac{K_3}{s} \cdot \dfrac{1}{s}}{1 + \dfrac{K_1 K_2 K_3}{s^2(Ts+1)}}$$

$$= -\lim_{s \to 0} \frac{K_2 K_3}{s^2(Ts+1) + K_1 K_2 K_3} = -\frac{1}{K_1}$$

从上例可以看出，在扰动作用下，系统的稳态误差与开环传递函数、扰动作用及扰动作用的位置都有关。从扰动作用的位置来看，系统稳态误差与偏差信号到扰动点之间的积分环节的数目，以及增益的大小有关，而与扰动点作用点后面的积分环节的数目及增益的大小无关。

系统在参考输入和扰动共同作用下的稳态误差，可用叠加原理，将两种作用分别引起的稳态误差进行叠加。

需要注意的是，讨论系统的稳态误差是在系统稳定的前提下进行的，对于不稳定的系统，也就不存在稳态误差问题。

## 3.4.5　提高系统稳态精度的措施

当系统稳态精度不满足要求时，一般可采用如下措施来减小或消除系统的稳态误差。

（1）提高系统的开环增益，即放大系数。提高开环增益，可以明显提高 0 型系统在阶跃输入、Ⅰ型系统在斜坡输入、Ⅱ型系统在抛物线输入作用下的稳态精度。但当开环增益过高时，会降低系统的稳定程度。

（2）提高系统的型次。提高系统的型次，即增加开环系统中积分环节的个数，尤其是在扰动作用点前引入积分环节，可以减小稳态误差。但是单纯提高系统型次，同样会降低系统的稳定程度，因此一般不使用高于Ⅱ型的系统。

（3）复合控制结构。当要求控制系统既要有高稳态精度，又要有良好的动态性能时，如果单靠加大开环增益或在前向通道内串入积分环节，往往不能同时满足上述要求。这时可采用复合控制方法，即在反馈回路中加入前馈通路，组成前馈控制与反馈控制相结合的复合控制系统，以补偿参考输入和扰动作用产生的误差。

如图 3-32 所示是按参考输入补偿的复合控制结构。输入信号通过前馈补偿装置 $G_c(s)$ 产生一补偿信号参与控制。前馈控制器 $G_c(s)$ 实际上是开环的，它与闭环控制的区别在于，首先前馈控制信号与输入信号同时产生，没有延时，而闭环控制要等输出量发生变化产生偏差控制信号 $E(s)$ 后才能纠正偏差，因此快速性不如前馈控制信号。其次通过前馈控制器 $G_c(s)$ 的信号不能形成闭环，这就不能纠正前馈控制器自身的误差，因此前馈控制要与反馈控制一起使用，并依靠反馈控制的作用最终消除误差。

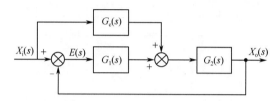

图 3-32　按参考输入补偿的复合控制结构

系统的闭环传递函数为

$$\frac{X_{oi}(s)}{X_i(s)} = \frac{\left[G_c(s) + G_1(s)\right]G_2(s)}{1 + G_1(s)G_2(s)}$$

给定误差的拉氏变换为

$$E_i(s) = X_i(s) - X_{oi}(s) = \left[1 - \frac{X_{oi}(s)}{X_i(s)}\right]X_i(s) = \frac{1 - G_c(s)G_2(s)}{1 + G_1(s)G_2(s)}X_i(s)$$

若选取补偿装置为 $G_c(s) = 1/G_2(s)$，则 $E(s) = 0 \times X_i(s) = 0$。说明在任何输入作用下，只要合理选取补偿装置，系统的误差恒为零，输出信号完全跟随输入信号。前馈控制器 $G_c(s)$ 的存在，相当于在系统中增加了一个输入信号 $G_c(s)X_i(s)$，其产生的误差信号与原输入信号 $X_i(s)$ 产生的误差大小相等、方向相反。由于实际系统的 $G_2(s)$ 大多比较复杂，按前馈控制的补偿实现有困难，工程中只能视系统情况近似处理，以使前馈补偿装置形式简单并易于物理实现。

如图 3-33 所示是按扰动补偿的复合控制结构。为了补偿扰动 $N(s)$ 对系统产生的作用，引入扰动补偿信号，补偿装置为 $G_c(s)$。

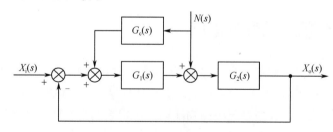

图 3-33　按扰动补偿的复合控制结构

系统在扰动作用下的闭环传递函数为

$$\frac{X_{oN}(s)}{N(s)} = \frac{\left[1 + G_c(s)G_1(s)\right]G_2(s)}{1 + G_1(s)G_2(s)}$$

其误差拉氏变换式

$$E_N(s) = X_i(s) - X_{oN}(s) = -X_{oN}(s) = -\frac{1+G_c(s)G_1(s)}{1+G_1(s)G_2(s)}G_2(s)N(s)$$

若选取补偿装置为 $G_c(s) = -1/G_1(s)$ ，则 $E_N(s) = 0 \times N(s) = 0$ 。说明无论什么扰动作用，只要合理选取补偿装置，扰动引起的系统的误差恒为零。这表示扰动信号除经其固有通道加到系统上对输出产生不利影响外，还通过补偿通道加到系统上对输出产生补偿作用。当扰动引起的误差还没有通过反馈通道产生纠偏作用时（因为滞后作用）就已通过前馈通道产生了补偿作用。同样因为实际系统的补偿条件实现困难，工程中只能实现近似补偿。

对于系统稳定性而言，复合控制系统的特征方程和原来按偏差控制的闭环系统的特征方程完全一样，并不因为在系统中增加了补偿通道而使系统的稳定性受到影响。因此，复合控制系统解决了偏差控制系统中遇到的提高系统精度和保证稳定性之间的矛盾。

最后应该指出的是，两种补偿的适用条件都要求传递函数准确，否则补偿效果会变差。对于扰动补偿，还要求扰动量必须是可检测的。

## 3.5　基于 MATLAB/Simulink 的时间响应分析

MATLAB 的控制系统工具箱提供了很多线性系统在特定输入下的仿真函数，能方便地进行时域分析。例如，连续时间系统在单位阶跃输入激励下的仿真函数 step()，单位脉冲激励下的仿真函数 impulse()，零输入响应 initial()，任意函数的激励响应 lsim()。下面说明这些函数的调用格式。

### 1. 单位阶跃函数 step()

单位阶跃函数 step() 的调用格式为

```
step(sys)
step(sys,t)
```

式中，sys 可以由 tf() 或 zpk() 函数得到系统描述。t[1]为仿真最终时间或选定的仿真时间向量，如果不加 t，仿真时间范围自动选择。函数执行后将绘出系统的单位阶跃响应曲线。也可按以下方式调用：

```
step(num,den) 或 step(num,den,t)
```

得到以传递函数 $G(s) = \frac{num(s)}{den(s)}$ 描述的系统的单位阶跃响应，其中，num 为系统传递函数 $G(s)$ 的分子多项式系统向量；den 为系统传递函数 $G(s)$ 的分母多项式系数向量。

【例 3.14】 已知某位置控制系统，其控制任务是控制有黏性摩擦和转动惯量的负载，使得负载位置与输入手柄位置协调，在不考虑负载力矩的情况下，位置控制系统的开环传递函数为

$$G(s) = \frac{60}{s^2+4s}$$

试画出系统的单位阶跃响应曲线。

---

[1] 此处变量为保持与程序中的一致性，均用正体表示。

依题意，用 feedback()函数实现系统单位负反馈。

程序设计为

```
>> num=60;
>> den=[1 4 0];
>> sys=tf(num,den);
>> close_sys=feedback(sys,1);
>> step(close_sys)
```

结果如图 3-34 所示。

### 2．Simulink 仿真求单位阶跃响应

【例 3.15】 已知单位负反馈二阶系统的开环传递函数如下式，试求系统的单位阶跃响应曲线。

$$G(s) = \frac{10}{s^2 + 4.47s}$$

（1）利用 Simulink 的 Library 窗口中的【File】→【New】命令打开新的工作空间。

（2）分别从信号源库（Source）、输出方式库（Sink）、数学运算库（Math）、连续系统库（Continuous）中，用鼠标把阶跃信号发生器（Step）、示波器（Scope）、传递函数（Transfer Fcn）、相加器（Sum）4 个标准功能模块选中，并将其拖至工作平台。

（3）按要求先将前向通道连接好，然后把相加器的另一个端口与传递函数和示波器间的线段相连，形成闭环反馈。

（4）双击阶跃信号发生器，打开其属性设置对话框，如图 3-35 所示，将其设置为单位阶跃信号。同理，将相加设置为"+"，使传递函数的 numerator（分子）设置为"[10]"，Denominator（分母）设置为"[1 4.47 0]"。

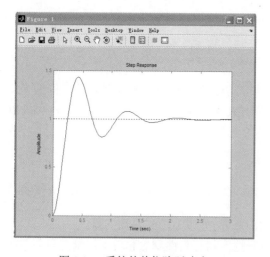

图 3-34　系统的单位阶跃响应

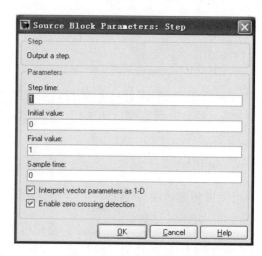

图 3-35　模块参数设置对话框

（5）绘制成功后，如图 3-36 所示，命名后存盘。

（6）利用【Simulation】→【Start Time】命令设置起始时间为 0，利用【Stop Time】命令设置终止时间为 10，单位为"s"。

图 3-36　二阶系统模型

（7）最后双击示波器，得到系统的仿真曲线如图 3-37 所示。

### 3．单位脉冲响应函数

单位脉冲响应函数 impulse 的调用格式和单位阶跃响应函数 step 的调用格式完全一致为

```
impulse(sys)
impulse(sys,t)
impulse(num,den)
impulse(num,den.t)
```

【例 3.16】　已知系统的传递函数为

$$G(s) = \frac{200}{s^4 + 20s^3 + 140s^2 + 400s + 384}$$

试求其闭环传递函数，并绘制输出量脉冲响应曲线。

用 feedback()函数求系统传递函数，用 impulse()函数绘制冲激响应。

程序设计为

```
>> num=200;
>> den=[1 20 140 400 384];
>> sys=tf(num,den);
>> close_sys=feedback(sys,1);
>> impulse(close_sys)
>> axis([0 4.5 -0.1 0.5])      %指出 x 轴 y 轴的最小坐标和最大坐标分别为(0,4.5)，(−0.1,0.5)
```

结果如图 3-38 所示。

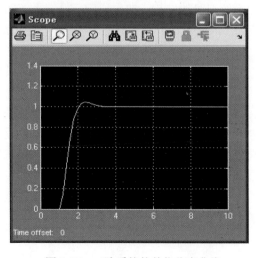

图 3-37　二阶系统的单位仿真曲线

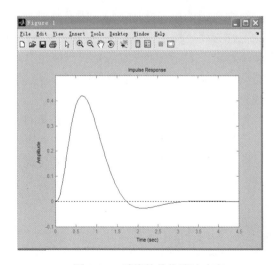

图 3-38　系统的单位脉冲响应

### 4. 任意输入下的仿真函数

lsim()可绘出系统在任意输入下的时间响应曲线，其调用格式与 step()和 impulse()略有不同，因为在调用时还要给出一个输入表向量，该函数的调用格式为

```
lsim(sys,u,t)
lsim(num,den,u)
lsim(num,den,u,t)
```

例如

```
t=0 :0.01 :5
u=sin(t);
lsim(sys,u,t)
```

# 本章小结

    控制系统的时域分析是通过求解系统在典型输入信号作用下的时间响应来分析系统的控制性能的。工业控制系统中常用稳定性、最大超调量、调整时间、稳态误差及静态误差系数等时域指标来评价系统优劣。稳定性是控制系统首先要保证的，否则系统将失控而无法正常工作，最大超调量和调整时间则表明系统阶跃控制过程的平稳性和快速性，而稳态误差及静态误差系数等则反映了系统的稳态精度，每个系统对稳、快、准都是有具体要求的。

    一阶和二阶系统可以求得时间响应的解析解，也能求得性能指标。一阶和二阶系统的数学模型规格化表达式、典型参数、典型响应表达式及响应曲线、性能指标公式等是最基础的理论知识。许多控制系统经过实际调试，其动态特征往往近似于低阶系统，因此低阶系统的动态理论常是分析高阶系统的基础。很难求得高阶系统时间响应的解析解，故只能应用某些近似方法来讨论控制性能某个方面的问题，例如，应用代数判据研究系统的稳定性，应用终值定理计算系统的稳态误差等。

    线性系统的稳定性是系统的固有特性，完全由系统自身的结构、参数决定。反馈系统的开环稳定性与闭环稳定性不是同一概念，二者不存在必然的联系，即开环稳定，闭环不一定稳定；开环不稳定，闭环也不一定稳定。只能说开环稳定，闭环比较容易实现稳定。另外，使用代数判据判别系统稳定性时，必须是特征方程系数都大于零和劳斯表第一列系数都大于零两个条件均成立，系统才稳定。

    稳态误差是描述系统稳态精度的重要性能指标。稳态误差和系统结构参数，以及参考输入及扰动作用的形式及大小都有关系。参考输入下的稳态误差可根据系统型次和静态误差系数求取，扰动输入下的稳态误差可由其误差传递函数求取。另外，系统的静差还和元部件中存在的死区、摩擦、间隙等制造因素有关。要重视系统型次对稳定性及稳态误差的作用。

# 习题

3.1    已知系统脉冲响应 $x(t) = 0.0125\,\mathrm{e}^{-1.25t}$ ，试求系统闭环传递函数 $X(s)$ 。

3.2　在单位阶跃输入下测得某伺服机构的响应为

$$x_o(t) = 1 + 0.2e^{-60t} - e^{-10t} \qquad (t \geq 0)$$

试求：（1）闭环传递函数；（2）系统的无阻尼自然频率及阻尼比。

3.3　二阶系统在[s]复平面中有一对共轭复数极点，试在[s]复平面中画出与下列指标相应的极点可能分布的区域。

（1）$\zeta \geq 0.707$，$\omega_n > 2$ rad/s；

（2）$0 \leq \zeta \leq 0.707$，$\omega_n \leq 2$ rad/s；

（3）$0 \leq \zeta \leq 0.5$，$2$ rad/s$\leq \omega_n \leq 4$ rad/s；

（4）$0.5 \leq \zeta \leq 0.707$，$\omega_n \leq 2$ rad/s。

3.4　一阶系统结构图如题 3.4 图所示。要求系统闭环增益 $K = 2$，调节时间 $t_s \leq 0.4$ s，试确定参数 $K_1$、$K_2$ 的值。

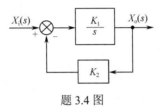

题 3.4 图

3.5　在许多化学过程中，反应槽内的温度要保持恒定，题 3.5 图（a）和（b）分别为开环和闭环温度控制系统结构框图，两种系统正常的 $K$ 值为 1。

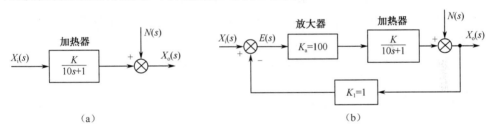

（a）　　　　　　　　　　　　　　（b）

题 3.5 图

（1）若 $x_i(t) = 1(t)$，$n(t) = 0$ 两种系统从响应开始达到稳态温度值的 63.2%各需多长时间？

（2）当有阶跃扰动 $n(t) = 0.1$ 时，求扰动对两种系统的温度的影响。

3.6　测定直流电动机传递函数的一种方法是给电枢加一定电压，保持励磁电流不变，测出电动机的稳态转速。另外，要记录电动机从静止到速度为稳态值 50%或 63.2%时所需的时间，利用转速时间曲线（见题 3.6 图）和所测数据，并假设传递函数为 $G(s) = \dfrac{\Omega(s)}{V(s)} = \dfrac{K}{s(s+a)}$，可求得 $K$ 和 $a$ 的值。

若实测结果为加 10 V 电压可得 1200 rad/min 的稳态转速，而达到该值 50%的时间为 1.2 s，试求电动机传递函数。其中 $\omega(t) = \mathrm{d}\theta/\mathrm{d}t$，单位是 rad/s。

3.7　单位反馈系统的开环传递函数 $G(s) = \dfrac{4}{s(s+5)}$，求单位阶跃响应 $u(t)$ 和调节时间 $t_s$。

3.8　设角速度指示随动系统结构图如题 3.8 图所示。若要求系统单位阶跃响应无超调，且调节时间尽可能短，问开环增益 $K$ 应取何值，调节时间 $t_s$ 是多少？

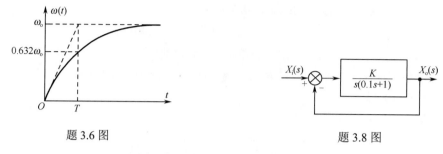

题 3.6 图　　　　　　　　　　　　题 3.8 图

3.9　给定典型二阶系统的设计指标如下：超调量 $M_p \leqslant 5\%$，调节时间 $t_s < 3\,\text{s}$，峰值时间 $t_p < 1\,\text{s}$。试确定系统极点配置的区域，以获得预期的响应特性。

3.10　电子心脏起搏器心律控制系统结构图如题 3.10 图所示，其中模仿心脏的传递函数相当于一个纯积分环节。

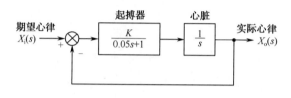

题 3.10 图

（1）若 $\zeta = 0.5$ 对应最佳响应，问起搏器增益 $K$ 应取多大？

（2）若期望心律为 60 次/min，并突然接通起搏器，问 1 s 后实际心速为多少？瞬时最大律速是多少？

3.11　机器人控制系统结构图如题 3.11 图所示。试确定参数 $K_1, K_2$ 的值，使系统阶跃响应的峰值时间 $t_p = 0.5\,\text{s}$，超调量 $M_p = 2\%$。

3.12　某典型二阶系统的单位阶跃响应如题 3.12 图所示。试确定系统的闭环传递函数。

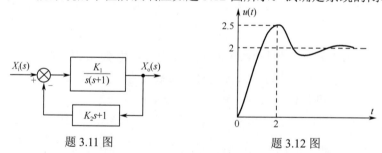

题 3.11 图　　　　　　　　　　　　题 3.12 图

3.13　设题 3.13 图（a）所示系统的单位阶跃响应如题 3.13 图（b）所示。试确定系统的参数 $K_1$，$K_2$ 和 $a$。

3.14　如题 3.14 图所示是电压测量系统，输入电压 $e(t)$，输出位移 $y(t)$，放大器增益 $K = 10$，丝杠螺距为 1 mm，电位计滑臂每移动 1 cm 电压增量为 0.4 V。当对电动机加 10 V 阶跃电压时（带负载）稳态转速为 1000 rad/min，达到该值的 63.2% 需要 0.5 s。画出系统方框图，求出传递函数 $Y(s)/E(s)$，并求系统单位阶跃响应的峰值时间 $t_p$、超调量 $M_p$、调节时间 $t_s$ 和稳态值 $u(\infty)$。

3.15　已知系统的特征方程，试判别系统的稳定性，并确定在右半 $[s]$ 平面根的个数及纯虚根。

（1）　$B(s) = s^5 + 2s^4 + 2s^3 + 4s^2 + 11s + 10 = 0$

（2）　$B(s) = s^5 + 3s^4 + 12s^3 + 24s^2 + 32s + 48 = 0$

（3）　$B(s) = s^5 + 2s^4 - s - 2 = 0$

（4）　$B(s) = s^5 + 2s^4 + 24s^3 + 48s^2 - 25s - 50 = 0$

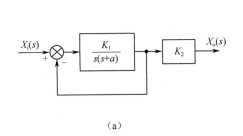
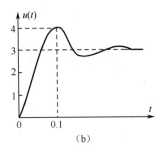

（a）　　　　　　（b）

题 3.13 图

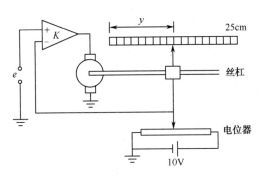

题 3.14 图

3.16　题 3.16 图是某垂直起降飞机的高度控制系统结构图，试确定使系统稳定的 $K$ 值范围。

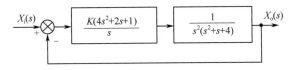

题 3.16 图

3.17　单位反馈系统的开环传递函数为

$$G(s) = \frac{K}{s(s+3)(s+5)}$$

要求系统特征根的实部不大于 $-1$，试确定开环增益 $K$ 的取值范围。

3.18　单位反馈系统的开环传递函数为

$$G(s) = \frac{K(s+1)}{s(Ts+1)(2s+1)}$$

试在满足 $T > 0$，$K > 1$ 的条件下，确定使系统稳定的 $T$ 和 $K$ 的取值范围，并以 $T$ 和 $K$ 为坐标画出使系统稳定的参数区域图。

3.19　温度计的传递函数为 $\dfrac{1}{Ts+1}$，用其测量容器内的水温，需要 1 min 才能显示出该温度的

98%的数值。若加热容器使水温按 10℃/min 的速度匀速上升，问温度计的稳态指示误差是多少？

3.20 系统结构框图如题 3.20 图所示。试求局部反馈加入前、后系统的静态位置误差系数、静态速度误差系数和静态加速度误差系数。

3.21 系统结构框图如题 3.21 图所示。已知 $r(t)=n_1(t)=n_2(t)=1(t)$，试分别计算 $r(t),n_1(t)$ 和 $n_2(t)$ 作用时的稳态误差，并说明积分环节设置位置对减小输入和干扰作用下的稳态误差的影响。

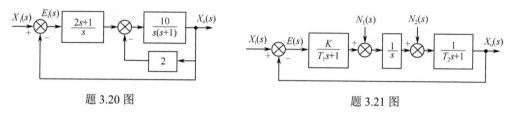

题 3.20 图　　　　　　题 3.21 图

3.22 航天员机动控制系统结构图如题 3.22 图所示。其中控制器可以用增益 $K_2$ 来表示；航天员及其装备的总转动惯量 $J=25\,\mathrm{kg\cdot m^2}$。

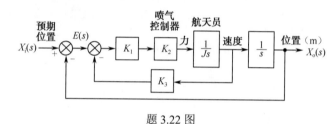

题 3.22 图

（1）当输入为斜坡信号 $r(t)=t$ 时，试确定 $K_3$ 的取值，使系统稳态误差 $e_{ss}=1\,\mathrm{cm}$；

（2）采用（1）中的 $K_3$ 值，试确定 $K_1$、$K_2$ 的取值，使系统超调量 $M_p$ 限制在 10% 以内。

3.23 设复合控制系统结构框图如题 3.23 图所示。确定 $K_C$，使系统在 $r(t)=t$ 作用下无稳态误差。

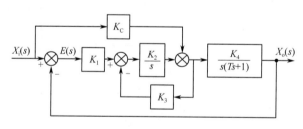

题 3.23 图

题 3.24 图

3.24 已知控制系统结构图如题 3.24 图所示，试求：

（1）按不加虚线所画的顺馈控制时，系统在干扰作用下的传递函数 $G_N(s)$；

（2）当干扰 $n(t)=\Delta\cdot 1(t)$ 时，系统的稳态输出；

（3）若加入虚线所画的顺馈控制时，系统在干扰作用下的传递函数，并求 $n(t)$ 对输出 $x_o(t)$ 稳态值影响最小的适合 $K$ 值。

# 第4章

# 控制系统的频域分析法

**【学习要点】**

掌握频率特性和对数频率特性、相角裕度 $\gamma$ 和增益裕度 $K_g$ 的基本概念；了解辐角原理、等幅值轨迹图和等相角轨迹图的概念和分析方法；熟悉典型环节及一般系统的频率特性及物理意义；掌握 Nyquist 稳定判据、Bode 稳定判据以及控制系统的相对稳定性和系统的闭环频率特性的基本原理与分析方法。

## 4.1 概述

系统分析法一般包括时域法和频域法。时间响应分析主要用于分析线性系统过渡过程，以获得系统的动态特性；而频率特性分析则通过分析不同的谐波输入时系统的稳态响应，以获得系统的动态特性。时域法侧重于计算分析，频域法侧重于作图分析。两种方法各有特点和优势，适用于不同域的场合。两种分析方法仅数学语言表达不同，将时域法中的变量 $t$ 转换为频域法中的 $\omega$，并不影响对系统本身物理过程的分析。

工程上更喜欢频域法，大量使用频域法。频域法的主要优点是：

（1）在系统无法用计算分析法建立传递函数时，可用频域法求出频率特性，进而导出其传递函数；验证原传递函数的正确性；计算法建立的传递函数，通过实验求出频率特性以验证，物理意义较直观。但频域法仅适用于线性定常系统。

（2）在研究系统结构及参数变化对系统性能的影响时，许多情况下（如对于单输入单输出系统），在频域中分析比在时域中分析要容易些。根据频率特性可以较方便地判别系统的稳定性和稳定性储备，并可通过频率特性进行参数选择或对系统进行校正，使系统尽可能达到预期的性能指标。与此相应，根据频率特性，易于选择系统工作的频率范围；或者根据系统工作的频率范围，设计具有适合频率特性的系统。

（3）若线性系统的阶次较高，特别是对于不能用分析方法得出微分方程的系统，在时域中分析系统的性能就比较困难。而对这类系统，采用频率特性分析可以较方便地解决此问题。

（4）若系统在输入信号的同时，在某些频带中有着严重的噪声干扰，则对系统采用频率特性分析法可设计出合适的通频带，以抑制噪声的影响。

## 4.1.1　频率特性的基本概念

### 1．频率响应

频率响应是系统对正弦信号的稳态响应特性。稳态是系统的运动在过渡过程结束后的状态。系统的频率响应由幅频特性和相频特性组成。幅频特性表示增益的增减同信号频率的关系；相频特性表示不同信号频率下的相位畸变关系。根据频率响应可以比较直观地评价系统复现信号的能力和过滤噪声的特性。在控制理论中，根据频率响应可以比较方便地分析系统的稳定性和其他运动特性。频率响应的概念在系统设计中也很重要。引入适当形式的校正装置（见控制系统校正方法）可以调整频率响应的特性，使系统的性能得到改善。建立在频率响应基础上的分析和设计方法，称为频率响应法。它是经典控制理论的基本方法之一。

频率响应函数表征了测试系统对给定频率下的稳态输出与输入的关系。这个关系具体是指输出、输入幅值之比与输入频率的函数关系，以及输出、输入相位差与输入频率的函数关系。这两个关系称为测试系统的频率特性。频率响应函数一般是一个复数。频率响应函数直观地反映了测试系统对各个不同频率正弦输入信号的响应特性。通过频率响应函数可以画出反映测试系统动态特性的各种图形，简明直观。此外，很多工程中的实际系统很难确切地建立其数学模型，更不易确定其模型中的参数，因此要完整地列出其微分方程式并非易事。所以，工程上常通过实验方法，对系统施加激励，测量其响应，根据输入、输出关系可以确立对系统动态特性的认识。因而频率响应函数有着重要的实际意义。

设系统的输入是一个正弦函数 $x_i(t) = X_i \sin \omega t$，则输出包括两部分：一是瞬态响应，是非正弦函数，且 $t \to \infty$ 时，瞬态响应为零；二是稳态响应，是与输入信号同频率的波形，仍为正弦波，但振幅和相位发生变化，频率响应可表示为

$$\lim_{t \to \infty} x_o(t) = X_i \mid G(j\omega) \mid \sin[\omega t + \arg G(j\omega)] = x_o(\omega)\sin[\omega t + \varphi(\omega)]$$

由此可知，频率响应仅是时间响应的特例，频率响应反映系统的动态特性，输出随 $\omega$ 动态变化（非 $t$）；为何选简谐信号为输入？其原因一是工程上绝大多数周期信号可用傅里叶变换展开成叠加的离散谐波信号；二是非周期信号可用傅里叶变换展开成叠加的连续谐波信号。因此用正弦信号作输入合理。

### 2．频率特性

和传递函数与微分方程一样，频率特性是系统数学模型的一种表达形式，它表征了系统的运动规律，成为系统频域分析的理论依据。线性定常系统在初始条件为零时，当输入正弦信号的频率在 $0 \sim \infty$ 的范围内连续变化时，系统稳态正弦输出与正弦输入的幅值比与相位差随输入

频率变化而呈现的变化规律为系统的频率特性。

在系统传递函数中，令 $s = \mathrm{j}\omega$

$$G(\mathrm{j}\omega) = G(s)\Big|_{s=\mathrm{j}\omega} = \frac{x_{\mathrm{o}}(s)}{x_{\mathrm{i}}(s)}\Big|_{s=\mathrm{j}\omega}$$

频域中，系统的输出量与输入量之比，即系统的频率特性 $G(\mathrm{j}\omega)$。

频率特性的表达式是一个复数形式，按照复数的表示方式，频率特性可表示为

$$G(\mathrm{j}\omega) = u(\omega) + \mathrm{j}v(\omega) = |G(\mathrm{j}\omega)|\,\mathrm{e}^{\mathrm{j}\varphi(\omega)} = A(\omega)\arg\varphi(\omega)$$

$u(\omega)$ 为 $G(\mathrm{j}\omega)$ 的实部，称为实频特性；$v(\omega)$ 为 $G(\mathrm{j}\omega)$ 的虚部，称为虚频特性。输出量的振幅与输入量的振幅之比称为幅频特性 $|G(\mathrm{j}\omega)|$。

$$|G(\mathrm{j}\omega)| = A(\omega) = \frac{x_{\mathrm{o}}(\omega)}{X_{\mathrm{i}}} = \frac{X_{\mathrm{i}}\,|G(\mathrm{j}\omega)|}{X_{\mathrm{i}}}$$

$|G(\mathrm{j}\omega)|$ 是 $G(\mathrm{j}\omega)$ 的模，反映输入在不同 $\omega$ 下幅值衰减或增大的特性。幅频特性 $|G(\mathrm{j}\omega)|$ 与实频特性 $u(\omega)$ 和虚频特性 $v(\omega)$ 的关系为

$$|G(\mathrm{j}\omega)| = \sqrt{u^2(\omega) + v^2(\omega)}$$

输出量的相位与输入量的相位之差称为相频特性 $\varphi(\omega)$。

$$\varphi(\omega) = \arg\varphi(\omega) = [\omega t + \arg G(\mathrm{j}\omega)] - \omega t$$

$\varphi(\omega)$ 反映频率特性的辐角，与实频特性 $u(\omega)$ 和虚频特性 $v(\omega)$ 的关系为

$$\varphi(\omega) = \arctan\frac{v(\omega)}{u(\omega)}$$

一般规定相频特性的符号逆时针方向为正。系统 $\varphi(\omega)$ 的符号一般为负，原因是系统输出一般滞后。

综上所述，频率响应实际上可由频率特性描述，而频率特性可由幅频特性和相频特性表达，亦可用实频特性与虚频特性来表达。

更一般的情况是，由傅里叶变换的知识我们知道，大部分信号都可以表达成不同频率正弦信号的叠加。由于线性定常系统的叠加性，我们可求出系统对各正弦分量的响应，然后通过叠加得到系统对复杂信号的响应。因此，我们首先分析系统在正弦输入信号作用下的响应。线性系统对谐波输入的稳态响应称为频率响应。线性定常系统传递函数为

$$G(s) = \frac{X_{\mathrm{o}}(s)}{X_{\mathrm{i}}(s)} = \frac{A(s)}{(s-p_1)(s-p_2)\cdots(s-p_n)} \tag{4-1}$$

式中，$A(s)$ 为复变量 $s$ 的多项式；$p_1, p_2, \cdots, p_n$ 是 $G(s)$ 的极点。

设输入信号为正弦信号

$$x_{\mathrm{i}}(t) = X\sin\omega t \tag{4-2}$$

式中，$X$ 为常量，是正弦信号的幅值；$\omega$ 是正弦信号的频率。其拉氏变换

$$X_{\mathrm{i}}(s) = \frac{X\omega}{s^2 + \omega^2} = \frac{X\omega}{(s+\mathrm{j}\omega)(s-\mathrm{j}\omega)} \tag{4-3}$$

由式（4-3）和式（4-1）得到

$$X_{\mathrm{o}}(s) = \frac{A(s)}{(s-p_1)(s-p_2)\cdots(s-p_n)} \cdot \frac{X\omega}{(s+\mathrm{j}\omega)(s-\mathrm{j}\omega)}$$

或

$$X_o(s) = \frac{b}{s+j\omega} + \frac{\overline{b}}{s-j\omega} + \frac{a_1}{s-p_1} + \frac{a_2}{s-p_2} + \cdots + \frac{a_n}{s-p_n} \tag{4-4}$$

式（4-4）假定传递函数 $G(s)$ 无重极点，即极点 $p_1, p_2, \cdots, p_n$ 间互不相等的情形，$a_1, a_2, \cdots, a_n$ 及 $b, \overline{b}$（$b$ 的共轭复数）为待定系数。

将式（4-4）等号两边分别求拉氏逆变换得到

$$x_o(t) = be^{-j\omega t} + \overline{b}e^{j\omega t} + a_1 e^{p_1 t} + a_2 e^{p_2 t} + \cdots + a_n e^{p_n t} \quad (t \geq 0) \tag{4-5}$$

$x_o(t)$ 就是系统对正弦输入 $X\sin\omega t$ 信号的响应。

对于稳定系统，极点 $p_1, p_2, \cdots, p_n$ 都具有负的实部，所以 $t$ 趋于无穷大时，$a_1 e^{p_1 t}, a_2 e^{p_2 t}, \cdots,$ $a_n e^{p_n t}$ 衰减到零，即暂态分量消失，系统处于稳态。这时，稳态分量

$$x_w(t) = be^{-j\omega t} + \overline{b}e^{j\omega t} \tag{4-6}$$

上式对于 $G(s)$ 含有 $m$ 重极点 $p_i$ 的系统也成立，因为这时候 $x_o(t)$ 中对应于 $p_i$ 的项为 $t^j s^{p_i t}$（$j = 0, 1, 2, \cdots, m-1$）的形式，由于 $p_i$ 具有负实部，当 $t$ 趋于无穷大时，也有 $t^j s^{p_i t}$ 趋于 0。

下面求待定系数 $b$ 和 $\overline{b}$。

由式（4-4）有

$$G(s)\frac{X\omega}{(s+j\omega)(s-j\omega)} = \frac{b}{s+j\omega} + \frac{\overline{b}}{s-j\omega} + \frac{a_1}{s-p_1} + \frac{a_2}{s-p_2} + \cdots + \frac{a_n}{s-p_n} \tag{4-7}$$

将式（4-7）两边乘以 $(s+j\omega)$ 得到

$$G(s)\frac{X\omega}{(s-j\omega)} = b + \left(\frac{\overline{b}}{s-j\omega} + \frac{a_1}{s-p_1} + \frac{a_2}{s-p_2} + \cdots + \frac{a_n}{s-p_n}\right)(s+j\omega) \tag{4-8}$$

令 $s = -j\omega$，得到

$$b = G(s)\frac{X\omega}{(s-j\omega)}\bigg|_{s=-j\omega} = -\frac{G(-j\omega)X}{2j} \tag{4-9}$$

同理，将式（4-7）两边乘以 $(s-j\omega)$，得到

$$\overline{b} = G(s)\frac{X\omega}{(s+j\omega)}\bigg|_{s=j\omega} = \frac{G(j\omega)X}{2j} \tag{4-10}$$

一般来说，$G(j\omega)$ 是一个复数，可以表示为

$$G(j\omega) = |G(j\omega)|e^{j\varphi(\omega)} \tag{4-11}$$

$\varphi(j\omega)$ 是 $G(j\omega)$ 的辐角，即

$$\varphi(\omega) = \arctan\left[\frac{\operatorname{Im}G(j\omega)}{\operatorname{Re}G(j\omega)}\right] \tag{4-12}$$

把式（4-9）、式（4-10）代入式（4-6）得到

$$\begin{aligned} x_w(t) &= |G(j\omega)|X \cdot \frac{e^{-j(\omega t-\varphi)} - e^{-j(\omega t+\varphi)}}{2j} \\ &= |G(j\omega)|X\sin(\omega t+\varphi) \\ &= Y\sin(\omega t+\varphi) \end{aligned} \tag{4-13}$$

综上分析，我们得到如下结论。

（1）传递函数为 $G(s)$ 的线性定常系统在正弦输入信号 $X\sin\omega t$ 的作用下的稳态响应 $x_w(t)$ 是和输入信号同频率的正弦函数，其输出信号的振幅 $Y$ 与输入信号的振幅 $X$ 的比值 $Y/X$ 称为幅频

特性，记为$|G(\mathrm{j}\omega)|$或$A(\omega)$；$x_{\mathrm{w}}(t)$相对于$X\sin\omega t$的相移称为相频特性，记为$\varphi(\mathrm{j}\omega)$或$\arg\varphi(\omega)$。

显然 $\varphi(\omega)=\arctan\left[\dfrac{\operatorname{Im}G(\mathrm{j}\omega)}{\operatorname{Re}G(\mathrm{j}\omega)}\right]$。系统的幅频特性和相频特性统称为系统的频率特性。

（2）频率响应仅是时间响应的特例，是随着时间 $t\to\infty$ 时的稳态响应。

（3）在讨论频率特性时选用简谐信号为输入，这是因为工程上绝大多数信号都是周期信号或者非周期信号。周期信号可用傅里叶级数展开成叠加的离散谐波信号，非周期信号可用傅里叶变换展开成叠加的连续谐波信号，因此，分析系统时选用正弦信号作为输入，是合理的。

【例 4.1】　求如图 4-1 所示的 RC 电路的频率特性。

利用电路知识，容易求得系统的传递函数为

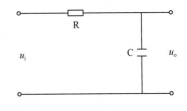

图 4-1　RC 电路

$$G(s)=\frac{1}{\tau s+1}\qquad(4\text{-}14)$$

式中，$\tau=RC$。

用 $\mathrm{j}\omega$ 代替上式中的 $s$，得到频率特性

$$G(\mathrm{j}\omega)=\frac{1}{\mathrm{j}\omega\tau+1}\qquad(4\text{-}15)$$

幅频特性

$$A(\omega)=|G(\mathrm{j}\omega)|=\frac{1}{\sqrt{1+\omega^2\tau^2}}$$

相频特性

$$\varphi(\omega)=\arg\left(\frac{1}{1+\omega\tau}\right)=-\arctan\omega\tau$$

RC 电路的幅频特性和相频特性可以用图 4-2 表示。

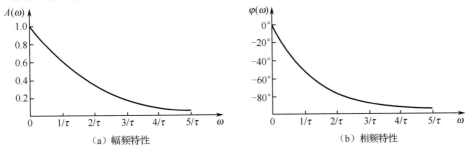

（a）幅频特性　　　　　　　　　　　（b）相频特性

图 4-2　RC 电路的幅频特性和相频特性

式（4-15）还可以用实部和虚部形式表示，即

$$G(\mathrm{j}\omega)=X(\omega)+\mathrm{j}Y(\omega)=\frac{1}{1+\omega^2\tau^2}-\mathrm{j}\frac{\omega\tau}{1+\tau^2\omega^2}$$

$X(\omega)$称为实频特性，$Y(\omega)$称为虚频特性。以横坐标表示 $X(\omega)$，纵坐标表示 $\mathrm{j}Y(\omega)$，可以作出如图 4-3 所示的频率特性图，称为 Nyquist 图。可以看出，图 4-3 又相当于用 $A(\omega)$ 和 $\varphi(\omega)$分别作为幅值和相角作出的极坐标图，因此也称为极坐标图。

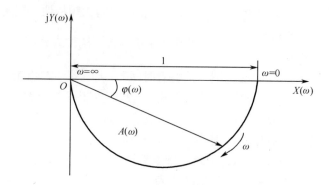

图 4-3   RC 电路频率特性的极坐标图

## 4.1.2   频率特性的获取及特点

### 1. 频率特性的获取

频率特性通常可以用以下 3 种方式获取。

（1）拉普拉斯逆变换。

因为 $X_o(s) = G(s)X_i(s)$

若 $x_i(t) = X_i \sin \omega t$ ，则 $X_i(s) = \dfrac{X_i \omega}{s^2 + \omega^2}$

有
$$X_o(s) = G(s)\frac{X_i \omega}{s^2 + \omega^2}$$

故
$$x_o(t) = L^{-1}\left[ G(s)\frac{X_i \omega}{s^2 + \omega^2} \right]$$

（2）用 $j\omega$ 替代 $s$ 。

对于线性系统，在系统数学模型求出传递函数 $G(s)$ 后，用变量 $j\omega$ 替代变量 $s$ 即可，证明从略。

（3）实验方法。

这种方法对于不能用计算法建立系统数学模型时尤其适用。在实验室中，改变输入信号发生器的信号频率 $\omega$ ，用示波器等仪器测出相应输出的幅值和相位；画出 $X_o(\omega)/x_i$ 与 $\omega$ 的输出曲线，即获得幅频特性；画出 $\varphi(\omega)$ 与 $\omega$ 的输出曲线，即获得相频特性。

### 2. 频率特性的特点

（1） $G(j\omega)$ 是 $w(t)$ 的傅里叶变换。

因为 $X_o(s) = G(s)X_i(s)$ ，当 $x_i(t) = \delta(t)$ ， $x_i(s) = 1$ 时， $x_o(t) = w(t)$ ，所以， $x_o(j\omega) = G(j\omega)$ ，即 $F[w(t)] = G(j\omega)$ 。因此，对系统频率特性的分析就是对单位脉冲响应函数的频谱分析。

（2） $G(j\omega)$ 在频域内反映系统的动态特性。

$G(j\omega)$ 是谐波输入下的时域中的稳态响应，而在频域中，系统随 $\omega$ 变化反映系统的动态特性。

（3）频域分析比时域容易。

分析系统结构及参数变化对系统的影响时更容易分析；易于稳定性分析；易于校正，使系统达到预期目标；易于抑制噪声，用频率特性易于设计出合适的通频带，抑制噪声。

## 4.1.3　对数频率特性

在实际应用中，人们经常根据需要把频率特性表达成多种形式，对数频率特性就是其中一种很重要的表达方式。对数频率特性用半对数坐标来表示幅频特性和相频特性，分为对数幅频特性图和对数相频特性图，即纵坐标是线性分度而横坐标是对数分度。其中，幅频特性图中的纵坐标表示幅值$|G(j\omega)|$的 20 倍对数 $20\lg|G(j\omega)|$，单位为分贝（dB）；相频特性图的纵坐标表示相移，以度为单位。两个图的横坐标都是角频率$\omega$。

对数频率特性有如下优点。

（1）将串联环节的幅值相乘运算转换为相加运算。复杂的系统可以化简成简单环节的串联形式，系统传递函数等于各环节传递函数的乘积，因此，幅频特性也等于各环节幅频特性的乘积，而对数运算正好能把相乘运算变为相加运算，大大简化了计算过程。

（2）扩展低频段，压缩高频段。在自动控制中，人们经常要分析系统在低频段的变化细节，而在高频段只需要知道系统的变化趋势。利用对数坐标表示角频率就能满足这种需要，所以它在系统分析中占有很重要的地位。

（3）绘制简单。对数频率特性曲线是建立在渐近近似的基础上的，可以将双曲线等用直线近似而且误差很小，因此绘制很方便，这对于快速判断系统的性能是很重要的。

分别由对数幅频特性图和对数相频特性图组成的对数频率特性图也叫伯德（Bode）图。下面针对例 4.1 介绍对数频率特性图的绘制。

前述例 4.1 的对数幅频特性为

$$A(\omega) = 20\lg|G(j\omega)| = 20\lg\frac{1}{\sqrt{1+\omega^2\tau^2}} = -20\lg\sqrt{1+\omega^2\tau^2} \tag{4-16}$$

当$\omega \ll \dfrac{1}{\tau}$时，可以认为$\omega\tau=0$，则

$$A(\omega) \approx 0 \text{ dB}$$

当$\omega \gg \dfrac{1}{\tau}$时，$\omega\tau \gg 1$，则

$$A(\omega) \approx -20\lg\omega\tau$$

在$\omega = \dfrac{1}{\tau}$处

$$A(\omega) = -20\lg\sqrt{2} = -3 \text{ dB}$$

根据以上分析，用渐近线表示对数幅频特性，$\omega < \dfrac{1}{\tau}$部分为一条 0 dB 的水平线，$\omega > \dfrac{1}{\tau}$部分为斜率等于-20 dB/dec（分贝/十倍频程）的直线，两条直线交接处$\omega = \dfrac{1}{\tau}$。画出对数幅频特性曲线如图 4-4 所示，从图上可以看出，当渐近线近似时，在$\omega = \dfrac{1}{\tau}$处有最大误差为-3 dB。

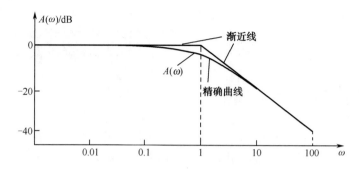

图 4-4　例 4.1 的对数幅频特性曲线

对数相频特性为

$$\varphi(\omega) = -\arctan \omega\tau$$

　　对数相频特性的绘制没有类似的简化方法，只能求出一些点，然后用平滑曲线连接。也可以利用对数相频特性曲线模板绘制。例 4.1 的对数相频特性曲线如图 4-5 所示。

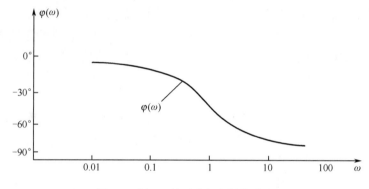

图 4-5　例 4.1 的对数相频特性曲线

　　也可以把幅频特性曲线和相频特性曲线画在同一张图上，称为对数幅相图特性曲线，如图 4-6 所示。

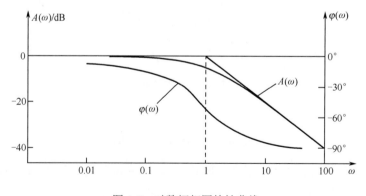

图 4-6　对数幅相图特性曲线

　　比较图 4-4 和图 4-2 可以看出，对数幅频特性曲线有明显的转折点，这正是对数频率特性的另一个优点，即突出系统对不同频率的响应的转折点。

# 4.2 典型环节及一般系统的频率特性

控制系统通常可以等效为由若干个简单环节组成的，所以系统的频率特性也是由典型环节的频率特性组成的。掌握典型环节的频率特性，对于复杂系统的分析是至关重要的。

### 1. 比例环节

比例环节的传递函数为常数 $K$，$G(s)=K$，其频率特性为

$$G(j\omega) = K \tag{4-17}$$

显然，实频特性恒为 $K$，虚频特性恒为 0；幅频特性 $G|j\omega| = K$，相频特性 $G(j\omega) = 0°$；可见，比例环节的 Nyquist（奈奎斯特）图为实轴上的一定点，其坐标为（$K$，j0），如图 4-7（a）所示。

对数幅频特性和相频特性为

$$\begin{cases} A(\omega) = 20\lg K \\ \varphi(\omega) = 0 \end{cases} \tag{4-18}$$

比例环节的对数幅频特性曲线是一条水平线，分贝数为 $20\lg K$；$K$ 值大小变化使曲线上下移动，如图 4-7（b）所示。

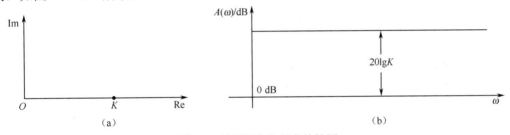

（a）　　　　　　　　　　　　　　　　　（b）

图 4-7　比例环节的频率特性图

比例环节的幅频、相频率特性与 $\omega$ 无关；输出量振幅永远是输入量振幅的 $K$ 倍，且相位永远相同。

### 2. 惯性环节

惯性环节的传递函数为 $G(s) = \dfrac{1}{1+\tau s}$，其频率特性为

$$G(j\omega) = \frac{1}{1+j\tau\omega}$$

幅频特性和相频特性如下：

$$A(\omega) = \frac{1}{\sqrt{1+\omega^2\tau^2}} \qquad \varphi(\omega) = -\arctan\tau\omega$$

用实频和虚频特性表示为 $G(j\omega) = X(\omega)+jY(\omega)$，式中 $X(\omega) = \dfrac{1}{1+\omega^2\tau^2}$，$Y(\omega) = -\dfrac{\omega\tau}{1+\tau^2\omega^2}$。

惯性环节的 Nyquist 图满足：

$$\left[X(\omega)-\frac{1}{2}\right]^2 + Y^2(\omega) = \left(\frac{1}{2}\right)^2$$

上式表示，惯性环节的 Nyquist 图是复数平面上圆心为 $\left(\frac{1}{2}, 0\right)$、半径为 $\frac{1}{2}$ 的圆，如图 4-8 所示。下半圆对应 $0 \leqslant \omega \leqslant \infty$，上半圆对应 $-\infty \leqslant \omega \leqslant 0$。

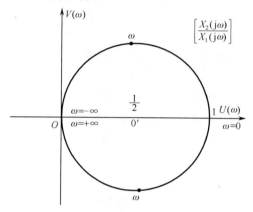

图 4-8　惯性环节频率特性图

对数幅频特性为

$$A(\omega)\mathrm{dB} = 20\lg A(\omega) = -20\lg\sqrt{1+\omega^2\tau^2}$$

例 4.1 中的 RC 电路就是一个惯性环节，其对数频率特性如图 4-6 所示。图中两条渐近线相交处对应的频率称为转角频率，惯性环节的转角频率 $\omega_1 = 1/\tau$。如前所述，对数幅频特性用渐近线近似，在转角频率处有最大误差-3 dB。必要时，可以用如图 4-9 所示的误差修正曲线进行修正。

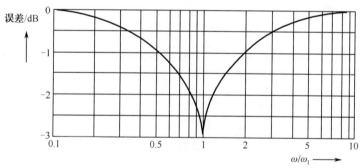

图 4-9　误差修正曲线

惯性环节在低频端（$\omega \rightarrow 0$）时，输出振幅等于输入振幅，输出相位紧跟输入相位，即此时信号全部通过；随 $\omega$ 的增加，输出振幅越来越小（衰减），相位越来越滞后；到高频端（$\omega \rightarrow \infty$）时输出振幅衰减至 0，即高频信号被完全滤掉。因此，惯性环节本质上就是一个低通滤波器。

### 3. 积分环节

积分环节的传递函数为 $G(s) = \dfrac{1}{s}$，其频率特性为

$$G(\mathrm{j}\omega) = \frac{1}{\mathrm{j}\omega} = \frac{1}{\omega}\mathrm{e}^{-\mathrm{j}\frac{\pi}{2}}$$

可见，积分环节的幅频特性与角频率 $\omega$ 成反比，而相频特性恒为 $-\dfrac{\pi}{2}$。因此，积分环节的 Nyquist 图是一条与负虚轴重合的直线，由无穷远指向原点，相位总是 $-90°$，如图 4-10（a）所示。

积分环节的对数幅频特性和相频特性分别为

$$\begin{cases} A(\omega) = -20\lg\omega \\ \varphi(\omega) = -90° \end{cases}$$

其相应的 Bode 图如图 4-10（b）所示，对数幅频是一条斜率为 $-20\,\mathrm{dB/dec}$ 的直线，在 $\omega=1$ 时，$A(\omega)=0$。相频特性是一条平行于横坐标的直线，其纵坐标是 $-\dfrac{\pi}{2}$。

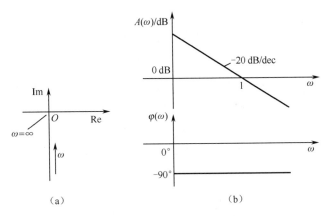

（a）　　　　　　　　　　　（b）

图 4-10　积分环节的频率特性图

可见，积分环节在低频（$\omega\to 0$）时，输出振幅很大，高频（$\omega\to\infty$）时输出振幅为 0；输出相位总是滞后输入 90°。

### 4. 微分环节

理想微分环节的传递函数为 $G(s)=s$，而实际应用的是一阶比例微分环节和二阶微分环节。一阶比例微分环节的传递函数为

$$G(s) = 1 + \tau s$$

其频率特性为

$$G(\mathrm{j}\omega) = 1 + \mathrm{j}\tau\omega = \sqrt{1+\omega^2\tau^2}\cdot\mathrm{e}^{\mathrm{j}\varphi(\omega)}$$

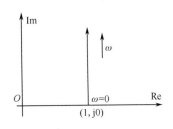

其中，相频特性 $\varphi(\omega)=\arctan\omega\tau$。理想微分环节的 Nyquist 轨迹是与正虚轴重合的直线，由原点指向无穷远点，相位总是 90°。一阶微分环节的频率特性是复平面上一条垂直于横轴，并经过 (1,0) 点的直线，如图 4-11 所示。当 $\omega$ 由 $0\to\infty$ 变化时，相频特性由 $0\to\dfrac{\pi}{2}$ 变化。

微分环节的对数频率特性为

图 4-11　一阶比例微分环节的
Nyquist 图

$$\begin{cases} A(\omega) = 20\lg\sqrt{1+\omega^2\tau^2} \\ \varphi(\omega) = \arctan\omega \end{cases}$$

其 Bode 图如图 4-12 所示，交接频率 $\omega_1 = \dfrac{1}{\tau}$，在交接频率处，相移为 $\dfrac{\pi}{4}$，如图 4-12（b）所示。

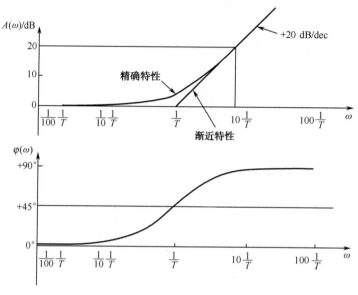

图 4-12　一阶微分环节 Bode 图

二阶微分环节的传递函数为

$$G(s) = 1 + 2\zeta\tau s + \tau^2 s^2$$

频率特性为

$$G(j\omega) = 1 - \tau^2\omega^2 + j2\zeta\tau\omega$$

当 $\omega=0$ 时，相移为 0；当 $\omega=\infty$ 时，相移为 $\pi$。其 Nyquist 轨迹如图 4-13 所示。

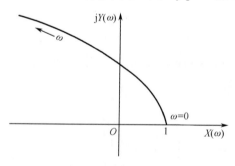

图 4-13　二阶微分环节的 Nyquist 图

对数频率特性为

$$\begin{cases} A(\omega) = 20\lg\sqrt{(1-\omega^2\tau^2)^2 + (2\zeta\omega\tau)^2} \\ \varphi(\omega) = \arctan\left(\dfrac{2\zeta\omega\tau}{1-\omega^2\tau^2}\right) \end{cases}$$

$\zeta=0.707$ 时，其 Bode 图如图 4-14 所示。

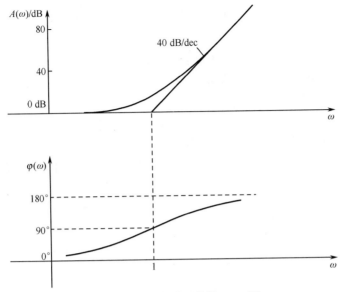

图 4-14　二阶微分环节的 Bode 图

## 5. 振荡环节

振荡环节的传递函数为

$$G(s) = \frac{1}{\tau^2 s^2 + 2\zeta\tau s + 1} = \frac{\omega_n}{s^2 + 2\zeta\omega_n s + \omega_n^2}$$

其中，$\omega_n = 1/\tau$ 是固有振荡角频率。从第 3 章的讨论中我们知道，当 $0<\zeta<1$ 时，上式表示振荡环节为欠阻尼振荡。

振荡环节的频率特性为

$$G(j\omega) = \frac{1}{1 + j2\zeta\tau\omega - \tau^2\omega^2} = A(\omega)e^{j\varphi(\omega)}$$

$$\begin{cases} A(\omega) = \dfrac{1}{\sqrt{(1-\omega^2\tau^2)^2 + (2\zeta\tau\omega)^2}} \\[3mm] \varphi(\omega) = -\arctan\left(\dfrac{2\zeta\tau\omega}{1-\omega^2\tau^2}\right) \end{cases}$$

振荡环节的幅频特性和相频特性与阻尼比 $\zeta$ 有关。当 $\omega = \omega_n$ 时

$$\begin{cases} A(\omega) = \dfrac{1}{2\zeta} \\[3mm] \varphi(\omega) = -90° \end{cases}$$

因此，振荡环节的频率特性与虚轴相交处的频率就是自由振荡频率 $\omega_n$，阻尼比越小，对应于自由振荡的幅值就越大。

频率变化：　$\omega=0$　　　（$\lambda=0$）　　$|G(j\omega)|=1$　　　　$\arg G(j\omega) = 0°$

　　　　　　$\omega=\omega_n$　　（$\lambda=1$）　　$|G(j\omega)|=1/2\zeta$　　　$\arg G(j\omega) = -90°$

　　　　　　$\omega=\infty$　　（$\lambda=\infty$）　　$|G(j\omega)|=0$　　　　$\arg G(j\omega) = -180°$

Nyquist 轨迹为在第三、四象限内的曲线，起点 $(1, j0)$，终点 $(0, j0)$，如图 4-15（a）所示。对数幅频特性为

$$A(\omega) = 20\lg A(\omega) = -20\lg\sqrt{(1-\omega^2\tau^2)^2 + (2\zeta\tau\omega)^2}$$

在 $\omega \ll \omega_n$ 的低频段

$$A(\omega) \approx -20\lg 1 = 0$$

所以，在低频段，渐近线是一条和横轴重合的直线。

在 $\omega \gg \omega_n$ 的高频段

$$A(\omega) \approx -40\lg\tau\omega$$

是一条斜率为-40 dB/dec 的直线。

综合上面的分析得到振荡环节的对数幅频特性的渐近特性如图 4-15（b）所示。

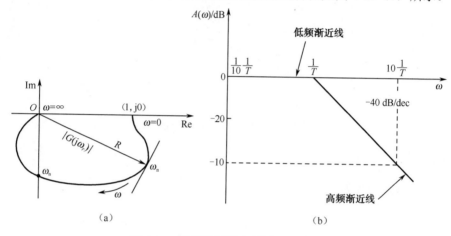

图 4-15　振荡环节渐近对数幅频特性图

另一方面，$\zeta$ 取不同的值，精确计算后得到如图 4-16 所示的振荡环节的 Bode 图。可见，在转角频率附近，对数幅频特性与渐近线之间有一定误差，大小和 $\zeta$ 有关，阻尼比越小，误差越大。误差修正曲线如图 4-17 所示。

从振荡环节的 Nyquist 轨迹可看出，$\zeta$ 取值不同，Nyquist 图的形状也不同，$\zeta$ 值越大，曲线范围就越小。

振荡环节的固有频率 $\omega_n$ 就是 Nyquist 曲线与虚轴的交点，此时幅值 $|G(j\omega)| = \dfrac{1}{2\zeta}$。

系统谐振频率 $\omega_r$：使 $|G(j\omega)|$ 出现峰值的频率。值得注意的是，当 $\zeta<0.707$ 时，系统频率特性出现峰值。

$$\frac{\partial |G(j\omega)|}{\partial \omega} = 0; \qquad\qquad \omega_r = \omega_n\sqrt{1-2\zeta^2}\ \left(\zeta < \frac{\sqrt{2}}{2}\right)$$

$$|G(j\omega_r)| = \frac{1}{2\zeta\sqrt{1-\zeta^2}}; \qquad\qquad \arg G(j\omega_r) = -\arctan\frac{\sqrt{1-2\zeta^2}}{\zeta}$$

$\omega_r<\omega_d$，在欠阻尼振荡情况下，谐振频率总小于有阻尼固有频率。

### 6. 延迟环节

延迟环节的传递函数为

$$G(s) = e^{-\tau s}$$

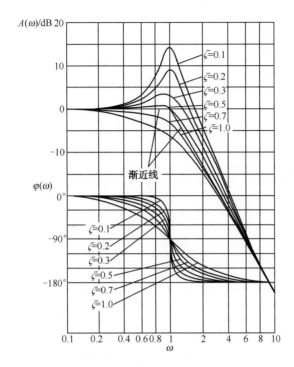

图 4-16 振荡环节的 Bode 图

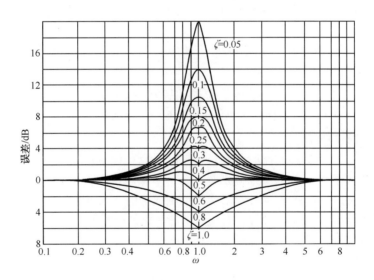

图 4-17 振荡环节的误差修正曲线

其频率特性为

$$G(j\omega) = e^{-j\tau\omega}$$

上式表明，延迟环节的幅频特性恒为 1，而其对数幅频特性则与横轴重合为 0；相频特性

$$\varphi(\omega) = -\tau\omega$$

可见，相移和角频率成正比，比例为 $\tau$。

延迟环节的频率特性如图 4-18 所示，是一个单位圆。延迟环节的 Bode 图如图 4-19 所示。

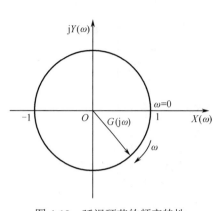

图 4-18　延迟环节的频率特性

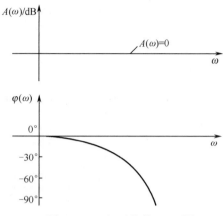

图 4-19　延迟环节的 Bode 图

### 7. 一般系统的 Nyquist 图和 Bode 图画法及形状

一般的控制系统总是由若干典型环节组成的，其频率特性的求解可以通过这些典型环节的频率特性的运算进行简化。

设一系统由 $n$ 个环节串联组成，其传递函数为

$$G(s)=G_1(s)\,G_2(s)\cdots G_n(s)$$

频率特性为

$$G(j\omega)=G_1(j\omega)\,G_2(j\omega)\cdots G_n(j\omega)$$

或

$$A(\omega)e^{j\varphi(\omega)} = A_1(\omega)e^{j\varphi_1(\omega)} A_2(\omega)e^{j\varphi_2(\omega)} \cdots A(\omega)_n e^{j\varphi_n(\omega)}$$

式中

$$\begin{cases} A(\omega) = A_1(\omega)A_2(\omega)\cdots A(\omega)_n \\ \varphi(\omega) = \varphi_1(\omega)+\varphi_2(\omega)+\cdots+\varphi_n(\omega) \end{cases}$$

取对数后得到对数幅频特性

$$A(\omega)=A_1(\omega)+A_2(\omega)+\cdots+A_n(\omega)$$

即该系统的对数幅频特性、相频特性分别等于各环节幅频特性、相频特性之和。

（1）一般系统的 Nyquist 图及一般形状：绘制准确的 Nyquist 图是比较麻烦的，一般可借助计算机以一定的频率间隔逐点计算 $G(j\omega)$ 的实部与虚部或幅值与相角，并绘制在极坐标图中。在一般情况下，可绘制概略的 Nyquist 图并进行分析。

绘制 Nyquist 图的一般步骤如下。

① 由 $G(j\omega)$ 求出其实频特性、虚频特性、幅频特性和相频特性的表达式。

② 求出若干特征点，如起点（$\omega=0$）、终点（$\omega=\infty$）、与实轴的交点（$\mathrm{Im}[G(j\omega)]=0$）、与虚轴的交点（$\mathrm{Re}[G(j\omega)]=0$）等，并标注在极坐标图上。

③ 补充必要的几点，根据幅频、相频、时频、虚频特性的变化趋势，以及 $G(j\omega)$ 所处的象限，画出 Nyquist 的概略图形。

根据一般系统的型次可判断系统 Nyquist 图形的大致形状。设一般系统的传递函数的形式为

$$G(s) = \frac{k(1+\tau_1 s)(1+\tau_2 s)\cdots(1+\tau_m s)}{s^v(1+T_1 s)(1+T_2 s)\cdots(1+T_{n-v} s)}$$

则系统的频率特性为

$$G(j\omega) = \frac{k(1+j\omega\tau_1)(1+j\omega\tau_2)\cdots(1+j\omega\tau_m)}{(j\omega)^v(1+j\omega T_1)(1+j\omega T_2)\cdots(1+j\omega T_{n-v})}$$

式中，分母阶次为 $n$，分子阶次为 $m$，一般 $m \leqslant n$，$v$ 为系统的型次。

0 型系统（$v=0$）：

当 $\omega = 0$　　$|G(j\omega)| = k$　　$\arg G(j\omega) = 0°$

　　$\omega = \infty$　　$|G(j\omega)| = 0$　　$\arg G(j\omega) = (m-n)×90°$

系统在低频端时，轨迹始于正实轴；系统在高频端时，轨迹取决于 $(m-n)×90°$ 由哪个象限趋于原点。

Ⅰ型系统（$v=1$）：

当 $\omega = 0$　　$|G(j\omega)| = \infty$　　　$\arg G(j\omega) = -90°$

　　$\omega = \infty$　　$|G(j\omega)| = 0$　　　$\arg G(j\omega) = (m-n)×90°$

系统在低频端时，轨迹的渐近线与负虚轴平行（或重合）；系统在高频端时，轨迹趋于原点。

Ⅱ型系统（$v=2$）：

当 $\omega = 0$　　$|G(j\omega)| = \infty$　　　$\arg G(j\omega) = -180°$

　　$\omega = \infty$　　$|G(j\omega)| = 0$　　　$\arg G(j\omega) = (m-n)×90°$

系统在低频端时，轨迹的渐近线与负实轴平行（或重合）；系统在高频端时，轨迹趋于原点。
一般系统的 Nyquist 图的大致形状如图 4-20 所示。

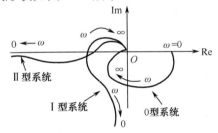

图 4-20　一般系统的 Nyquist 图的大致形状

可见，无论 0、Ⅰ、Ⅱ型系统，低端幅值都很大，高端都收敛趋于 0，即控制系统总是具有低通滤波的性能。

（2）一般系统的 Bode 图及大致形状：一般系统的 Bode 图可由各环节 Bode 图叠加而成。

① 关于一般系统的对数幅频特性。

找出各环节的转角频率 $\omega_T$：积分和微分环节 $\omega_T = 1$；惯性和导前环节 $\omega_T = 1/T$；振荡环节 $\omega_T = \omega_n$。

用渐近线分别作出各环节的对数幅频特性图：积分环节在 $\omega_T$ 作斜率为 $-20\,dB/dec$ 的直线；微分环节在 $\omega_T$ 作斜率为 $+20\,dB/dec$ 的直线。对惯性/导前/振荡环节，在（$\omega_T, 0$）左边作与 0 dB 重合的直线，在（$\omega_T, 0$）右边作斜率为 $-20\,dB/dec$（惯性环节）、$+20\,dB/dec$（导前环节）或 $-40\,dB/dec$（振荡环节）的直线。

按误差修正曲线对各渐近线进行修正，得出各环节的精确曲线。

按 $\omega_T$ 由小到大的顺序，将各段曲线叠加，即可获得整个系统的对数幅频特性曲线。

若系统有比例环节 $K$，则将曲线上提升（$K>1$）或下降低（$K<1$）$20\lg K\,dB$。

② 关于一般系统的对数相频特性。

分别作各环节的对数相频特性曲线：对积分环节作过-90°的水平线；对微分环节作过+90°的水平线；对惯性环节作 0～90° 变化的反对数曲线，对称于（$\omega_\mathrm{T}$，-45°）；对导前环节作 0～90° 变化的反对数曲线，对称于（$\omega_\mathrm{T}$，+45°）；对振荡环节作 0～-180° 变化的反对数曲线，对称于（$\omega_\mathrm{T}$，-90°）。

将各环节对数相频特性曲线叠加，得系统的对数相频特性曲线。

若系统有延时环节，则相频特性上须加上-$\tau\omega$。

【**例 4.2**】 已知系统的传递函数为

$$G(s) = \frac{K(T_1 s + 1)}{s(T_2 s + 1)} \quad (T_1 > T_2)$$

试绘制其 Nyquist 图。

系统的频率特性为

$$G(j\omega) = \frac{K(1 + jT_1\omega)}{j\omega(1 + jT_2\omega)}$$

$$|G(j\omega)| = \frac{K\sqrt{1 + T_1^2\omega^2}}{\omega\sqrt{1 + T_2^2\omega^2}} \qquad \arg G(j\omega) = \arctan T_1\omega - 90° - \arctan T_2\omega \quad (T_1 > T_2)$$

$$\begin{aligned}\omega = 0 &\qquad |G(j\omega)| = \infty \qquad \arg G(j\omega) - 90° \\ \omega \to \infty &\qquad |G(j\omega)| = 0 \qquad \arg G(j\omega) - 90°\end{aligned}$$

$$G(j\omega) = \frac{K(1 + jT_1\omega)}{j\omega(1 + jT_2\omega)} = \frac{K(T_1 - T_2)}{1 + T_2^2\omega^2} - j\frac{K(1 + T_1 T_2\omega^2)}{\omega(1 + T_2^2\omega^2)}$$

$$\lim_{\omega\to 0}\mathrm{Re}[G(j\omega)] = \lim_{\omega\to 0}\frac{K(T_1 - T_2)}{1 + T_2^2\omega^2} = K(T_1 - T_2)$$

$$\lim_{\omega\to 0}\mathrm{Im}[G(j\omega)] = \lim_{\omega\to 0}\frac{-K(1 + T_1 T_2\omega^2)}{\omega(1 + T_2^2\omega^2)} = -\infty$$

由此可画出系统的 Nyquist 图如图 4-21 所示。

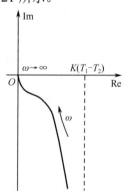

图 4-21　例 4.2 系统的 Nyquist 图

【**例 4.3**】 绘制系统 $G(s) = \dfrac{K}{s^2(\tau s + 1)}$ 的 Bode 图。

因为

$$G(s) = K \frac{1}{s} \cdot \frac{1}{s} \cdot \frac{1}{\tau s + 1}$$

所以该系统可以看成由比例环节、惯性环节和两个积分环节串联而成的。利用各环节的 Bode 图，直接就可以画出系统的 Bode 图，如图 4-22 所示。由于几个环节中，只有惯性环节有转角频率 $\omega_1 = 1/\tau$，所以整个系统的对数幅频特性也只有一个转角频率 $\omega_1 = 1/\tau$。而在转角频率处，相移为 $-225°$，等于各环节相移之和。

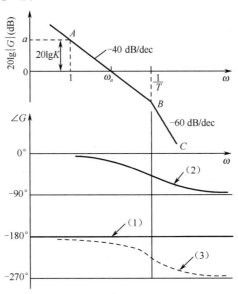

图 4-22　例 4.2 系统的 Bode 图

# 4.3　频率特性的性能指标

本节介绍在频域分析时要用到的一些频率性能指标。频域性能指标是指用系统的频率特性曲线在数值和形状上用某些特征点来评价系统的性能，如图 4-23 所示。

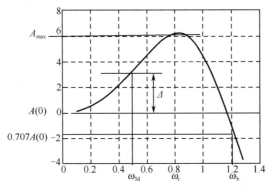

图 4-23　频率特性的性能指标

### 1．零频幅值 $A(0)$

零频幅值 $A(0)$ 表示当频率 $\omega$ 接近于零时，系统输出的幅值与输入的幅值之比。在频率极低时，对单位反馈系统而言，若输出幅值能完全准确地反映输入幅值，则 $A(0)=1$。$A(0)$ 越接近于 1，表明系统的稳态误差越小。因此 $A(0)$ 的数值与 1 的接近程度，反映了系统的稳态精度。

### 2．复现频率 $\omega_M$ 与复现带宽 $0\sim\omega_M$

若规定一个 $\Delta$ 作为反映低频输入信号的允许误差，则复现频率 $\omega_M$ 就是幅值特性值与零频幅值 $A(0)$ 的差第一次达到 $\Delta$ 时的频率值。当频率超过 $\omega_M$ 时，输出就不能"复现"输入，所以 $0\sim\omega_M$ 表征复现低频输入信号的频带宽度，称为复现带宽。

### 3．谐振频率 $\omega_r$ 和谐振峰值 $M_r$

对二阶系统

$$\left|G(\mathrm{j}\omega)\right|=\cfrac{1}{\sqrt{\left(1-\cfrac{\omega^2}{\omega_n^2}\right)^2+\left(2\zeta\cfrac{\omega}{\omega_n}\right)^2}}$$

令

$$g(\omega)=\left(1-\frac{\omega^2}{\omega_n^2}\right)^2+\left(2\zeta\frac{\omega}{\omega_n}\right)^2$$

则

$$\frac{\mathrm{d}}{\mathrm{d}t}g(\omega)=2\left(1-\frac{\omega^2}{\omega_n^2}\right)\left(-2\frac{\omega}{\omega_n^2}\right)+2\left(2\zeta\frac{\omega}{\omega_n}\right)2\zeta\frac{1}{\omega_n}=0$$

或

$$g(\omega)=\left[\frac{\omega^2-\omega_n^2(1-2\zeta^2)}{\omega_n^2}\right]^2+4\zeta^2(1-\zeta^2)$$

当谐振频率 $\omega=\omega_r=\omega_n\sqrt{1-2\zeta^2}$ （$0\leqslant\zeta\leqslant\frac{\sqrt{2}}{2}$）时，$g(\omega)$ 有最小值，$\left|G(\mathrm{j}\omega)\right|$ 有最大值，这个最大值称为谐振峰值，用 $M_r$ 表示。

$$M_r=\frac{1}{2\zeta\sqrt{1-\zeta^2}}\qquad\qquad 0\leqslant\zeta\leqslant\frac{\sqrt{2}}{2}\approx0.707$$

$M_r$ 反映了系统的相对平稳性。一般来说，$M_r$ 越大，系统阶跃响应的超调量也越大，这就意味着系统的平稳性较差。在二阶系统中，一般希望选取 $M_r<1.4$，这时对应的阶跃响应的超调量将小于 25%，系统有较满意的过渡过程。

谐振频率 $\omega_r$ 在一定程度上反映了系统瞬态响应的速度。$\omega_r$ 值越大，则瞬态响应越快。

### 4．截止频率 $\omega_b$ 和截止带宽 $0\sim\omega_b$

一般规定，当幅频特性 $A(\omega)$ 的数值由零频幅值 $A(0)$ 下降 3 dB 时的频率，也就是 $A(\omega)$ 由 $A(0)$ 下降到 $0.707A(0)$ 时的频率称为系统的截止频率 $\omega_b$。频率范围 $0\sim\omega_b$ 称为系统的截止带宽，或简称带宽。

当系统工作频率超过截止频率 $\omega_b$ 后，输出就急剧衰减，形成系统响应的截止状态。

# 4.4 Nyquist 和 Bode 稳定判据

从第 3 章我们知道，闭环控制系统稳定的充要条件是，其特征方程的所有根（闭环极点）都具有负实部，即所有闭环极点都位于 $s$ 平面的左半部。在系统的时域分析中，给出了判断系统稳定性的方法。同样，在频域中也有简单的方法分析系统的稳定性，这就是本节要介绍的 Nyquist 稳定判据。利用 Nyquist 稳定判据，不仅可以根据系统的开环特性来判断系统的稳定性，还可以确定系统的相对稳定性。

## 4.4.1 辐角原理

Nyquist 稳定判据的数学基础是辐角原理，又称映射定理。为证明辐角原理，我们先复习一下留数定理。

留数定理的数学描述如下。

如果函数 $f(z)$ 在闭合曲线 $C$ 上解析，在 $C$ 的内部除去 $n$ 个孤立奇点 $a_1, a_2, \cdots, a_n$ 外也解析，则

$$\int_C f(z)\mathrm{d}z = 2\pi i \sum_{k=1}^{n} \mathrm{Res}[f(z), a_k]$$

其中，$\mathrm{Res}[f(z), a_k]$ 为 $f(z)$ 在 $a_k$ 点的留数，或称为残数。还可以证明，如果 $a$ 是 $f(z)$ 的一级极点，则

$$\mathrm{Res}[f(z), a] = \lim_{z \to a}(z - a)f(z)$$

下面证明辐角原理。

辐角原理：如果函数 $f(z)$ 在闭合曲线 $C$ 上解析，在 $C$ 的内部除去有限个极点外也解析，且在 $C$ 上无零点，则

$$\Delta_C \arg f(z) = -2\pi(P - N)$$

这里 $N$ 和 $P$ 分别表示 $f(z)$ 在 $C$ 的内部的零点和极点的总数（每个 $k$ 级零点和极点算 $k$ 个零点或极点）；$\Delta_C \arg f(z)$ 表示 $z$ 逆时针沿 $C$ 绕行一周后，$\arg f(z)$ 的变化量。

辐角原理的几何意义是：在辐角原理的前提条件下，$z$ 逆时针沿 $C$ 绕行一周，在 $f$ 平面上，$f(z)$ 顺时针绕原点 $P\text{-}N$ 周；相反，$z$ 顺时针沿 $C$ 绕行一周，则 $f(z)$ 逆时针绕原点 $P\text{-}N$ 周。

辐角原理的证明如下。

设 $f(z)$ 在 $C$ 的内部有 $n$ 个极点 $a_1, a_2, \cdots, a_n$ 和 $m$ 个零点 $b_1, b_2, \cdots, b_m$，它们的级数分别是 $\alpha_1, \alpha_2, \cdots, \alpha_n$ 和 $\beta_1, \beta_2, \cdots, \beta_n$，则在各零点的某个邻域内有下式成立：

$$f(z) = (z - a_i)^{\alpha_i}\varphi(z), \varphi(a_i) \neq 0, (i = 1, 2, \cdots, n)$$

所以 $\dfrac{f'(z)}{f(z)} = \dfrac{\alpha_i}{z - a_i} + \dfrac{\varphi'(\omega)}{\varphi(\omega)}$，从而 $a_i$ 是 $\dfrac{f'(z)}{f(z)}$ 的一级极点，有

$$\mathrm{Res}\left[\frac{f'(z)}{f(z)}, a_i\right] = \alpha_i$$

同样，在各极点的某个邻域内有下式成立：

$$f(z) = \frac{\psi(z)}{(z-b_j)^{\beta_j}}, \psi(b_j) \neq 0, \quad (j=1,2,\cdots,m)$$

所以 $\dfrac{f'(z)}{f(z)} = \dfrac{-\beta_j}{z-b_j} + \dfrac{\varphi'(\omega)}{\varphi(\omega)}$，从而 $b_j$ 是 $\dfrac{f'(z)}{f(z)}$ 的一级极点，有

$$\mathrm{Res}\left[\frac{f'(z)}{f(z)}, b_i\right] = -\beta_j$$

由留数定理得

$$\frac{1}{2\pi i}\int_C \frac{f'(z)}{f(z)}\mathrm{d}z = \sum_{i=1}^{n}\alpha_i - \sum_{j=1}^{m}\beta_j = N-P$$

另外，当 $z$ 在 $z$ 平面的闭合曲线 $C$ 上绕行一周时，相应的 $\omega = f(z)$ 就在 $\omega$ 平面上画出一条闭合曲线 $l$，设 $l$ 的方程为 $\omega = \rho(\theta)\mathrm{e}^{i\theta}$，于是

$$\frac{1}{2\pi i}\int_C \frac{f'(z)}{f(z)}\mathrm{d}z = \frac{1}{2\pi i}\int_l \frac{\mathrm{d}\omega}{\omega} = \frac{1}{2\pi i}\left[\int_l \frac{\mathrm{d}\rho}{\rho} + i\int_l \mathrm{d}\theta\right]$$

$$= \frac{1}{2\pi}\int_l \mathrm{d}\theta = \frac{1}{2\pi}\Delta_l \arg\omega = \frac{1}{2\pi}\Delta_C \arg f(z)$$

即

$$\Delta_C \arg f(z) = -2\pi(P-N)$$

## 4.4.2 Nyquist 稳定判据

现在介绍 Nyquist 稳定判据。设闭环控制系统的开环传递函数为 $G(s)H(s)$，则闭环系统的特征方程为

$$F(s) = 1 + G(s)H(s) = 0$$

并设 $z_1, z_2, \cdots, z_m$ 是 $G(s)H(s)$ 的零点，$p_1, p_2, \cdots, p_n$ 是 $G(s)H(s)$ 的极点，$n \geq m$，则

$$F(s) = 1 + K_1\frac{(s-z_1)(s-z_2)\cdots(s-z_m)}{(s-p_1)(s-p_2)\cdots(s-p_p)}$$

或

$$F(s) = \frac{(s-s_1)(s-s_2)\cdots(s-s_m)}{(s-p_1)(s-p_2)\cdots(s-p_n)}$$

其中，$s_1, s_2, \cdots, s_n$ 是 $F(s)$ 的零点，即系统闭环极点。可见，开环传递函数的极点即 $F(s)$ 的极点。

为了判断闭环系统的稳定性，需要检验 $F(s)$ 是否有零点位于 $s$ 平面的右半部分。直接判断零点的分布情况比较困难，而极点的分布却很容易求得。因此，如果我们能使极点和零点通过某种关系联系起来，或许就可以判断是否有零点在右半平面。而辐角原理正是这样的一种关系。为此，可以按顺时针方向作一条封闭曲线，包围整个 $s$ 平面的右半部分，该曲线称为 Nyquist 回线，如图 4-24 所示。

Nyquist 回线由两部分组成，一部分是沿着虚轴由下向上的直线段 $C_1$：$s = \mathrm{j}\omega$；另一部分是半径为无穷大的半圆 $C_2$。显然，这样定义的闭合曲线可以包围 $F(s)$ 位于 $s$ 平面右半部分的所有零点和极点。

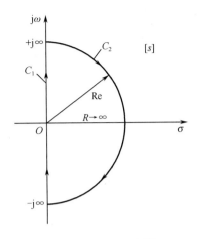

图 4-24　Nyquist 回线

系统稳定的充要条件是，$F(s)$ 在 $s$ 平面右半部没有零点。根据辐角原理，若 $F(s)$ 在 $s$ 平面右半部有 $P$ 个极点，则当 $s$ 沿着 $s$ 平面上的 Nyquist 回线移动 1 周时，$F(s)$ 在 $F$ 平面上逆时针绕原点 $P$ 周。

由于

$$G(s)H(s) = F(s) - 1$$

当 $F(s)$ 在 $F$ 平面上逆时针绕原点 $P$ 周时，$G(s)H(s)$ 在 $GH$ 平面上逆时针绕（–1，j0）点 $P$ 周。$G(s)H(s)$ 的轨迹称为 Nyquist 图。

下面介绍当 $s$ 沿着 $s$ 平面上的 Nyquist 回线移动 1 周时，$G(s)H(s)$ 在 $GH$ 平面上运动轨迹的绘制方法。

（1）在直线 $s = j\omega$ 上，取 $\omega$ 从 $-\infty$ 到 $+\infty$ 变化过程中的若干个值，求出相应的 $G(j\omega)H(j\omega)$，然后用平滑曲线连接起来，就得到对应于 $s = j\omega$ 的 $G(s)H(s)$ 的运动轨迹。

（2）对于半圆部分，$s = \lim\limits_{R \to \infty} R e^{j\theta}$，由于 $n \geq m$，所以当 $R$ 趋向于 $\infty$ 时 $G(s)H(s)$ 趋向于实常数 $C$，特别地，当 $n > m$ 时，$C = 0$。并且，由 $G(s)H(s)$ 的连续性知，$s$ 趋向于 $+j\infty$ 或 $-j\infty$ 时，$G(s)H(s)$ 也趋向于 $C$。所以，第一步得到的就是完整的 $G(j\omega)H(j\omega)$ 的运动轨迹。

综上所述，得到 Nyquist 判据如下：

闭环控制系统稳定的充要条件是，当 $\omega$ 从 $-\infty$ 到 $+\infty$ 时，系统的开环频率特性 $G(j\omega)H(j\omega)$ 按逆时针方向包围（–1，j0）点 $P$ 周，$P$ 为位于 $s$ 平面右半部分的开环极点数目。

特别地，若开环系统稳定，则 $G(s)H(s)$ 位于 $s$ 平面右半部分的极点数为零，所以闭环系统稳定的充要条件是，系统的开环频率特性 $G(j\omega)H(j\omega)$ 不包围（–1，j0）点。

### 4.4.3　原点为开环极点时的 Nyquist 判据

当系统中有串联的积分环节时，原点也是开环极点。这时候，系统开环传递函数

$$G(s)H(s) = K_1 \frac{(s - z_1)(s - z_2) \cdots (s - z_m)}{s^v (s - p_1)(s - p_2) \cdots (s - p_{n-v})}$$

其中，$v$ 为系统中串联的积分环节数目。

为使 Nyquist 回线不经过原点，在原点附近用 $s$ 平面右半部分的一个小半圆来绕开原点。

半圆以原点为圆心，无穷小量 $\varepsilon$ 为半径，如图 4-25 所示。当 $\varepsilon \to 0$ 时，此小半圆的面积也趋向于零。这样，Nyquist 回线仍然可以包含 $F(s)$ 在 $s$ 平面右半部分的所有零点和极点，而原点则不在 Nyquist 回线之内，Nyquist 回线内的零点和极点的数目就可以确定了。

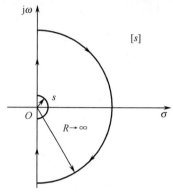

图 4-25　Nyquist 图（1）

当 $s$ 沿着上述小半圆移动时，即 $s = \lim_{\varepsilon \to 0} \varepsilon e^{j\theta}$，$\theta$ 从 $-\pi/2$ 到 $\pi/2$ 变化，相应的 $G(s)H(s)$ 在 $GH$ 平面上的映射为

$$
G(s)H(s)\Big|_{s=\lim_{\varepsilon \to 0}\varepsilon e^{j\theta}} = K_1 \frac{(s-z_1)(s-z_2)\cdots(s-z_n)}{s^v(s-p_1)(s-p_2)\cdots(s-p_{m-v})}\Bigg|_{s=\lim_{\varepsilon \to 0}\varepsilon e^{j\theta}}
$$

$$
= \left( \lim_{\varepsilon \to 0} \frac{K_1}{\varepsilon^v} \frac{\prod_{i=1}^{n} z_i}{\prod_{j=1}^{m-v} p_j} \right) e^{-jv\theta} = \infty e^{-jv\theta}
$$

因此，当 $s$ 沿着上述小半圆移动时，$G(s)H(s)$ 沿着半径无穷大的圆弧，按顺时针方向从 $-\dfrac{v\pi}{2}$ 到 $\dfrac{v\pi}{2}$ 变化，如图 4-26 所示。这样，便可应用 Nquist 判据分析系统的稳定性了。

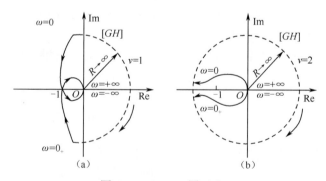

图 4-26　Nyqusit 图（2）

【例 4.4】　设系统的开环传递函数为

$$
G(s)H(s) = \frac{K}{s(Ts-1)} \tag{4-19}
$$

分析相应闭环系统的稳定性。

画出系统开环频率特性 $G(j\omega)H(j\omega)$ 如图 4-27 所示。从式（4-19）可知，系统有一个极点 $s=-\dfrac{1}{T}$ 位于 $s$ 平面的右半部分。而从图 4-27 中可以看出，开环频率特性 $G(j\omega)H(j\omega)$ 顺时针包围点 $(-1,j0)$ 1 周。因此，闭环系统不稳定。

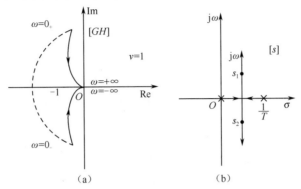

图 4-27　系统开环频率特性 $G(j\omega)H(j\omega)$

当开环系统频率特性 $G(j\omega)H(j\omega)$ 经过点 $(-1,j0)$ 时，对应的闭环系统将处于临界状态。设这时候 $\omega=\omega_0$，得到临界条件

$$\begin{cases} |G(j\omega_0)H(j\omega_0)|=1 \\ \arg G(j\omega_0)H(j\omega_0)=-\pi \end{cases}$$

实际上，也常常根据上述临界条件求系统待定参数临界值。

【例 4.5】　设控制系统开环传递函数为

$$G(s)=\frac{K}{s(Ts+1)(s+1)}$$

试确定开环放大系数 $K$ 的临界值 $K_0$ 与时间常数 $T$ 的关系。

根据临界条件，

$$\begin{cases} |G(j\omega_0)H(j\omega_0)|=\dfrac{K}{\sqrt{\omega_0^2+(1+T^2)\omega_0^4+T^2\omega_0^6}}=1 \\ \arg G(j\omega_0)H(j\omega_0)=\arctan\dfrac{1-\omega_0^2 T}{(1+T)\omega_0}=\pi \end{cases}$$

由相角条件解得 $\omega_0^2=\dfrac{1}{T}$，代入幅值条件，求得

$$K_0=\frac{1+T}{T}$$

因此，为使该闭环系统稳定，开环放大系数 $K$ 的取值范围是 $0<K<\dfrac{1+T}{T}$。

## 4.4.4　根据 Bode 图判断系统的稳定性

系统的开环频率特性的 Nyquist 图（极坐标图）和 Bode 图之间存在着一些对应关系。例如，Nyquist 图上 $|G(j\omega)H(j\omega)|=1$ 的单位圆对应于 Bode 图上对数幅频特性的零分贝水平线，单

位圆以外的点，对应于 Bode 图上 $L\omega>0$ 的点；Nyquist 图上的负实轴对应于 Bode 图上相频特性的$-\pi$ 水平线。

另外，开环频率特性按逆时针包围（$-1$, j0）点 1 周，则 $G(j\omega)H(j\omega)$（$0<\omega<\infty$）必然从上向下穿过负实轴的（$-\infty,-1$）段 1 次，称为正穿越，因为 $G(j\omega)H(j\omega)$ 的相角随之增加；反之，环频率特性按顺时针包围（$-1$, j0）点 1 周，则 $G(j\omega)H(j\omega)$（$0<\omega<\infty$）必然从下向上穿过负实轴的（$-\infty,-1$）段 1 次，称为负穿越，因为 $G(j\omega)H(j\omega)$ 的相角随之减少。

根据 Nyquist 图和 Bode 图之间的对应关系，上述正、负穿越在 Bode 图上表现如下。

（1）正穿越：在 $L(\omega)>0$ 的频段内，随着 $\omega$ 的增加，相频特性由下而上穿过$-\pi$水平线，$G(j\omega)H(j\omega)$ 的相角增加。

（2）负穿越：在 $L(\omega)>0$ 的频段内，随着 $\omega$ 的增加，相频特性由上而下穿过 $-\pi$ 水平线，$G(j\omega)H(j\omega)$ 的相角减少。

这样，我们就得到了 Bode 图上的 Nyquist 判据，即闭环系统稳定的充分条件是，在开环对数频率特性 $20\lg|G(j\omega)H(j\omega)|$ 不为负值的所有频段内，对数相频特性 $\varphi(\omega)$ 的正穿越次数与负穿越次数之差为 $P/2$，$P$ 是开环传递函数在 $s$ 平面右半部分的极点数。

【例 4.6】设系统开环传递函数为 $G(s)H(s)=\dfrac{K}{s(\tau s+1)}$，根据 Bode 图判断闭环系统的稳定性。

开环系统 Bode 图如图 4-28 所示。开环传递函数没有极点在 $s$ 平面右半部分。而在 Bode 图上，在 $L(\omega)>0$ 的频段内，相频特性也不穿越 $-\pi$ 水平线，故闭环系统稳定。

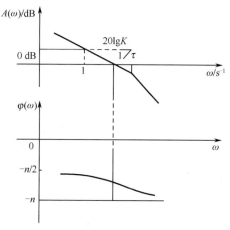

图 4-28　开环系统 Bode 图

## 4.5　控制系统的相对稳定性

由绝对稳定性判断出系统属于稳定、不稳定或临界稳定后，还不能满足设计要求，应进一步知道稳定或不稳定的程度，即稳定或不稳定离临界稳定尚有多远，才能正确评价系统稳定性能的优劣，即相对稳定性。幅值裕量和相位裕量是衡量系统离临界稳定有多远的两个指标。

两种坐标对应关系：$G_k(j\omega)$ 可用极坐标（Nyquist 图）和对数坐标（Bode 图）表示。

（1）极坐标的单位圆←→对数坐标的零分贝线（幅频特性）。

相当于：$|GH|=1$←→$20\lg|GH|=0$ dB。

（2）极坐标的负实轴←→对数坐标的-180°水平线（相频特性）。

原因：负实轴上的每一点的辐角都等于-180°。

（3）极坐标的开环轨迹与单位圆的交点 $c$←→对数坐标的幅频特性与零分贝线的交点。

交点 $c$ 处的频率 $\omega_c$ 称为剪切频率、幅值穿越频率或幅值交界频率。

（4）极坐标的开环轨迹与负实轴的交点 $g$←→对数坐标的相频特性与-180°水平线的交点。

交点 $g$ 处的频率 $\omega_g$ 称为相位穿越频率或相位交界频率。

从前面对 Nyquist 稳定判据的讨论知道，当开环传递函数 $G(s)H(s)$ 在 $s$ 平面的右半部无极点时，开环频率特性 $G(j\omega)H(j\omega)$ 若通过点（-1，j0），则闭环系统处于的临界稳定状态。在这种情况下，如果系统的某些参数稍有波动，便有可能使控制系统的开环频率特性 $G(j\omega)H(j\omega)$ 包围点（-1，j0），从而使闭环系统变得不稳定。因此，控制系统的开环频率特性 $G(j\omega)H(j\omega)$ 与点（-1，j0）的接近程度就直接表征了闭环系统的稳定程度。也就是说，$G(j\omega)H(j\omega)$ 离开点（-1，j0）越远，则其对应的闭环系统的稳定程度便越高；反之，$G(j\omega)H(j\omega)$ 越靠近点（-1，j0），则闭环系统的稳定程度便越低。在控制系统稳定的基础上，进一步用来表征其稳定程度的概念，便是通常所说的控制系统的相对稳定性。

系统的相对稳定性通常用相角裕度 $\gamma$ 和幅值裕度 $K_g$ 来衡量，如图 4-29 所示。

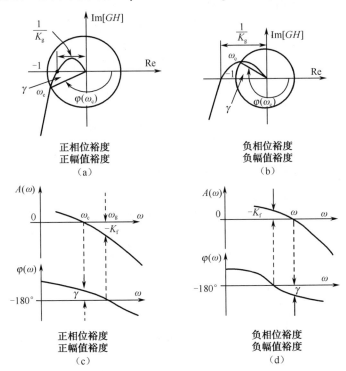

正相位裕度
正幅值裕度
（a）

负相位裕度
负幅值裕度
（b）

正相位裕度
正幅值裕度
（c）

负相位裕度
负幅值裕度
（d）

图 4-29　相角裕度 $\gamma$ 和幅值裕度 $K_g$

## 1. 相角裕度 $\gamma$

在 Bode 图上，开环对数幅频特性经过横轴处的频率称为剪切频率 $\omega_c$。在剪切频率处，使系统达到稳定的临界状态需要附加的相移量（超前或滞后），称为相角裕度 $\gamma$。

根据定义，相角裕度的计算公式为

$$\gamma = \phi(\omega_c) - (-180°) = 180° + \phi(\omega_c)$$

若 $\gamma > 0$ 称正相位裕量（正稳定性储备），$\gamma$ 必在 Bode 相位图横轴（-180° 线）以上，在 Nyquist 图负实轴以下（第三象限）。

若 $\gamma < 0$ 称负相位裕量（负稳定性储备），$\gamma$ 必在 Bode 相位图横轴（-180° 线）以下，在 Nyquist 图负实轴以上（第二象限）。

### 2. 增益裕度 $K_g$（又称为幅值裕度）

在相频特性等于 180° 的频率 $\omega_g$ 处，开环幅频特性 $|G_k(j\omega)|$ 的倒数 $1/A(\omega_g)$ 称为系统的增益裕度 $K_g$。增益裕度表示若开环系统的增益增加 $K_g$ 倍，则闭环系统达到临界稳定状态。

$$K_g = \frac{1}{|G(j\omega_g)H(j\omega_g)|}$$

增益裕度也可以用分贝形式表示。从 Bode 图上可以看出，增益裕度表示在相频特性等于 180° 的频率 $\omega_g$ 处，开环对数幅频特性曲线和横轴的距离为 $[0-L(\omega)]$。

$$20\lg K_g = -20\lg A(\omega_g) = -L(\omega_g)$$

若 $|G_k(j\omega)| < 1$，$K_g > 1$，即 $K_g(dB) > 0$，则系统具有正幅值裕量；若 $|G_k(j\omega)| > 1$，$K_g < 1$，即 $K_g(dB) < 0$，则系统具有负幅值裕量。

对最小相位系统 $p = 0$，正幅值裕量对应的开环轨迹不包围（-1，j0）点，闭环稳定，负幅值裕量对应的开环轨迹包围（-1，j0）点，闭环不稳定。

$K_g$ 实际上是系统由稳定（或不稳定）到达临界稳定点时，其开环传递函数在 $\omega_g$ 处的幅值 $|G_k(j\omega)|$ 需扩大或缩小的倍数。一阶、二阶系统幅值裕量为无穷大，其原因是其开环轨迹与 $[GH]$ 平面的负实轴交于原点，$1/K_g = 0$。

需要说明的是，$K_g$、$\gamma$ 作为设计指标，对于最小相位系统而言，只有它们都为正时，闭环系统才稳定；它们都为负时，闭环系统不稳定。为确定系统相对稳定性，必须同时考虑 $K_g$ 和 $\gamma$。工程上，为使系统为满意的稳定性储备，一般要求

$$K_g(dB) > 6\ dB$$

$$\gamma = 30° \sim 60° \quad 即 \quad \arg G(j\omega_c)H(j\omega_c) = -150° \sim -120°$$

确定系统的相对稳定性需要考虑相角裕度和增益裕度，下面举例说明。

【例 4.7】 设系统的开环传递函数为

$$G(s)H(s) = \frac{\omega_n}{s(s^2 + 2\zeta\omega_n s + \omega_n^2)}$$

试分析当阻尼比 $\zeta$ 很小（$\zeta \approx 0$）时，该系统的相对稳定性。

当 $\zeta$ 很小时，该系统的开环对数频率特性如图 4-30 所示。从图中可以看出，尽管系统的相角稳定裕度 $\gamma$ 较大，但增益稳定裕度 $20\lg K_g$ 很小，也就是说，开环对数幅频特性在频率 $\omega_g$ 处很接近于横轴，所以系统稳定性低。可见，不能单从相角稳定裕度大，就得出系统稳定性高的结论。

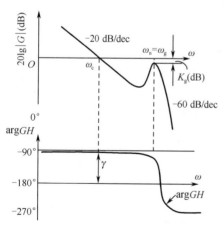

图 4-30　系统的开环对数频率特性

## 4.6　基于 MATLAB/Simulink 的频域分析

MATLAB 可绘制系统频率特性 Nyquist 图和 Bode 图，通过函数不仅可以得到系统的频率特性图，还可以得到系统的幅频特性、相频特性、实频特性和虚频特性，从而可以通过计算得到系统的频域特征量。

### 1．Nyquist 图的绘制

Nyquist 图是幅相特性曲线，是以 $\omega$ 为参数变量，以复平面的矢量来表示 $G(j\omega)$ 的一种方法。它利用开环系统来分析闭环系统的特性。在 MATLAB 控制系统工具箱中提供了一条 Nyquist 函数，其调用格式如下：

```
Nyquist(sys)
[re,im,w]=nyquist(sys)
```

此函数用来求解、绘制系统的 Nyquist 图。利用 Nyquist 图，可以分析包括增益裕度、相角裕度及稳定性等系统特性。如果使用时没有返回输出参数，函数会在屏幕上直接绘制出 Nyquist 图。w 为用来绘制 Nyquist 图的频率范围或频率点，re 为频率响应的实部，im 为频率响应的虚部。

**【例 4.8】**　已知系统开环传递函数

$$G(s) = \frac{100}{(s+1)(0.5s+1)(0.2s+1)}$$

画出系统的 Nyquist 图，用 Nyquist 稳定判据判别系统闭环稳定性，并绘制闭环单位阶跃响应进行验证。

用 nyquist() 函数绘制系统的 Nyquist 图，如图 4-31 所示，用 step() 函数求系统的单位阶跃响应。

程序设计为：

```
>> num=100;
>> den=conv([1 1],conv([0.5 1],[0.2 1]));
>> sys=tf(num,den);
>> figure(1),nyquist(sys)
>> figure,sysc=feedback(sys,1);
>> step(sysc)
```

系统的单位阶跃响应如图 4-32 所示。

Nyquist 图与实轴的交点约为（−7.68，0），即开环幅相特性曲线包围（−1，j0）点。题目给出了系统开环传递函数，所以可以得出，开环传递函数 $s$ 右平面极点个数为零，所以闭环系统不稳定。从如图 4-32 所示的闭环系统的阶跃响应曲线中也可以看出闭环系统不稳定。

### 2．Bode 图的绘制

MATLAB 提供了一条直接绘制 Bode 图的函数 bode() 和一条直接求解系统的幅值裕度和相角裕度的函数 margin()，其调用格式为：

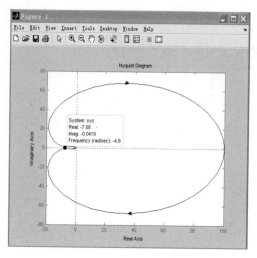
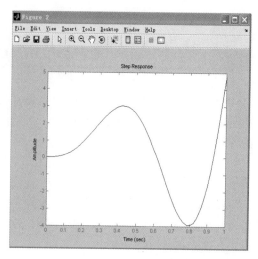

图 4-31   系统的 Nyquist 图          图 4-32   系统的单位阶跃响应

```
bode(sys)
bode(sys,w)
  [mag,phase,w]=bode(sys)
```

其中，sys 可以由函数 tf()、zpk()中的任意一个函数建立系统模型。w 用来定义绘制 Bode 图的频率范围或者频率点。如果定义频率范围，w 必须为[wmin,wmax]格式；如果定义频率点，则 w 需要由频率点构成的向量。第三条语句只用于计算机输出数据，而不是绘制曲线。mag 为系统 Bode 图的振幅值，phase 为 Bode 图的相位值。

margin()的调用格式如下：

```
margin(sys)
[Gm,Pm,Wcg,Wcp]=margin(sys)
[Gm,Pm,Wcg,Wcp]=margin(mag,phase,w)
```

margin()函数可以从频率响应数据中计算出幅值稳定裕度、相角稳定裕度及其对角频率。当不带输出变量引用函数时，margin()可在当前图形窗口中绘制出带有稳定裕度的 Bode 图。margin(mag,phase,w) 函数可以在当前窗口中绘制出带有系统幅值裕度和相角裕度的 Bode 图。其中，mag、phase 及 w 分别为由 bode 或 dbode 求出的幅值裕度、相角裕度及其对应的角频率。

【例 4.9】 已知系统开环传递函数为

$$G(s) = \frac{1}{s(s+5)(0.1s+1)}$$

试绘制系统 Bode 图，系统相应的增益裕度和相角裕度。

用 bode()绘制系统 Bode 图，用 margin()求系统相应的增益裕度和相角裕度。

程序设计如下：

```
>> num=1;
>> den=conv([1 5 0],[0.1 1]);
>> [mag,phase,w]=bode(num,den);
>> margin(mag,phase,w)
```

结果如图 4-33 所示。

从图中可知，系统幅值稳定裕度为 37.5 dB，相角稳定裕度为 86.6°，由 Bode 判据可得该闭环系统稳定。

【例 4.10】　已知系统的开环传递函数为

$$G(s) = \frac{4(6s+5)}{s(s^2+2s+2)(s+1)}$$

试绘制系统的 Bode 图，并求出系统的幅值裕度、相角裕度及各自对应的频率。

用 bode() 函数绘制系统 Bode 图，用 margin() 函数求系统的幅值裕度和相角裕度及对应的频率。

程序设计如下：

```
>> num=4*[6 5];
>> den=conv([1 2 2 0],[1 1]);
>> sys=tf(num,den);
>> bode(sys),grid on
>> [Gm,Pm,Wcg,Wcp]=margin(sys)
```

结果如图 4-34 所示。

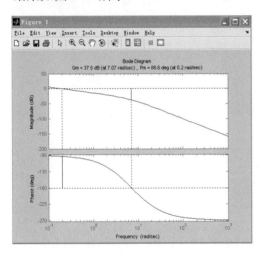

图 4-33　【例 4.9】的系统 Bode 图

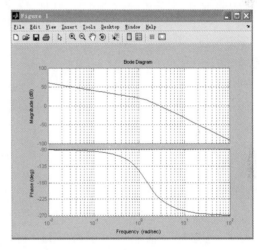

图 4-34　【例 4.10】的系统 Bode 图

```
Gm =
    0.1970
Pm =
   -43.8296
Wcg =
    1.4977
Wcp =
    2.8397
```

从结果中可以看出，系统是不稳定的。另外，也可以直接通过 margin() 函数在图中显示幅值裕度和相角裕度。

## 本章小结

在 Bode 图上，开环对数幅频特性经过横轴处的频率称为剪切频率 $\omega_c$。在剪切频率处，使系统达到稳定的临界状态需要附加的相移量（超前或滞后）称为相角裕度 $\gamma$。在相频特性等于 $180°$ 的频率 $\omega_g$ 处，开环幅频特性的倒数 $1/A(\omega_g)$ 称为系统的增益裕度 $K_g$。

辐角原理的几何意义是在辐角原理的前提条件下，$z$ 逆时针沿 $C$ 绕行 1 周，在 $f$ 平面上，$f(z)$ 顺时针绕原点 $P$-$N$ 周；相反，$z$ 顺时针沿 $C$ 绕行 1 周，则 $f(z)$ 逆时针绕原点 $P$-$N$ 周。

Nyquist 判据：闭环控制系统稳定的充要条件是，当 $\omega$ 从 $-\infty$ 到 $+\infty$ 时，系统的开环频率特性 $G(j\omega)H(j\omega)$ 按逆时针方向包围（$-1$，$j0$）点 $P$ 周，$P$ 为位于 $s$ 平面右半部分的开环极点数目。特别地，若开环系统稳定，则 $G(s)H(s)$ 位于 $s$ 平面右半部分的极点数为零，所以闭环系统稳定的充要条件是，系统的开环频率特性 $G(j\omega)H(j\omega)$ 不包围（$-1$，$j0$）点。

在 Bode 图上的 Nyquist 判据：闭环系统稳定的充分条件是，在开环对数频率特性 $20\lg|G(j\omega)H(j\omega)|$ 不为负值的所有频段内，对数相频特性 $\varphi(\omega)$ 的正穿越次数与负穿越次数之差为 $P/2$，$P$ 是开环传递函数在 $s$ 平面右半部分的极点数。

频率特性是控制系统内在的固有特性，因而频率特性和控制系统的时域性能指标之间必然有着紧密的联系。

利用 MATLAB 可绘制系统频率特性 Nyquist 图和 Bode 图的函数，不仅可以绘制系统频率特性图，获得幅频特性、相频特性、实频特性和虚频特性，还可以通过计算得到系统的频域特征量。

## 习题

4.1 已知放大器的传递函数 $G(s) = \dfrac{K}{T_s + 1}$ 并测得 $\omega = 1$ rad/s、幅频 $|G| = 12/\sqrt{2}$、相频 $\arg G = \pi/4$。试求放大系数 $K$ 及时间常数 $T_s$ 各为多少？

4.2 设单位反馈控制系统的开环传递函数 $G(s) = \dfrac{10}{s+1}$，试求闭环系统在下列输入信号作用下的稳态响应：

（1）$x_i(t) = \sin(t + 30°)$　　　　（2）$x_i(t) = 2\cos(2t - 45°)$

4.3 系统单位阶跃响应

$$h(t) = 1 - 1.8e^{-4t} + 0.8^{-9t} \qquad (t \geqslant 0)$$

试求系统的频率特性表达式。

4.4 画出下列传递函数对应的对数幅频渐近曲线和相频曲线：

（1）$G(s) = \dfrac{2}{(2s+1)(8s+1)}$

（2）$G(s) = \dfrac{50}{s^2(s^2+s+1)(6s+1)}$

（3）$G(s) = \dfrac{10(s + 0.2)}{s^2(s + 0.1)}$

（4）$G(s) = \dfrac{8(s + 0.1)}{s(s^2 + s + 1)(s^2 + 4s + 25)}$

4.5　测得一些元部件的对数幅频渐近曲线如题 4.5 图所示，试写出对应的传递函数 $G(s)$。

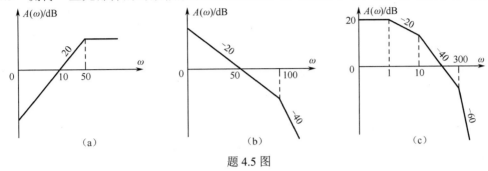

题 4.5 图

4.6　已知某控制系统如题 4.6 图所示，试计算系统的开环截止频率和相角裕度。

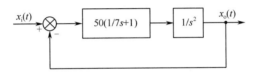

题 4.6 图

4.7　设单位反馈控制系统的开环传递函数分别为

（1）$G(s) = \dfrac{\tau s + 1}{s^2}$　　　（2）$G(s) = \dfrac{K}{(0.01s + 1)^3}$

试确定使系统相裕度 $\gamma$ 等于 45° 的 $\tau$ 及 $K$ 值。

4.8　负反馈系统的开环传递函数

$$G(s) = \dfrac{K}{s(0.01s^2 + 0.01s + 1)}$$

试求系统幅值裕度为 20dB 的 $K$ 值，并求对应的相角裕度。

4.9　一单位反馈系统的开环对数幅频渐近曲线如题 4.9 图所示，且开环具有最小相位性质。

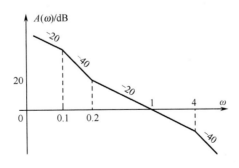

题 4.9 图

（1）试写出系统开环传递函数的表达式。

（2）试判别闭环系统的稳定性。

（3）将幅频曲线向右平移 10 倍频程，试讨论系统阶跃响应性能指标$\sigma\%$、$t_s$ 及 $e_{ss}$ 的变化。

4.10　已知非最小相位系统的开环传递函数为$G(s)H(s) = \dfrac{K(s-1)}{s(s+1)}$，试由频率稳定性判据判别闭环系统的稳定性。

Chapter **5**

# 第 5 章

# 控制系统的校正与工程设计

【学习要点】

了解控制系统时频性能指标及相互关系；掌握控制系统校正的基本概念和系统设计与校正的一般原则；熟悉各种校正方式和校正装置，掌握相位超前校正、相位滞后校正和相位滞后-超前校正的设计分析方法和步骤；熟悉并联校正中反馈校正、顺馈校正及复合校正方式；掌握 PID 控制规律、控制器类型以及按典型Ⅰ型、Ⅱ型系统进行分析设计的基本方法和过程。

在给定控制系统性能要求的条件下，设计系统的结构与参数是控制系统设计的主要内容。在控制系统设计中，除了通过调整结构参数改善原系统的性能，还常采用引入校正装置的办法。所用的校正装置即控制系统中的控制器，在控制理论中称为校正环节。本章从控制的观点讨论设计问题，主要考虑的是如何使系统具有满意的动态性能——稳、快、准，理解控制系统的设计与校正问题。通过本章的学习，将熟悉常用校正装置及其特性；理解并灵活运用超前校正方法和滞后校正方法对控制系统进行设计和校正；熟悉并理解反馈校正方法，对控制系统进行设计和校正；了解复合校正方法，对控制系统进行设计和校正。

## 5.1 控制系统的设计与校正概述

### 5.1.1 校正的概念

在工程实践中，控制系统一般包含两大部分：一是在系统设计计算过程中实际上不可能变化的部分，如执行机构、功率放大器和检测装置等，它们称为不可变部分或系统的固有部分；二是设计计算参数有较大的选择范围，如放大器、校正装置，它们称为可变部分。通常，不可变部分的选择不仅受性能指标的约束，而且也受限于其本身尺寸、质量、能源、成本等因素的制约。因此，所选择的不可变部分一般并不能完全满足性能指标的要求。在这种情况下，引入某种起校正作用的子系统，即所谓的校正装置，以补偿不可变部分在性能指标方面的不足。

引入校正装置将使系统的传递函数发生变化，导致系统的零点和极点重新分布。适当地增加零点和极点，可使系统满足规定的要求，以实现对系统品质进行校正的目的。引入校正环节的实质是改变系统的零点和极点分布，或者说是改变系统的频率特性。

系统设计与校正问题实际上是最优设计问题，即当输入已知时，确定系统结构和参数，使得输出尽可能符合给定的最佳要求。系统优化问题不像系统分析那样，对给定系统和已知输入的情况下，通过求解系统的输出来研究系统本身的有关问题，此时，系统的输出具有单一性和确定性。而系统优化时，能够全面满足性能指标的系统并不是唯一确定的。在工程实践中，选择校正方案时，既要考虑保证良好的控制性能，又要顾及工艺性、经济性，以及使用寿命、体积、质量等因素，以便从多种方案中选取最优方案。

## 5.1.2　校正的方式

### 1．串联校正

把校正装置 $G_c(s)$ 串联在系统固有部分的前向通道中，称为串联校正，如图 5-1 所示。

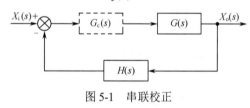

图 5-1　串联校正

按照校正装置 $G_c(s)$ 的性质，串联校正可分为增益调整、相位超前校正、相位滞后校正和相位滞后超前校正 4 种形式。为降低校正装置对原系统正常运行的影响程度，串联校正装置通常安排在前向通道中功率等级最低的点上。

### 2．并联校正

并联校正包含反馈校正和顺馈校正。校正装置与系统固有部分按反馈连接，形成局部反馈回路，称为反馈校正，如图 5-2（a）所示。顺馈校正则是在反馈控制的基础上，引入输入补偿构成的校正方式，如图 5-2（b）所示。它可以分为以下两种：一种是引入给定输入信号补偿，另一种是引入扰动输入信号补偿。校正装置将直接或间接测出给定输入信号 $R(s)$ 和扰动输入信号 $D(s)$，经过适当变换以后，作为附加校正信号输入系统，使可测扰动对系统的影响得到补偿。从而控制和抵消扰动对输出的影响，提高系统的控制精度。

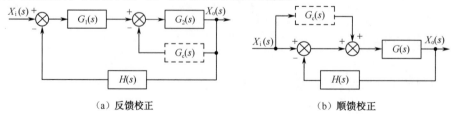

（a）反馈校正　　　　　　　　　　　　　（b）顺馈校正

图 5-2　并联校正

### 5.1.3　校正装置

根据校正装置本身是否有电源，可分为无源校正装置和有源校正装置。

#### 1. 无源校正装置

无源校正装置通常是由分立元件如电阻和电容组成的二端口网络，图 5-3 是几种典型的无源校正装置。根据它们对频率特性的影响，又分为相位滞后校正、相位超前校正和相位滞后-超前校正。

无源校正装置线路简单、组合方便，无需外供电源，但本身没有增益，只有衰减，且输入阻抗低、输出阻抗高，因此在应用时要增设放大器或隔离放大器。

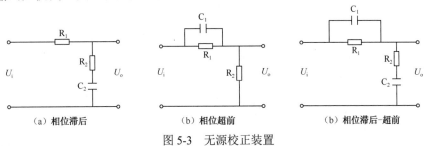

（a）相位滞后　　　　　（b）相位超前　　　　　（b）相位滞后-超前

图 5-3　无源校正装置

#### 2. 有源校正装置

有源校正装置是由运算放大器组成的调节器。图 5-4 是几种典型的有源校正装置。有源校正装置本身有增益，且输入阻抗高、输出阻抗低，所以目前较多采用有源校正装置。它们的缺点是需另供电源。

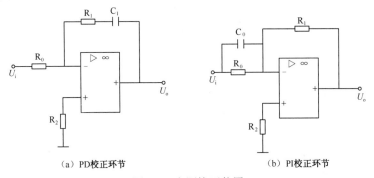

（a）PD校正环节　　　　　　　　　　（b）PI校正环节

图 5-4　有源校正装置

## 5.2　控制系统的设计指标要求

### 5.2.1　控制系统时域、频域性能指标及误差准则

#### 1. 时域性能指标

时域性能指标包括瞬态性能指标和稳态性能指标。

（1）瞬态性能指标，一般是在单位阶跃输入下，反映输出过渡过程的一些特性参数，实质上是由瞬态响应所决定的，主要包括上升时间 $t_r$、峰值时间 $t_p$、最大超调量 $M_p$ 和调整时间 $t_s$。

（2）稳态性能指标，反映系统的稳态精度，用来描述系统在过渡过程结束后，实际输出与期望输出之间的偏差，常用稳态误差表征。

### 2. 频域性能指标

频域性能指标包括开环频域指标和闭环频域指标。

（1）开环频域指标，主要包括相位裕度 $\gamma$、幅值裕度 $K_g$、剪切频率 $\omega_c$。

（2）闭环频域指标，主要包括复现频率 $\omega_M$ 及复现带宽 $0\sim\omega_M$、谐振频率 $\omega_r$ 及谐振峰值 $M_r$、截止频率 $\omega_b$ 及截止带宽 $0\sim\omega_b$。

### 3. 误差准则

误差准则（综合性能指标）是系统性能的综合测度。它们是系统的期望输出与其实际输出之差的某个函数的积分。因为这些积分是系统参数的函数。因此，当系统的参数取最优值，综合性能指标将取极值，从而可以通过选择适当参数得到综合性能指标为最优的系统。目前使用的综合性能指标有多种，此处简单介绍 3 种。

#### 1）误差积分性能指标

理想系统对于阶跃输入的输出，也应是阶跃函数。实际的输出 $x_o(t)$ 与理想输出 $x_{or}(t)$ 总存在误差，系统设计时应使误差 $e(t)$ 尽可能小。

图 5-5（a）为系统在单位阶跃下无超调的过渡过程，图 5-5（b）为其误差曲线。在没有超调的情况下，误差 $e(t)$ 是单调减少的。因此系统的综合性能指标可以取为

$$I = \int_0^\infty e(t)\,\mathrm{d}t \tag{5-1}$$

式中，误差 $e(t) = x_{or}(t) - x_o(t)$，由于误差 $e(t)$ 的拉氏变换为

$$E_1(s) = \int_0^\infty e(t)\mathrm{e}^{-st}\,\mathrm{d}t \tag{5-2}$$

所以有

$$I = \lim_{s\to 0}\int_0^\infty e(t)\mathrm{e}^{-st}\,\mathrm{d}t = \lim_{s\to 0} E_1(S) \tag{5-3}$$

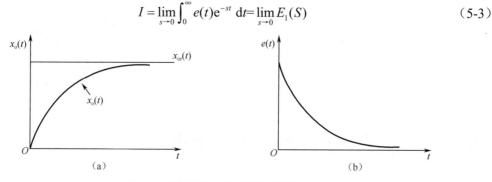

图 5-5　阶跃输入下的响应曲线及误差

只要系统在阶跃输入下其过渡过程无超调，就可以根据式（5-3）计算其 $I$ 值，并根据此式计算出使 $I$ 值最小的系统参数。

【例 5.1】　设单位反馈的一阶惯性系统，其方框图如图 5-6 所示，其中开环增益 $K$ 是待定

参数。试确定使系统误差积分性能指标 $I$ 最小的 $K$ 值。

对于单位反馈系统，有

$$E_1(s) = E(s) = \frac{1}{1+G(s)} X_i(s)$$

当输入 $x_i(t) = u(t)$ 时，$X_i(s) = 1/s$，则有

$$E_1(s) = \frac{1}{1+K/s} \cdot \frac{1}{s} = \frac{1}{s+K}$$

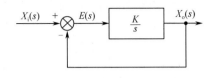

图 5-6　单位反馈一阶系统

根据式（5-3），有

$$I = \lim_{s \to 0} E_1(s) = \lim_{s \to 0} \frac{1}{s+K} = \frac{1}{K}$$

可见，$K$ 越大，$I$ 越小。所以仅仅从 $I$ 值减小的角度看，$K$ 值选得越大越好。

值得注意的是，若无法预先知道系统的过渡过程是否没有超调，就不能应用式（5-3）计算 $I$ 值。

2）误差平方积分性能指标

若给系统以单位阶跃输入后，其响应过程有振荡，则常取误差平方的积分为系统的综合性能指标，即

$$I = \int_0^\infty e^2(t)\,dt \tag{5-4}$$

由于积分号中含有误差的平方项，误差的正负不会相互抵消，这是与式（5-3）有根本区别的地方，而且式（5-4）中的积分上限可以由足够大的时间 $T$ 来代替，因此求解性能最优系统就可以转化为求解式（5-4）的极小值。

因为式（5-4）中右侧的积分往往可以采用分析或实验的方法获得，所以在实际运用中，误差平方积分性能指标在评价系统性能优劣时被广泛采用。

在图 5-7（a）中，细实线表示希望的阶跃输出，粗实线表示实际输出；图 5-7（b）表示误差曲线；图 5-7（c）表示误差平方曲线；图 5-7（d）为式（5-4）表示的误差平方积分曲线。

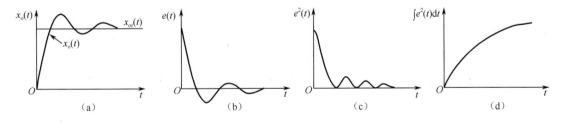

图 5-7　阶跃输入下的响应曲线、误差及其平方积分曲线

误差平方积分性能指标的最大特点是，重视大的误差，忽略小的误差。因为较大的误差其平方也较大或者更大，对性能指标 $I$ 的影响显著；而对于较小的误差，其平方更小，对性能指标 $I$ 的影响轻微，甚至可以忽略。所以根据误差平方积分性能指标设计的系统，能使大的误差迅速减小，但系统也容易产生振荡。

3）广义误差平方积分性能指标

广义误差平方积分性能由下式定义：

$$I = \int_0^\infty [e^2(t) + \alpha \dot{e}^2(t)]\,dt \tag{5-5}$$

式中，$\alpha$ 为给定的加权系数；$\dot{e}(t)$ 为误差变化率。

在此误差准则下，最优系统为使此性能指标 $I$ 取极小值的系统。此指标的特点是：既不允许大的动态误差长期存在，也不允许大的误差变化率长期存在。因此，按此准则设计的系统，过渡过程较短而且平稳。

## 5.2.2 频域性能指标与时域性能指标的关系

在工程实践中有时用开环频率特性来设计控制系统，有时用闭环频率特性来设计控制系统。当用开环频率特性来设计系统时，常采用的动态指标有相位裕度 $\gamma$ 和剪切频率 $\omega_c$。用闭环频率特性设计系统时，常采用的动态指标有谐振峰值 $M_r$ 及谐振频率 $\omega_r$。这些指标在很大程度上能表征系统的动态品质。其中，相位裕度 $\gamma$ 和谐振峰值 $M_r$ 反映了系统过渡过程的平稳性，与时域指标超调量 $M_p$ 相对应；剪切频率 $\omega_c$ 和谐振频率 $\omega_r$ 则反映了系统响应的快速性，与时域指标调整时间 $t_s$ 相对应。

下面，针对一阶、二阶系统，通过其开环频率特性来研究闭环系统的动态性能。

### 1. 一阶系统

对于一阶系统，其传递函数的标准形式为

$$G(s) = \frac{1}{Ts+1}$$

其闭环结构传递函数方框图如图 5-8（a）所示，其单位阶跃时间响应曲线如图 5-8（b）所示，图 5-8（c）和图 5-8（d）分别为其开环对数幅频特性和闭环对数幅频特性。

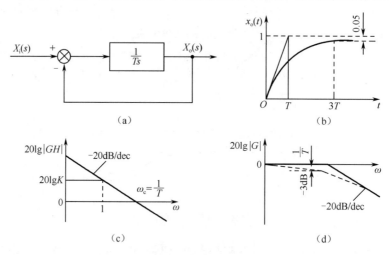

图 5-8　一阶惯性环节

从图 5-8（c）中可以看出，一阶系统的剪切频率 $\omega_c$ 等于开环增益 $K$，也就是积分时间常数的倒数 $1/T$。从图 5-8（d）中可以看出，闭环对数幅频特性曲线的转角频率为 $1/T$。另外，当 $\omega$ 为 $1/T$ 时，闭环频率特性的幅值为 0.707，即频率为零时幅值的 0.707 倍，故这一点的频率值也是一阶系统的闭环截止频率 $\omega_b$。因此，一阶系统的时域指标 $t_s$ 可以用开环指标 $\omega_c$ 或闭环指标 $\omega_b$ 来表示。

$$t_{\mathrm{s}} = 3T = \frac{3}{\omega_{\mathrm{c}}} = \frac{3}{\omega_{\mathrm{b}}} \quad (\Delta = \pm 0.05) \tag{5-6}$$

因此，开环指标剪切频率 $\omega_{\mathrm{c}}$ 或闭环指标频宽 $\omega_{\mathrm{b}}$ 可以反映系统过渡过程时间的长短，即反映系统响应的快速性。

### 2. 二阶系统

对于传递函数方框图如图 5-9 所示的二阶振荡环节，其开环传递函数为

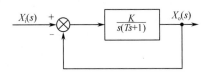

$$G(s)H(s) = \frac{K}{s(Ts+1)}$$

图 5-9　二阶振荡环节

记作 $\omega_{\mathrm{n}} = \sqrt{\dfrac{K}{T}}$，$\zeta = \dfrac{1}{2\sqrt{TK}}$，则有

$$G(s)H(s) = \frac{\omega_{\mathrm{n}}^2}{s(s + 2\zeta\omega_{\mathrm{n}})}$$

1）开环频域指标与时域指标的关系

开环对数幅频特性曲线如图 5-10 所示。其中，转角频率 $\omega_1 = \dfrac{1}{T}$，斜率为 -20 dB/dec 的直线或其延长线与 0 dB 线的交点频率 $\omega_2 = K$。根据图中关系，有如下方程：

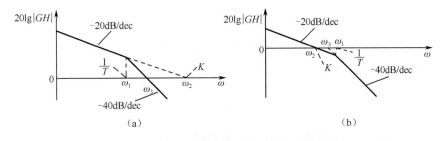

(a)　　　　　　　　　　　　　　　　(b)

图 5-10　开环对数幅频特性曲线

$$20\lg\frac{\omega_2}{\omega_1} = 40\lg\frac{\omega_3}{\omega_1}$$

进而，可得

$$\omega_3 = \sqrt{\omega_1 \omega_2} = \sqrt{\frac{K}{T}} = \omega_{\mathrm{n}} \tag{5-7}$$

即图中斜率为 -40 dB/dec 的直线或其延长线与 0 dB 线的交点频率 $\omega_3 = \omega_{\mathrm{n}}$，它恰是 $\omega_1$ 与 $\omega_2$ 的几何中心。由此可见，根据对数幅频特性曲线就可以确定系统参数。

再来看性能指标与系统参数之间的关系。

（1）剪切频率 $\omega_{\mathrm{c}}$。

根据 $\omega_{\mathrm{c}}$ 的定义，系统开环 Nyquist 轨迹图上与单位圆交点的频率，即输入与输出幅值相等时的频率，有

$$\left| \frac{\omega_{\mathrm{n}}^2}{\mathrm{j}\omega_{\mathrm{c}}(\mathrm{j}\omega_{\mathrm{c}} + 2\zeta\omega_{\mathrm{n}})} \right| = 1$$

即

$$\frac{\omega_n^2}{\omega_c \sqrt{\omega_c^2 + (2\zeta\omega_n)^2}} = 1$$

两边平方，整理后得方程

$$\left(\frac{\omega_c}{\omega_n}\right)^4 - 4\zeta^2\left(\frac{\omega_c}{\omega_n}\right) - 1 = 0$$

解得

$$\frac{\omega_c}{\omega_n} = \sqrt{\sqrt{1 + 4\zeta^4} + 2\zeta^2}$$

即

$$\omega_c = \omega_n \sqrt{\sqrt{1 + 4\zeta^4} + 2\zeta^2} \tag{5-8}$$

（2）相角裕度 $\gamma$。

相角裕度 $\gamma$ 的定义为，当 $\omega = \omega_c$ 时，相频特性 $\arg GH$ 距 $-180°$ 线的相位差值。根据轨迹图上与单位圆交点的频率，即输入与输出幅值相等时的频率，有

$$\gamma = 180° - 90° - \arctan\frac{\omega_c}{2\zeta\omega_n} = \arctan\frac{2\zeta\omega_n}{\omega_c} \tag{5-9}$$

根据式（5-9），可得

$$\gamma = \arctan\frac{2\zeta}{\sqrt{\sqrt{1 + 4\zeta^4} + 2\zeta^2}}$$

由于二阶系统的超调量 $M_p$ 和相角裕度 $\gamma$ 都仅由阻尼比 $\zeta$ 决定，因此 $\gamma$ 的大小反映了系统动态过程的平稳性。而阻尼比 $\zeta$ 与超调量 $M_p$ 之间的函数关系为超越函数，常用曲线来反映，这在第 3 章系统的时间响应中已经论述过，在此不再赘述。从式（5-9）可知，相角裕度 $\gamma$ 和阻尼比 $\zeta$ 同向变化。为了避免使二阶系统过渡过程中振荡得太厉害而导致的调整时间过长，一般希望 $0.4 \leqslant \zeta \leqslant 0.8$，$45° \leqslant \gamma \leqslant 70°$。

二阶系统的调整时间

$$t_s = \frac{3}{\zeta\omega_n} \qquad (\Delta = 0.05)$$

将式（5-9）代入，可得

$$t_s = \frac{3}{\zeta\omega_c}\sqrt{\sqrt{1 + 4\zeta^4} + 2\zeta^2}$$

显然，当阻尼比 $\zeta$ 一定时，$t_s$ 与 $\omega_c$ 成反比，即 $\omega_c$ 越大，$t_s$ 越小；反之，$\omega_c$ 越小，$t_s$ 越大。因此，剪切频率 $\omega_c$ 的大小反映了系统过渡过程的快慢。

2）闭环频域指标与时域指标的关系

在第 4 章系统的频率特性分析中，我们已经知道二阶系统的闭环频率特性可用下式表示：

$$G(j\omega) = \frac{\omega_n^2}{(\omega_n^2 - \omega^2) + 2j\zeta\omega_n\omega}$$

其幅频特性为

$$|G(\mathrm{j}\omega)| = \frac{\omega_{\mathrm{n}}^2}{\sqrt{(\omega_{\mathrm{n}}^2 - \omega^2)^2 + (2\mathrm{j}\zeta\omega_{\mathrm{n}}\omega)^2}}$$

系统发生谐振时，幅频特性达到最大值，故其值可通过极值条件求得。满足极值条件的频率即谐振频率 $\omega_{\mathrm{r}}$，且

$$\omega_{\mathrm{r}} = \omega_{\mathrm{n}}\sqrt{1 - 2\zeta^2}$$

从上式可以看出，只有当 $\zeta < 0.707$ 时，$\omega_{\mathrm{r}}$ 才为实数。而当 $\zeta > 0.707$ 时，系统闭环频率无峰值。当 $\zeta$ 一定时，调节时间 $t_{\mathrm{s}}$ 与谐振频率 $\omega_{\mathrm{r}}$ 成反比。因此，谐振频率 $\omega_{\mathrm{r}}$ 的大小反映了系统响应的快速性。

在第 4 章系统的频率特性分析中，我们已经知道二阶系统的闭环频率特性可用下式表示：

$$M_{\mathrm{r}} = \frac{1}{2\zeta\sqrt{1 - \zeta^2}}$$

可见，谐振峰值 $M_{\mathrm{r}}$ 只和阻尼比 $\zeta$ 有关，它反映了系统超调值的大小，即系统过渡过程的平稳性。

控制系统中最直接的性能指标是时域指标，但频域分析法涉及的一些重要特征值（如开环频率特性中的相位裕量、增益裕量，闭环频率特性中的谐振峰值、频带宽度和谐振频率等）与控制系统的瞬态响应存在一定关系。标准二阶系统的时域和频域性能指标都只与系统特征参数 $\omega_{\mathrm{n}}$ 和 $\zeta$ 有关，消去中间变量后系统时频指标之间具有确切关联性，可从不同分析域反映系统动态性能。

（1）谐振频率乘调整时间与谐振峰值。

谐振频率 $\omega_{\mathrm{r}}$ 和调整时间 $t_{\mathrm{s}}$ 都取决于系统特征参数 $\omega_{\mathrm{n}}$ 和 $\zeta$，联立求解消去中间变量 $\omega_{\mathrm{n}}$，即可获得 $\omega_{\mathrm{r}}$ 与 $t_{\mathrm{s}}$ 之间的直接关联性：

$$\omega_{\mathrm{r}} t_{\mathrm{s}} = \frac{1}{\zeta}\sqrt{1 - 2\zeta^2} \times \ln\frac{1}{\Delta\sqrt{1 - \zeta^2}}$$

由上式可知，$\omega_{\mathrm{r}} t_{\mathrm{s}}$ 仅与 $\zeta$ 有关，对给定阻尼比，调整时间与系统的谐振频率成反比，即谐振频率高的系统，其反应速度快，反之则反应速度慢。$\omega_{\mathrm{r}} t_{\mathrm{s}}$ 与谐振峰值的关联性为

$$\omega_{\mathrm{r}} t_{\mathrm{s}} = \sqrt{\frac{2\sqrt{M_{\mathrm{r}}^2 - 1}}{M_{\mathrm{r}} - \sqrt{M_{\mathrm{r}}^2 - 1}}} \times \ln\frac{\sqrt{2M_{\mathrm{r}}^2}}{\Delta\sqrt{M_{\mathrm{r}} + \sqrt{M_{\mathrm{r}}^2 - 1}}} \qquad (5\text{-}10)$$

（2）截止频率乘调整时间与谐振峰值。

$\omega_{\mathrm{b}}$ 和 $t_{\mathrm{s}}$ 也取决于特征参数 $\omega_{\mathrm{n}}$ 和 $\zeta$，联立求解获得 $\omega_{\mathrm{b}}$ 与 $t_{\mathrm{s}}$ 的直接关联性性

$$\omega_{\mathrm{b}} t_{\mathrm{s}} = \frac{1}{\zeta}\sqrt{1 - 2\zeta^2 + \sqrt{4\zeta^4 - 4\zeta^2 + 2}} \times \ln\frac{1}{\Delta\sqrt{1 - \zeta^2}}$$

从上式可知，当阻尼比 $\zeta$ 给定后，控制系统的频宽 $\omega_{\mathrm{b}}$ 与调整时间成反比关系，即控制系统的频宽越大，则该系统反应输入信号的快速性越好，这充分证明，频宽是表征控制系统的反应速度的重要指标。$\omega_{\mathrm{b}} t_{\mathrm{s}}$ 与谐振峰值的关联性为

$$\omega_{\mathrm{b}} t_{\mathrm{s}} = \sqrt{\frac{2\sqrt{M_{\mathrm{r}}^2 - 1} + \sqrt{2M_{\mathrm{r}}^2 - 1}}{M_{\mathrm{r}} - \sqrt{M_{\mathrm{r}}^2 - 1}}} \times \ln\frac{\sqrt{2M_{\mathrm{r}}}}{\Delta\sqrt{M_{\mathrm{r}}^2 + \sqrt{M_{\mathrm{r}}^2 - 1}}} \qquad (5\text{-}11)$$

利用上述方法也可推导出频率指标 $\omega_{\mathrm{r}}$、$\omega_{\mathrm{b}}$、$M_{\mathrm{r}}$ 与时域指标 $t_{\mathrm{r}}$、$t_{\mathrm{p}}$ 的关联性。

（3）谐振峰值与最大超调量。

频域相对谐振峰值 $M_r$ 与时域最大超调量 $M_p$ 具有确切关联性：

$$M_p = \exp\left(-\pi\sqrt{\frac{M_r - \sqrt{M_r^2 - 1}}{M_r + \sqrt{M_r^2 - 1}}}\right) \times 100\% \qquad (5\text{-}12)$$

$M_r$ 和 $M_p$ 均由控制系统的阻尼比 $\zeta$ 所确定，均随 $\zeta$ 的减小而增大。当 $\zeta > 0.4$ 时，$M_r$ 和 $M_p$ 存在相近的关系，对于很小的 $\zeta$ 值，$M_r$ 将变得很大，$M_p$ 的值却不会超过 1。对某一控制系统来说，在时域中 $M_p$ 大，反映到频域里 $M_r$ 也大，反之亦然。因此，$M_r$ 是度量控制系统振荡程度的一项频域指标，$M_r$ 值表征了系统的相对稳定性。一般而言，$M_r$ 越大，系统阶跃响应的超调量也越大，意味着系统的平稳性较差。在二阶系统设计中，希望选取 $M_r < 1.4$，因为这时阶跃响应的最大超调量 $M_p < 25\%$，系统有较满意的过渡过程。

二阶系统的时域和频域动态性能指标反映系统瞬态过程的性能参数，各指标间存在一定关联性和制约性。实际系统调节时，快速性和平稳性两大性能要求往往矛盾，可根据系统用途，通过调节实际系统的内部参数影响其振荡频率和阻尼系数，折中改善系统快速性和平稳性。

对于高阶系统频率响应与时间响应指标之间的关系，不像二阶系统那样存在着确定的解析关联，因为附加的一些极点和（或）零点可以改变存在于标准二阶系统中的阶跃瞬态响应与频率响应的关系。但实际的高阶系统一般都设计成具有一对共轭复数闭环主导极点。如果高阶系统的频率响应由一对共轭复数闭环极点支配，则标准二阶系统的时频性能指标关系可以近似推广到高阶系统。工程设计中常通过一些经验公式建立频率响应指标和时域响应的主要指标的关系，这在用频率法分析和设计控制系统时是很有用的。

## 5.2.3 系统设计与校正的一般原则

由于系统的开环传递函数和具有单位反馈的闭环传递函数之间有一一对应关系，而且决定闭环系统稳定性的特征方程又完全取决于开环传递函数。因此用频率法进行设计时，通常均在开环 Bode 图上进行。对于二阶系统，当系统性能指标确定后，其对应的闭环频率特性形状或相应的特征指标就可得到，因为二阶系统的瞬态响应和其频率特性之间有确定的关系。这样，将其转换为开环频率特性后，就可得到满足设计要求的频率特性曲线。

对于高阶系统，时域指标与开环、闭环频率特性之间不存在二阶系统那样简单的定量关系。因而就不容易找出对应的期望开环频率特性。为此，高阶系统往往考虑采用工程实践中大量系统实验研究而归纳出的经验公式。在第 3 章中已经介绍，如果高阶系统的动态特征主要是由一对闭环共轭复数极点主导，则可将其近似作为二阶系统处理，可应用上面取得的关系式，但为了使系统具有适度的阻尼，一般要求取 $M_r = 1.2 \sim 1.5$。

由于对系统性能指标的要求最终可归结为对系统开环频率特性的要求，因而系统设计与校正的实质就是对开环 Bode 图进行整形。其通常的要求如下。

（1）在低频段，有足够高的增益，用最小的误差来跟踪输入，以保证系统稳态精度。

（2）在中频段（增益交点频率附近的频段），对数幅频特性曲线穿过 0 dB 线的斜率在 −20 dB/dec 左右，以保证系统的稳定性。

（3）在高频段，开环幅频特性曲线尽可能快地衰减，以减小高频噪声对系统的干扰。

## 5.3 串联校正

串联校正指校正环节 $G_c(s)$ 串联在原传递函数方框图的前向通道中。通常，为了减少功率消耗，串联校正环节一般都放在前向通道的前端，即低功率部分。

串联校正按校正环节 $G_c(s)$ 的性质可分为增益调整、相位超前校正、相位滞后校正和相位滞后-超前校正。

增益调整的实现比较简单。例如，在液压随动系统中，提高动力，即可实现增益调整。但是，仅仅调整增益，难以同时满足静态和动态性能指标，其校正有限；如果加大开环增益虽可使系统的稳态误差变小，但系统的相对稳定性随之下降。因此，单独调整增益的方法不能满足系统校正的目的，这种方法也不常用，此处，不再赘述。

### 5.3.1 相位超前校正

单纯增加开环增益会提高开环剪切频率 $\omega_c$，从而使系统带宽 $\omega_b$ 增加，响应速度提高。同时带来的弊端是相角裕度 $\gamma$ 减小，系统稳定性下降。所以，如果能预先在剪切频率 $\omega_c$ 及高于它的局部频率范围内使相位超前一些，即增大相角裕度 $\gamma$。这样，再增加增益就不会使稳定性不可接受了。这就是相位超前校正的目的，既能提高系统的响应速度，又能保证系统的相对稳定性。

#### 1. 相位超前校正原理及其频率特性

图 5-11（a）所示的环节为一相位超前环节，其传递函数为

$$G_c(s) = \frac{U_o(s)}{U_i(s)} = \alpha \frac{Ts+1}{\alpha Ts+1} \tag{5-13}$$

式中

$$\alpha = \frac{R_2}{R_1+R_2}, \quad T = R_1 C$$

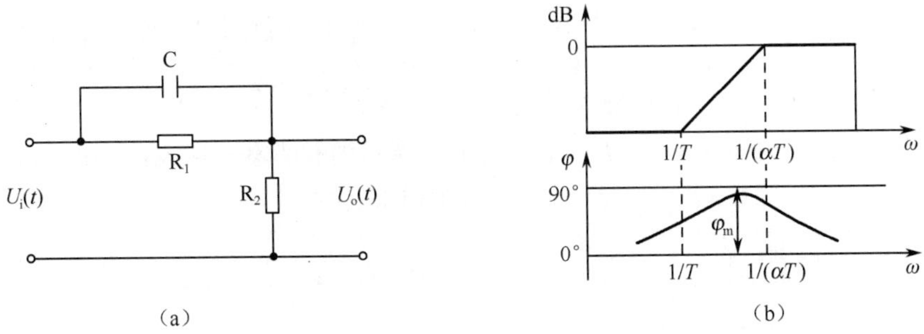

图 5-11 相位超前环节及频率特性

由式（5-13）可知，此环节为比例环节、一阶微分环节、惯性环节的串联。此相位超前环节的频率特性为

$$G_c(j\omega) = \alpha \frac{jT\omega + 1}{j\alpha T\omega + 1} \qquad (5\text{-}14)$$

其相频特性为

$$\varphi(\omega) = \arctan T\omega - \arctan \alpha T\omega > 0 \qquad (5\text{-}15)$$

可见，其相位超前，其对数幅频特性为

$$A(\omega) = 20\lg\alpha + 20\lg\sqrt{1+(T\omega)^2} - 20\lg\sqrt{1+(\alpha T\omega)^2} \qquad (5\text{-}16)$$

其频率特性曲线如图 5-11（b）所示，相位超前环节的相位角在某一频率时，出现最大值 $\varphi_m$，对式（5-15）求极值，可得

$$\omega_m = \frac{1}{\sqrt{\alpha}T} \qquad (5\text{-}17)$$

在 Bode 图上，正好是 $1/T$ 和 $1/(\alpha T)$ 的几何中心。此时，对应的最大相位角为

$$\varphi_m = \arctan\frac{1-\alpha}{2\sqrt{\alpha}} \quad \text{或} \quad \varphi_m = \arcsin\frac{1-\alpha}{1+\alpha} \qquad (5\text{-}18)$$

由以上分析可见，采用相位超前校正环节后，由于在对数幅频特性上有 20 dB/dec 段存在，故加大了系统的剪切频率 $\omega_c$、谐振频率 $\omega_r$ 和截止频率 $\omega_b$，系统带宽增加，从而加快了系统的响应速度；又由于相位超前，还加大了系统的相角裕度 $\gamma$，从而增加了系统的相对稳定性。

### 2. 利用 Bode 图进行相位超前校正

利用 RC 超前环节进行系统校正时，主要是根据校正前的性能和校正后的要求确定校正环节的参数，其主要步骤如下。

（1）作未校正系统的开环对数幅频特性 $A(\omega)$ 和相频特性 $\varphi(\omega)$ 图。

根据开环对数幅频特性 $A(\omega)$，检验系统的稳态性能。若不满足稳态误差要求，可按照要求增大开环放大倍数 $K$ 值，即将开环对数幅频特性 $A(\omega)$ 向上平移，从而可以确定满足稳态性能要求的开环放大倍数 $K$ 值。

（2）利用上一步骤确定的开环放大倍数 $K$ 值，结合开环对数相频特性 $\varphi(\omega)$，计算或由图获得校正前的截止频率 $\omega_c$ 和相角稳定裕度 $\gamma$。

（3）计算需要补偿的超前相位角 $\varphi_m$。

令 $\varphi_m = \gamma' - \gamma + (5\sim12)°$。式中 $\Delta\gamma = \gamma' - \gamma$ 为需要补偿的相位角，$5°\sim12°$ 为增加的裕量角。

（4）计算衰减因子 $\alpha$。

由上一步骤确定的超前环节补偿角 $\varphi_m$，依据式（5-18）计算衰减因子 $\alpha$，得到

$$\alpha = \frac{1+\sin\varphi_m}{1-\sin\varphi_m}$$

但是，如果对校正后系统的截止频率 $\omega_c'$ 已经提出要求，则可以选择期望的 $\omega_c'$ 作为校正后的截止频率，在对数幅频特性图上查找到未校正系统的在 $\omega_c'$ 处的幅值 $A(\omega_c')$，取 $\omega_m = \omega_c'$，并令 $A(\omega_c') + 10\lg\alpha = 0$，由此可以求得衰减因子 $\alpha$。

（5）确定校正后系统的截止频率 $\omega_c'$。

确定校正前系统的开环对数幅频特性的幅值等于 $-10\lg\alpha$ 时的频率，选择此频率作为校正后系统的幅值穿越频率 $\omega_c'$（截止频率），该频率即为校正环节产生最大超前相位角 $\varphi_m$ 所对应的

频率 $\omega_m$，即 $\omega_m = \dfrac{1}{T\sqrt{\alpha}}$。

（6）确定校正环节传递函数。

由于 $\omega_m = \dfrac{1}{T\sqrt{\alpha}} = \sqrt{\omega_1\omega_2}$，所以 $T = \dfrac{1}{\omega_m\sqrt{\alpha}} = \dfrac{1}{\omega_c'\sqrt{\alpha}}$，于是有

$$\omega_1 = \frac{1}{\alpha T} = \frac{\omega_c'}{\sqrt{\alpha}}, \quad \omega_2 = \frac{1}{T} = \sqrt{a}\,\omega_c'$$

校正装置的传递函数为

$$G_c(s) = \frac{1 + s/\omega_1}{1 + s/\omega_2}$$

校正后系统的开环传递函数为

$$G'(s) = G(s)G_c(s)$$

（7）校验性能指标。

由校正后系统的对数频率特性 $A'(\omega)$、$\varphi'(\omega)$ 校验系统的性能指标是否满足要求，若不满足，则要重复上述的步骤，直至满足要求为止。

（8）确定校正环节参数。

**【例 5.2】** 设单位反馈的随动系统，其方框图如图 5-12 所示，其中增益 $K$ 是待定参数。要求该系统对单位恒速输入的稳态误差 $e_{ss} = 0.05$，相角裕度 $\gamma \geq 50°$，增益裕度 $K_g \geq 10$ dB。试确定校正装置与参数。

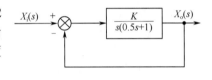

图 5-12　例 5.2 图

可采用串联超前校正装置的方法增加相角裕度。

（1）计算开环增益 $K$。

由于系统为 I 型系统，所以静态速度误差系数 $K_v$ 就是系统的开环放大倍数。

据 $e_{ss} = 1/K_v$ 及

$$K_v = \lim_{s \to 0} s\frac{K}{s(0.5s+1)}$$

可得

$$K = \frac{1}{e_{ss}} = \frac{1}{0.05} = 20$$

因而，系统的开环频率特性为

$$G(j\omega) = \frac{20}{j\omega(1 + j0.5\omega)}$$

系统开环 Bode 图如图 5-13 所示，开环频率特性为虚线部分。

（2）计算校正前系统相角裕度 $\gamma$。

根据图 5-13，校正前的剪切频率 $\omega_c = 6$ rad/s，相角裕度 $\gamma = 17°$ 增益裕度 $K_g = \infty$。

（3）计算校正环节最大超前角 $\varphi_m$。

采用超前校正环节进行校正时，会使系统剪切频率在对数坐标轴上右移，增加相位补裕度时，要增加 5° 左右，以补偿这一移动，因而，相位超前量

$$\varphi_m = 50° - 17° + 5° = 38°$$

此角度由相位超前环节产生。

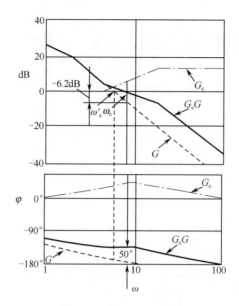

图 5-13　例 5.2 Bode 图

（4）确定校正环节 $\alpha$ 值。

由 $\alpha = \dfrac{1+\sin\varphi_{\mathrm{m}}}{1-\sin\varphi_{\mathrm{m}}}$，$\varphi_{\mathrm{m}}=38$ 时，$\alpha = 0.24$。

（5）确定校正后剪切频率 $\omega_{\mathrm{c}}'$。

校正环节在 $\omega_{\mathrm{m}} = \dfrac{1}{T\sqrt{\alpha}}$ 时，增益为 1 的超前环节幅值为

$$20\lg\left|\frac{1+\mathrm{j}T\omega}{1+\mathrm{j}\alpha T\omega}\right| = 20\lg\frac{1}{\sqrt{\alpha}} = 6.2\,(\mathrm{dB})$$

这就是超前校正环节在 $\omega_{\mathrm{m}}$ 点上造成的对数幅频特性的上移量。从图中可以得知，幅值为 $-6.2$ dB 时的频率约为 9 rad/s，即校正后系统的剪切频率

$$\omega_{\mathrm{c}}' = 9 \text{ rad/s}$$

（6）确定超前校正环节的转角频率 $\dfrac{1}{T}$ 及 $\dfrac{1}{\alpha T}$。

取 $\omega_{\mathrm{m}} = \omega_{\mathrm{c}}' = 9$ rad/s，由式（5-17），有

$$T = \frac{1}{\sqrt{\alpha}\,\omega_{\mathrm{m}}} = \frac{1}{\sqrt{0.24\times 9}} = 0.227\,(\mathrm{s})$$

从而

$$\frac{1}{T} = \frac{1}{0.227} = 4.41\,(\mathrm{rad/s}),\quad \frac{1}{\alpha T} = \frac{1}{0.24\times 0.227} = 18.4\,(\mathrm{rad/s})$$

（7）确定超前校正环节的传递函数。

根据以上确定的参数，可以确定超前校正环节的传递函数为

$$G_{\mathrm{c}}'(s) = 0.24\frac{1+0.227s}{1+0.054s}$$

但由于此超前校正环节会使输出衰减，为了补偿此衰减，以保证原有稳态精度，必须再串联一放大器，使原开环增益加大 $K'$ 倍，且 $K'\alpha = 1$，故

$$K' = \frac{1}{\alpha} = \frac{1}{0.24} = 4.17$$

这样，所设计的超前校正环节的传递函数为

$$G_c(s) = G_c'(s) \cdot K' = \frac{1+0.227s}{1+0.054s} = 4.17\frac{s+4.41}{s+18.4}$$

（8）确定超前校正环节的参数。

如果选择 $C = 10\ \mu\text{F}$，则由 $T = R_1 C$，可得

$$R_1 = \frac{T}{C} = \frac{0.227}{10 \times 10^{-6}} = 22.7\ (\text{k}\Omega)$$

由 $\alpha = \dfrac{R_1}{R_1 + R_2}$，可得

$$R_2 = 7.6\ (\text{k}\Omega)$$

（9）校正后的系统传递函数。

串入校正环节后，系统开环传递函数为

$$G_K(s) = G_c(s)G(s) = \frac{1+0.227s}{1+0.054s} \cdot \frac{20}{s(1+0.5s)}$$

校正后的系统开环 Bode 图如图 5-13 中实线表示的曲线，和原系统（虚线部分）相比，校正后系统带宽增加，相角裕度从 17° 增加到 50°。

## 5.3.2　相位滞后校正

当控制系统具有良好的动态性能，而其稳态误差较大时，为了减少稳态误差而又不影响稳定性和响应速度，只要加大低频段的增益即可。为此，采用相位滞后校正。

### 1．相位滞后校正原理及其频率特性

如图 5-14（a）所示的环节为一相位滞后环节，其传递函数为

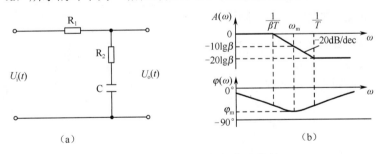

图 5-14　相位滞后环节及频率特性

$$G_c(s) = \frac{U_o(s)}{U_i(s)} = \frac{Ts+1}{\beta Ts+1} \qquad (5\text{-}19)$$

式中

$$\beta = \frac{R_1 + R_2}{R_2}, \quad T = R_2 C$$

此相位滞后环节的频率特性为

$$G_c(j\omega) = \frac{jT\omega + 1}{j\beta T\omega + 1} \tag{5-20}$$

其相频特性为

$$\varphi(\omega) = \arctan T\omega - \arctan \beta T\omega < 0 \quad \text{或} \quad \varphi(\omega) = \arctan \frac{T\omega(1-\beta)}{1+\beta T^2\omega^2} \tag{5-21}$$

可见，其相位滞后，其对数幅频特性为

$$A(\omega) = 20\lg\sqrt{1+(T\omega)^2} - 20\lg\sqrt{1+(\beta T\omega)^2} \tag{5-22}$$

其开环频率特性曲线如图 5-14（b）所示，相位滞后环节的相位角在某一频率时，出现最大值 $\varphi_m$，对式（5-21）求极值，可得

$$\omega_m = \frac{1}{\sqrt{\beta}T} \tag{5-23}$$

在 Bode 图上，正好是 $\frac{1}{\beta T}$ 和 $\frac{1}{T}$ 对数坐标的几何中心。此时，对应的最大相位角为

$$\varphi_m = \arctan\frac{1-\beta}{2\sqrt{\beta}} \quad \text{或} \quad \varphi_m = \arcsin\frac{1-\beta}{1+\beta} \tag{5-24}$$

进一步，可得

$$\beta = \frac{\sin\varphi_m + 1}{\sin\varphi_m - 1} \tag{5-25}$$

由以上分析可见，相位滞后环节是一个低通滤波器，当频率高于 $1/T$ 时，增益全部下降 $20\lg\beta$ dB，而相位增加不大。如果把这段频率范围的增益提高到原来的增益值，则低频段的增益就提高了。又如果 $1/T$ 比校正前系统的剪切频率 $\omega_c$ 小很多，那么即使加入这种相位滞后环节，$\omega_c$ 附近的相位也几乎没有发生什么变化，响应速度等也几乎不会受影响。实际上，相位滞后环节校正的机理并不是相位滞后，而是使得大于 $1/T$ 的高频段内的增益全部下降，并且保证在这个频段内的相位变化很小。基于此，$\beta$ 和 $T$ 要选得尽可能大，但考虑到可实现性，也不能选得过分大。一般取它的最大值 $\beta_{max} = 20$，$T = 7\sim8$s。常用的是 $\beta = 10$，$T = 3\sim5$s。

### 2．利用 Bode 图进行相位滞后校正

下面，通过一个例题来说明如何运用 Bode 图进行相位滞后校正。

【例 5.3】 设有单位反馈控制系统，其方框图如图 5-15 所示，其中增益 $K$ 是待定参数。要求该系统对单位恒速输入的稳态误差 $e_{ss} = 0.2$s，相角裕度 $\gamma \geq 40°$，增益裕度 $K_g \geq 10$ dB。试确定校正环节。

采用串联滞后校正环节的方法。

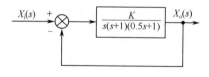

$X_i(s)$ $+$ $\bigotimes$ $\dfrac{K}{s(s+1)(0.5s+1)}$ $X_o(s)$
$-$

图 5-15　例 5.3 图

（1）计算开环增益 $K$。

由于系统为 I 型系统，所以静态速度误差系数 $K_v$ 就是系统的开环放大倍数。

据 $e_{ss} = 1/K_v$ 及

$$K_v = \lim_{s \to 0} s \frac{K}{s(s+1)(0.5s+1)}$$

可得

$$K = \frac{1}{e_{ss}} = \frac{1}{0.2} = 5$$

因而，系统的开环频率特性为

$$G(j\omega) = \frac{5}{j\omega(1+j\omega)(1+j0.5\omega)}$$

系统开环 Bode 图如图 5-16 所示，开环频率特性为虚线部分。

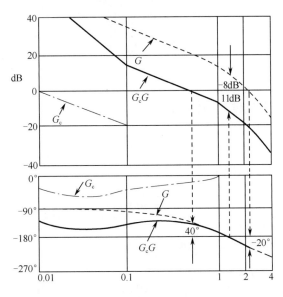

图 5-16　例 5.3 Bode 图

（2）计算校正前系统相角裕度 $\gamma$。

根据图 5-16 可知相角裕度 $\gamma = -20°$，增益裕度 $K_g = -8\,\text{dB}$。系统不稳定。

（3）确定校正后剪切频率 $\omega_c'$。

由图 5-16 中的虚线可知，校正前系统的幅频特性渐近线以 -40 dB 的斜率穿越 0 dB 线，而低于此频段的幅频特性渐近线斜率为 -20 dB。如果利用相位滞后环节高频段衰减的特性，可使 $\omega \leqslant 1$ 的这段斜率为 -20 dB 的渐近线下移，作为穿越 0 dB 线的频率段。剪切频率 $\omega_c'$ 可以按此段渐近线右端的转折频率的一半来选取。本题中，此转折频率为 1 rad/s，因此有 $\omega_c' = 0.5\,\text{rad/s}$。图中，此频率值对应的相位约为 -130°，即相角裕度约为 50°，满足本题 $\gamma \geqslant 40°$ 的要求。

（4）确定校正环节 $\beta$ 值。

为了让校正后的剪切频率 $\omega_c' = 0.5\,\text{rad/s}$，必须满足

$$20\lg\beta = 20\lg|G(j\omega)|_{\omega=0.5}$$

根据频率特性可计算出 $\beta = 8.7$，此处取 $\beta = 10$。这样校正环节的转折频率比较规整，但是校正后的剪切频率将略小于 0.5 rad/s。

（5）确定校正环节的转角频率 $\dfrac{1}{T}$ 及 $\dfrac{1}{\beta T}$。

相位校正环节的第二个转角频率 $\omega_{\mathrm{T}}$ 应远低于校正后系统的剪切频率 $\omega_{\mathrm{c}}'$，以保证足够的稳定裕度，取 $5\omega_{\mathrm{T}}=\omega_{\mathrm{c}}'$，则

$$\frac{1}{T}=\omega_{\mathrm{T}}=\frac{\omega_{\mathrm{c}}'}{5}=0.1\,(\mathrm{rad/s})$$

从而，第一个转角频率为

$$\frac{1}{\beta T}=\frac{1}{10}\times0.1=0.01\,(\mathrm{rad/s})$$

（6）确定校正环节的传递函数。

根据以上确定的参数，可以确定滞后校正环节的传递函数为

$$G_{\mathrm{c}}(s)=\frac{1+10s}{1+100s}$$

其频率特性曲线如图 5-16 中点画线所示。

（7）确定超前校正环节的参数。

如果选择 $C=100\,\mu\mathrm{F}$，则由 $T=R_2C$，可得

$$R_2=\frac{T}{C}=\frac{10}{100\times10^{-6}}=100\,(\mathrm{k\Omega})$$

由 $\beta=\dfrac{R_1+R_2}{R_2}$，可得

$$R_2=900\,(\mathrm{k\Omega})$$

（8）校正后的系统传递函数。

串入校正环节后，系统开环传递函数为

$$G_{\mathrm{K}}(s)=G_{\mathrm{c}}(s)G(s)=\frac{5(10s+1)}{s(0.5s+1)(s+1)(100s+1)}$$

校正后的系统开环 Bode 图如图 5-16 中实线表示的曲线。校正后，系统以-20 dB 的斜率穿越 0 dB 线，此段频率为（0.1～1）rad/s；系统的相角裕度约为 40°，幅值裕度约为 11 dB，满足本题要求。剪切频率略小于 0.5 rad/s，比校正前约小 2 rad/s，说明闭环系统的带宽也随之减小，所以这种校正会使系统的响应速度有所降低。

### 5.3.3 相位滞后-超前校正

超前校正环节可增加频宽提高快速性，并且可使稳定裕度加大改善平稳性，但是由于有增益损失因而会不利于稳态精度。滞后校正可提高平稳性及稳态精度，但会降低快速性。相位滞后-超前校正环节兼具超前环节和滞后环节的作用，可全面提高系统的控制性能。

**1. 相位滞后-超前校正原理及其频率特性**

如图 5-17（a）中所示的由电阻和电容组成的网络为一相位滞后-超前环节，其传递函数为

$$G_{\mathrm{c}}(s)=\frac{U_{\mathrm{o}}(s)}{U_{\mathrm{i}}(s)}=\frac{(T_1s+1)(T_2s+1)}{\left(\dfrac{T_1}{\beta}s+1\right)(\beta T_2s+1)}\tag{5-26}$$

式中

$$T_1 = R_1C_1, \quad T_2 = R_2C_2, \quad (取 \ T_2 > T_1)$$
$$T_1 / \beta + \beta T_2 = R_1C_1 + R_2C_2 + R_1C_2$$

此相位滞后-超前环节的频率特性为

$$G_c(\mathrm{j}\omega) = \frac{\mathrm{j}T_1\omega + 1}{\mathrm{j}\dfrac{T_1}{\beta}\omega + 1} \cdot \frac{\mathrm{j}T_2\omega + 1}{\mathrm{j}T_2\beta\omega + 1} \tag{5-27}$$

可见，前一项代表超前校正，后一项代表滞后校正。

滞后-超前校正环节的频率特性的 Bode 图如图 5-17（b）所示，其转角频率 $\omega_{\mathrm{T}}$ 分别为 $\dfrac{1}{\beta T_2}$、$\dfrac{1}{T_2}$、$\dfrac{1}{T_1}$ 和 $\dfrac{\beta}{T_1}$，滞后环节在前，超前环节在后，且高频段和低频段均无衰减。

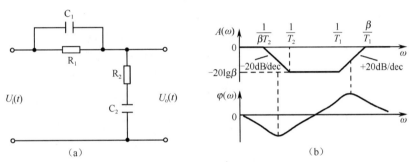

图 5-17　相位滞后-超前环节及频率特性

### 2. 利用 Bode 图进行滞后-超前校正

用频率法设计滞后-超前校正装置的一般步骤如下。

（1）根据稳态性能要求确定开环增益 $K$ 值。

（2）利用已确定的 $K$ 值绘出待校正系统的对数幅频特性，求出待校正系统的 $\omega_c, \gamma, K_g$。

（3）在待校正系统的对数幅频特性上，选择斜率从 -20 dB/dec 变为 -40 dB/dec 转折频率作为校正装置超前部分的转折频率。这种选法可以降低已校正系统阶次，且可保证中频区斜率为希望的 -20 dB/dec，并可占据较宽的频带。

（4）根据响应裕度的要求选择已校正系统的剪切频率 $\omega_c'$ 和校正装置的衰减因子 $\beta$。

（5）根据相角裕度的要求估算校正装置滞后部分的转角频率。

（6）验算性能指标，选择校正装置元件参数。

下面，通过一个例题来说明如何运用 Bode 图进行相位滞后-超前校正。

**【例 5.4】** 设有单位反馈控制系统，其方框图如图 5-15 所示，其中增益 $K$ 是待定参数。要求该系统对单位恒速输入的稳态误差 $e_{\mathrm{ss}} = 0.1\,\mathrm{s}$，相角裕度 $\gamma \geqslant 50°$，增益裕度 $K_g \geqslant 10\mathrm{dB}$。试确定滞后-超前校正环节。

（1）计算开环增益 $K$。

由于系统为 Ⅰ 型系统，所以静态速度误差系数就是系统的开环放大倍数，可得

$$K = \frac{1}{e_{\mathrm{ss}}} = \frac{1}{0.1} = 10$$

因而，系统的开环频率特性为

$$G(j\omega) = \frac{10}{j\omega(1+j\omega)(1+j0.5\omega)}$$

系统开环频率特性 Bode 图如图 5-18 中虚线部分所示。

（2）计算校正前系统相角裕度 $\gamma$。

根据图 5-18 可知相角裕度约为-32°，系统不稳定。若单纯采用超前校正，则低频段衰减太大；若增加增益，则剪切频率右移，仍可能在相位交接频率右边，系统仍然不稳定。因此，采用滞后-超前校正，使低频段有所衰减，且有利于剪切频率左移。

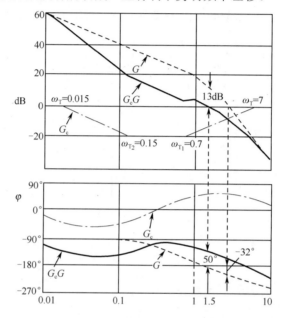

图 5-18　例 5.4 相位滞后-超前校正环节开环 Bode 图

（3）确定校正后剪切频率 $\omega_c'$。

由图 5-18 中的原系统的频率特性可知（虚线所示），当 $\omega$ =1.5 rad/s，相位角约为-180°，作为新的剪切频率 $\omega_c'$ =1.5 rad/s。这样，在 $\omega_c'$ =1.5 rad/s 时，所需的相位超前角应大于 50°，采用一个单一的滞后-超前装置是完全可以做到的。

（4）确定滞后部分转角频率及频率特性。

选滞后部分的零点转角频率远低于校正后剪切频率 1.5 rad/s，即 $\omega_{T_2} = \frac{1.5}{10} = 0.15$ rad/s，则 $T_2 = \frac{1}{\omega_{T_2}} = \frac{1}{0.15} = 6.67$ s。选 $\beta = 10$，则极点转角频 $\omega_{T_1} = \frac{1}{\beta T_2} = \frac{0.15}{10} = 0.015$ rad/s，因此滞后部分的频率特性为

$$\frac{jT_2\omega + 1}{jT_2\beta\omega + 1} = \frac{j6.67\omega + 1}{j66.7\omega + 1}$$

（5）确定超前部分转角频率及频率特性。

校正后剪切频率 $\omega_c'$ =1.5 rad/s，未校正系统 Bode 图上在此处对应的对数幅值约为 13 dB，所以校正环节在此频率处应产生-13 dB 增益。因此，在 Bode 图上过点（1.5 rad/s, -13 dB）作

斜率为-20 dB/dec 的斜线，该线与 0 dB 线、-20 dB 线的交点，就是超前校正部分的零点、极点转角频率，即零点转角频率 $\dfrac{1}{T_1} \approx 0.7$ rad/s，极点转角频率 $\dfrac{\beta}{T_1} = 7$ rad/s。因此，超前部分的频率特性为

$$\frac{jT_1\omega + 1}{j\dfrac{T_1}{\beta}\omega + 1} = \frac{j1.43\omega + 1}{j0.143\omega + 1}$$

（6）确定校正环节。

由滞后、超前部分的转角频率及频率特性，可以确定滞后-超前校正环节为

$$G_c(s) = \left(\frac{1.43s + 1}{0.143s + 1}\right)\left(\frac{6.67s + 1}{66.7s + 1}\right)$$

其频率特性曲线如图 5-18 中点画线所示。

（7）确定已校正系统。

串联滞后-超前校正环节后，系统开环传递函数为

$$G_K(s) = G_c(s)G(s) = \frac{10(1.43s + 1)(6.67s + 1)}{s(s + 1)(0.5s + 1)(0.143s + 1)(66.7s + 1)}$$

其频率特性曲线如图 5-18 中的实线所示。

# 5.4　并联校正

并联校正的校正环节与系统主通道并联。按信号流动的方向，并联校正分为反馈校正和顺馈校正。

## 5.4.1　反馈校正

在工程中，除采用串联校正方案外，反馈校正也是广泛采用的校正方案之一。反馈校正能收到和串联校正同样的效果，而且还能消除系统的不可变部分中被反馈所包围的那部分环节的参数波动对系统性能的影响。因此，当系统参数经常变化而又能取出适当的反馈信号时，一般来说，采用反馈校正是合适的。

### 1. 反馈校正的方式

通常反馈校正可分为硬反馈和软反馈。硬反馈校正装置的主体是比例环节（可能还含有小惯性环节），$G_c(s) = \alpha$（常数），它在系统的动态和稳态过程中都起反馈校正作用；软反馈校正装置的主体是微分环节（可能还含有小惯性环节），$G_c(s) = \alpha s$，它只在系统的动态过程中起反馈校正作用，而在稳态时，反馈校正支路如同断路，不起作用。

### 2. 反馈校正的作用

在图 5-19 中，设固有系统被包围环节的传递函数为 $G_2(s)$，反馈校正环节的传递函数为 $G_c(s)$，则校正后系统被包围部分的传递函数变为

$$\frac{X_2(s)}{X_1(s)} = \frac{G_2(s)}{1 + G_c(s)G_2(s)}$$

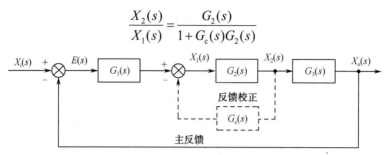

图 5-19　反馈校正

它可以改变系统被包围环节的结构和参数，使系统的性能达到所要求的指标。

（1）对系统的比例环节 $G_2(s)=K$ 进行局部反馈。

当采用硬反馈，即 $G_c(s)=\alpha$ 时，校正后的传递函数为 $G(s)=\dfrac{K}{1+\alpha K}$，增益降为原来的

$\dfrac{K}{1+\alpha K}$，对于那些因为增益过大而影响系统性能的环节，采用硬反馈是一种有效的方法。

当采用软反馈，即 $G_c(s)=\alpha s$ 时，校正后的传递函数为 $G(s)=\dfrac{K}{1+\alpha Ks}$，比例环节变为惯性

环节，惯性环节时间常数变为 $\alpha K$，动态过程变得平缓。对于希望过渡过程平缓的系统，经常采用软反馈。

（2）对系统的积分环节 $G_2(s)=K/s$ 进行局部反馈。

当采用硬反馈，即 $G_c(s)=\alpha$ 时，校正后的传递函数为

$$G(s)=\frac{K}{s+\alpha K}=\frac{1/\alpha}{\dfrac{1}{\alpha K}s+1}$$

含有积分环节的单元，被硬反馈包围后，积分环节变为惯性环节。惯性环节时间常数变为

$\dfrac{1}{\alpha K}$，增益变为 $\dfrac{1}{\alpha}$，有利于系统的稳定，但稳态性能变差。

当采用软反馈，即 $G_c(s)=\alpha s$ 时，校正后的传递函数为 $G(s)=\dfrac{K/s}{1+\alpha K}=\dfrac{K}{(\alpha K+1)s}$，仍为积

分环节，增益降为原来的 $\dfrac{1}{1+\alpha K}$。

（3）对系统的惯性环节 $G(s)=\dfrac{K}{Ts+1}$ 进行局部反馈。

当采用硬反馈，即 $G_c(s)=\alpha$ 时，校正后的传递函数为

$$G(s)=\frac{K}{Ts+1+\alpha K}=\frac{K/(1+\alpha K)}{\dfrac{T}{1+\alpha K}s+1}$$

惯性环节时间常数和增益均降为原来的 $\dfrac{1}{1+\alpha K}$，可以提高系统的稳定性和快速性。

当采用软反馈，即 $G_c(s)=\alpha s$ 时，校正后的传递函数为 $G(s)=\dfrac{K}{(T+\alpha K)s+1}$，仍为惯性环

节，时间常数增加 $(T+\alpha K)$ 倍。

通过消除系统固有部分中不希望有的特性，从而可以削弱被包围环节对系统性能的不利影响。

当 $G_2(s)G_c(s) \gg 1$ 时，$\dfrac{X_2(s)}{X_1(s)} = \dfrac{G_2(s)}{1+G_c(s)G_2(s)} \approx \dfrac{1}{G_c(s)}$，所以被包围环节的特性主要由校正环节决定，此时对反馈环节的要求较高。

## 5.4.2　顺馈校正

前面所讨论的闭环反馈系统，控制作用是由偏差 $\varepsilon(t)$ 产生的，而 $E(s)=E_1(s)H(s)$，即闭环反馈系统是靠误差来减小误差的。因此，从理论上讲，误差是不可避免的。在高精度控制系统中，在保证系统稳定的同时，还要减小甚至消除系统误差和干扰的影响。为此，在反馈控制回路中加入顺馈装置，组成一个复合校正系统。

顺馈校正的特点是不依靠偏差而直接测量干扰，在干扰引起误差之前就对它进行近似补偿，及时消除干扰的影响。因此，对系统进行顺馈补偿的前提是干扰可以测出。

下面以图 5-20 所示的单位反馈系统为例，说明顺馈校正的方法和作用。

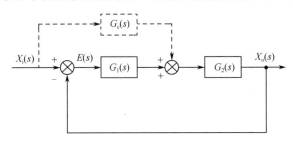

图 5-20　顺馈校正

由于此系统为单位负反馈系统，系统的误差和偏差相同，且 $E(s) \neq 0$，若要使 $E(s)=0$，则可在系统中加入顺馈校正环节 $G_c(s)$，如图中虚线所示。加入校正环节后，系统输出为

$$X_o(s) = G_1(s)G_2(s)E(s) + G_c(s)G_2(s)X_i(s) = X_{o1}(s) + X_{o2}(s)$$

上式表明，顺馈校正为开环补偿，相对于系统通过 $G_c(s)G_2(s)$ 增加了一个输出 $X_{o2}(s)$，以补偿原来的误差。增加顺馈校正环节后，系统的等效闭环传递函数为

$$G(s) = \frac{X_o(s)}{X_i(s)} = \frac{G_1(s)G_2(s) + G_c(s)G_2(s)}{1 + G_1(s)G_2(s)}$$

当 $G_c(s)=1/G_2(s)$ 时（称为补偿条件），$G(s)=1$，$X_o(s)=X_i(s)$，系统的输出在任何时刻都可以完全无误地复现输入，具有理想的时间响应特性，所以 $E(s)=0$。这称为全补偿的顺馈校正。

加入顺馈校正后，系统的稳定性没有受到影响，因为系统特征方程仍然是 $1+G_1(s)G_2(s)=0$。这是因为顺馈补偿为开环补偿，其传递路线没有参加到原闭环回路中去。

但在工程实际中，系统的传递函数较复杂，完全实现补偿条件较困难。

## 5.5　PID 校正

前面讲到的串联校正与并联校正，大都是由电阻与电容组成的网络，属于无源校正环节。

此类校正环节结构简单，但本身没有放大作用，输入阻抗低，输出阻抗高。当系统要求较高时，常采用由电阻、电容和运算放大器组成的有源校正环节。有源校正环节在工程控制系统中应用广泛，常常被称为调节器或控制器。其中，按偏差的比例（Proportional）、积分（Integral）和微分（Derivative）进行控制的 PID 调节器是应用最为广泛的一种调节器，从 20 世纪 30 年代末出现的模拟 PID 调节器，到现在运用计算机技术的数字 PID 调节器，PID 控制理论成熟、运用灵活、在多数工业过程控制中获得了良好的效果，应用非常广泛。

## 5.5.1 PID 控制规律

所谓 PID 控制规律，就是一种对偏差 $\varepsilon(t)$ 进行比例、积分、微分变换的控制规律，即

$$c(t) = K_p \left[ \varepsilon(t) + \frac{1}{T_i} \int_0^t \varepsilon(\tau)\,\mathrm{d}\tau + T_d \frac{\mathrm{d}\varepsilon(t)}{\mathrm{d}t} \right] \tag{5-28}$$

式中，$K_p\varepsilon(t)$ 为比例控制项，$K_p$ 为比例系数；$\frac{1}{T_i}\int_0^t \varepsilon(\tau)\,\mathrm{d}\tau$ 为积分控制项，$T_i$ 为积分时间常数；$T_d\frac{\mathrm{d}\varepsilon(t)}{\mathrm{d}t}$ 为微分控制项，$T_d$ 为微分时间常数。

比例控制项、微分控制项、积分控制项的不同组合分为比例控制器 P、比例积分控制器 PI、比例微分控制器 PD、比例积分微分控制器 PID。

## 5.5.2 PID 控制器类型

### 1. 比例控制器 P

比例控制器的有源网络如图 5-21（a）所示，其控制结构框图如图 5-21（b）所示，该环节的传递函数为

$$G_c(s) = \frac{U_o(s)}{U_i(s)} = K_p \tag{5-29}$$

式中，$K_p = \dfrac{R_2}{R_1}$。

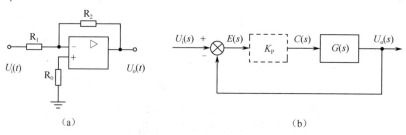

图 5-21　比例控制器

比例控制器的输出与输入反相，此问题可以通过串联一个反相电路解决。

比例控制器的作用是调节系统的开环增益。在保证稳定性的情况下提高开环增益可以提高系统的稳态精度和快速性。

## 2．比例积分控制器 PI

比例积分控制器的有源网络如图 5-22（a）所示，其控制结构框图如图 5-22（b）所示。根据复数阻抗概念

$$Z_1(s) = R_1 , \quad Z_2(s) = R_2 + \frac{1}{C_2 s}$$

比例积分校正环节的传递函数为

$$G_c(s) = \frac{U_o(s)}{U_i(s)} = \frac{C(s)}{E(s)} = \frac{Z_2(s)}{Z_1(s)} = K_p \left( 1 + \frac{1}{T_i s} \right) \tag{5-30}$$

式中

$$K_p = \frac{R_2}{R_1} , \quad T_i = R_2 C$$

$G_c(s)$ 的频率特性为

$$G_c(j\omega) = K_p \frac{jT_i \omega + 1}{jT_i \omega} \tag{5-31}$$

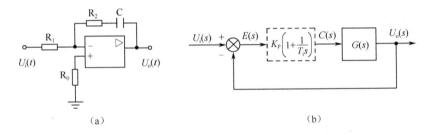

图 5-22　比例积分控制器

对应的 Bode 图如图 5-23 所示。

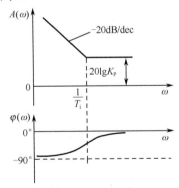

图 5-23　PI 调节器的 Bode 图

从图可见，PI 控制器提供了负的相位角，所以 PI 控制也称为滞后校正，并且 PI 控制器的对数渐近幅频特性在低频段的斜率为-20 dB/dec。因而将它的频率特性和系统固有部分的频率特性相加，可以提高系统的型别，系统的稳态误差得以消除或减少，即可以提高系统的稳态精度。

从相频特性中可以看出，PI 控制器在低频产生较大的相位滞后，所以 PI 控制器串入系统

时，系统的相角裕度有所减小，稳定程度变差。实际应用时，要注意将 PI 控制器转折频率放在固有系统转折频率的左边，并且要远一些，这样对系统的稳定性的影响较小。

### 3. 比例微分控制器 PD

比例微分控制器的有源网络如图 5-24（a）所示，其控制结构框图如图 5-24（b）所示，其传递函数为

$$G_c(s) = \frac{U_o(s)}{U_i(s)} = \frac{C(s)}{E(s)} = K_p(1 + T_d s) \tag{5-32}$$

式中

$$K_p = R_2 / R_1, \quad T_d = R_1 C$$

$G_c(s)$ 的频率特性为

$$G_c(j\omega) = K_p(1 + jT_d\omega) \tag{5-33}$$

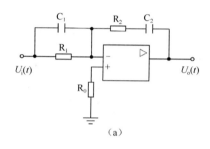
（a）

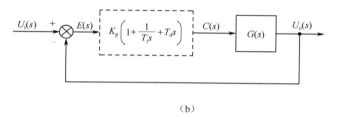
（b）

图 5-24　比例微分控制器

对应的 Bode 图如图 5-25 所示。

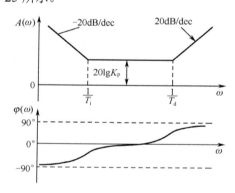

图 5-25　PD 调节器的 Bode 图

从图可见，PD 控制器提供了正的相位角，所以 PD 控制也称为超前校正。采用 PD 控制后，可增加系统相位裕量，稳定性随之增强；剪切频率右移，系统快速性提高。所以，PD 控制器提高了系统的动态性能，但是由于在高频段，增益上升，使系统抗干扰能力减弱。

PD 控制中的微分控制与误差的变化率成正比，因此可以根据误差的变化趋势对误差起修正作用，从而提高系统的稳定性和快速性。但微分的作用也容易放大高频噪声，因此常配以高频噪声滤波环节。

## 4．比例积分微分控制器 PID

比例积分微分控制器的有源网络如图 5-26（a）所示，其控制结构框图如图 5-26（b）所示，依据复数阻抗概念，有

$$Z_1(s) = \frac{R_1 \cdot \dfrac{1}{C_1 s}}{R_1 + \dfrac{1}{C_1 s}} , \quad Z_2(s) = R_2 + \frac{1}{C_2 s}$$

其传递函数为

$$G_c(s) = \frac{U_o(s)}{U_i(s)} = \frac{C(s)}{E(s)} = \frac{Z_2(s)}{Z_1(s)} = K_p \left( 1 + \frac{1}{T_i s} + T_d s \right) \tag{5-34}$$

式中

$$K_p = \frac{R_1 C_1 + R_2 C_2}{R_1 C_2} , \quad T_i = R_1 C_1 + R_2 C_2 , \quad T_d = \frac{R_1 C_1 R_2 C_2}{R_1 C_1 + R_2 C_2}$$

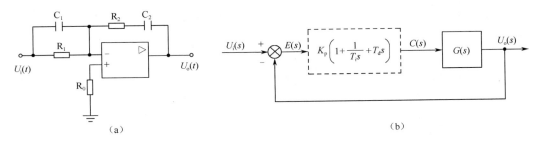

（a）　　　　　　　　　　　　　　　　　（b）

图 5-26　比例积分微分控制器

$G_c(s)$ 的频率特性为

$$G_c(j\omega) = K_p \left( 1 + \frac{1}{jT_i \omega} + jT_d \omega \right) \tag{5-35}$$

当 $T_i > T_d$ 时，PID 控制器的 Bode 图如图 5-27 所示。

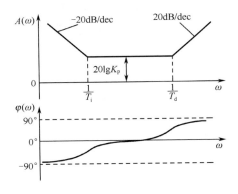

图 5-27　PID 调节器的 Bode 图

从图可见，PID 控制器在低频段起积分作用，改善系统的稳态性能；在中频段起微分作用，改善系统的动态性能。若配以高频噪声滤波环节，PID 控制器相当于滞后-超前校正环节。工业中用集成运算放大器制成的 PID 控制器可方便地调整其比例系数和时间常数，在调试系统时

非常方便，因而得到了广泛应用。

由上所述，PID 控制器的控制作用有以下 3 点。

（1）比例系数 $K_p$ 直接决定控制作用的强弱，加大 $K_p$ 可以减少系统的稳态误差，提高系统的动态响应速度；但 $K_p$ 过大会使动态质量下降，引起被控制量振荡甚至导致闭环系统不稳定。

（2）比例积分控制可以消除系统稳态误差，因为偏差的积分所产生的控制量总是用来消除稳态误差的，直到积分的值为零，控制作用才停止。但这同时减缓了系统的动态过程，而且过强的积分作用使系统的超调量增大，会给系统的稳定性带来负面影响。

（3）微分的控制作用和偏差的变换率有关。微分控制能够预测偏差，产生超前的校正作用，它有助于减少超调和振荡，使系统趋于稳定，并能增加系统带宽，加快响应速度，减少调整时间，从而改善系统动态性能。微分作用的不足之处是放大了噪声信号。

## 5.5.3 PID 控制器设计

PID 控制器的设计常常按所期望的特性进行。它的基本思想是，根据工程实际要求确定校正后系统应具有的频率特性，比较原系统和期望特性，求出控制器的传递函数和有源网络的物理参数。

由于 0 型系统存在稳态误差，Ⅲ型及其以上系统的稳定性差，所以具有期望特性的系统往往是Ⅰ型和Ⅱ型系统。工程上，具有期望特性的Ⅰ型系统和Ⅱ型系统分别称为典型Ⅰ型系统和典型Ⅱ型系统。

### 1. 典型Ⅰ型系统（二阶期望特性系统）

典型Ⅰ型系统的方框图如图 5-28（a）所示，其开环 Bode 图如图 5-28（b）所示，该环节的传递函数为

$$G(s) = \frac{K}{s(Ts+1)} \tag{5-36}$$

闭环传递函数为

$$G_B(s) = \frac{K}{Ts^2+s+K} = \frac{\omega_n^2}{s^2+2\zeta\omega_n s+\omega_n^2} \tag{5-37}$$

式中，$\omega_n = \sqrt{\dfrac{K}{T}}$，为无阻尼固有频率；$\zeta = \dfrac{1}{2\sqrt{KT}}$，为阻尼比。

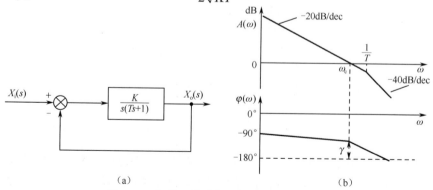

图 5-28　典型Ⅰ型系统方框图及其 Bode 图

当阻尼比 $\zeta = 0.707$ 时，超调量 $M_p = 4.3\%$，调节时间 $t_s = 6T$，故 $\zeta = 0.707$ 在工程上称为最佳阻尼比。此时的转折频率 $\dfrac{1}{T} = 2\omega_c$。要保证 $\zeta = 0.707$ 并不容易，工程上 $\zeta$ 的取值为 0.4～0.8。

### 2. 典型 II 型系统（三阶期望特性系统）

典型 II 型系统的方框图如图 5-29（a）所示，其开环 Bode 图如图 5-29（b）所示，该环节的传递函数为

$$G(s) = \frac{K(T_1 s + 1)}{s^2(T_2 s + 1)}, \quad T_1 > T_2 \tag{5-38}$$

其开环频率特性为

$$G(j\omega) = \frac{-K(1 + j\omega T_1)}{\omega^2(1 + j\omega T_2)} \tag{5-39}$$

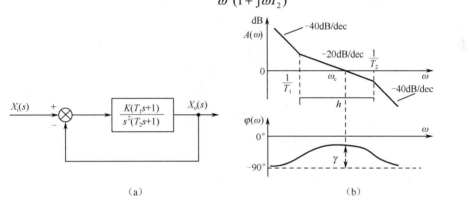

图 5-29　典型 II 型系统方框图及其 Bode 图

其开环幅频特性为

$$A(\omega) = 20\lg K - 40\lg\omega + 20\lg\sqrt{1 + \omega^2 T_1^2} - 20\lg\sqrt{1 + \omega^2 T_2^2} \tag{5-40}$$

其相频特性为

$$\varphi(\omega) = -180 + (\arctan\omega T_1 - \arctan\omega T_2) \tag{5-41}$$

其相角裕度为

$$\gamma = 180 + \varphi(\omega_c) = \arctan\omega T_1 - \arctan\omega T_2 \tag{5-42}$$

可见，$T_1$ 比 $T_2$ 大得越多，相角裕度越大，稳定性越好。

由图 5-29（b）可知，典型 II 型系统有三个特征参数：$\omega_1 = 1/T_1$、$\omega_2 = 1/T_2$ 和 $\omega_c$。为了让中频段以斜率-20 dB/dec 穿越 0 dB 线，应满足 $\omega_1 < \omega_c < \omega_2$。图中 $h = \omega_2 - \omega_1$ 称为中频宽。由几何关系知

$$h = \frac{\omega_2}{\omega_1} = \frac{T_1}{T_2} \tag{5-43}$$

当 $T_2$ 一定时，可通过改变 $T_1$ 来控制中频宽 $h$。

按典型 II 型系统设计系统时，常采用谐振峰值最小原则，可以证明，中频宽 $h$ 一定时，如果

$$\frac{\omega_2}{\omega_c} = \frac{2h}{h+1} \quad 或 \quad \frac{\omega_c}{\omega_1} = \frac{h+1}{2} \tag{5-44}$$

则谐振峰值 $M_r$ 有最小值 $M_{min}$

$$M_{min} = \frac{h+1}{h-1} \tag{5-45}$$

式（5-43）成为最佳频比。

实践表明，$M_r$ 在 1.2～1.5 之间取值，系统有较好的动态特性，且 $h$ 值越大，系统的稳定性越好，谐振峰值越小。实际设计时，常取 $h=8$。

由图 5-29（b）及式（5-40）可知，在低频段，有

$$A(\omega) = 20\lg K - 40\lg \omega \tag{5-46}$$

当 $\omega=1$ 时，$A(\omega) = 20\lg K$，由图 5-29（b）中几何关系知

$$20\lg K = 40\lg \omega_1 + 20(\lg \omega_c - \lg \omega_1) = 20\lg \omega_1 \omega_c \tag{5-47}$$

所以有

$$K = \omega_1 \omega_c \tag{5-48}$$

由式（5-43）、式（5-44）、式（5-48），可得

$$K = \omega_1 \omega_c = \frac{h+1}{2h^2 T_2^2} \tag{5-49}$$

【例 5.5】 设有单位反馈控制系统，其开环传递函数为

$$G(s) = \frac{K}{s(0.15s+1)(0.877 \times 10^{-3} s+1)(5 \times 10^{-3} s+1)}$$

试设计有源串联校正装置，使系统速度误差系数 $K_v \geqslant 40$，剪切频率 $\omega_c \geqslant 50$ rad/s，相角裕度 $\gamma \geqslant 50°$。

由其开环传递函数知，待校正系统为 I 型系统，故 $K=K_v$，依题意，取 $K=K_v=40$，作待校正系统的开环 Bode 图，如图 5-30 所示。

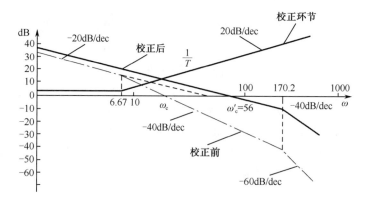

图 5-30 例 5.5 图

由开环频率特性可求得剪切频率 $\omega_c = 16$ rad/s，相角裕度 $\gamma = 17.25°$，均低于设计要求。

为保证系统的稳态精度，提高系统的动态性能，串联 PD 控制器进行校正。选二阶期望特性系统作为设计与校正目标。

为使系统结构简单，对待校正系统进行等效处理，即

$$\frac{1}{(0.877\times10^{-3}s+1)(5\times10^{-3}s+1)}\approx\frac{1}{(0.877\times10^{-3}+5\times10^{-3})s+1}=\frac{1}{5.887\times10^{-3}s+1}$$

等效后，待校正系统的开环传递函数为

$$G(s)=\frac{40}{s(0.15s+1)(5.877\times10^{-3}s+1)}$$

PD 控制器的传递函数为

$$G_{c}(s)=K_{p}(1+T_{d}s)$$

为使校正后的系统为二阶期望特性系统，可令 $T_{d}=0.15s$，以消去原系统的一个极点。

$$G(s)G_{c}(s)=\frac{40}{s(0.15s+1)(5.877\times10^{-3}s+1)}\cdot K_{p}(T_{d}s+1)=\frac{40K_{p}}{s(5.877\times10^{-3}s+1)}$$

校正后剪切频率为 $\omega_{c}'$，则校正后的开环放大系数为 $40K_{p}=\omega_{c}'$，根据校正后的性能要求 $\omega_{c}'\geqslant 50$ rad/s，故选 $K_{p}=1.4$。这样，校正后的系统开环传递函数为

$$G(s)G_{c}(s)=\frac{56}{s(5.877\times10^{-3}s+1)}$$

其对数幅频特性如图 5-30 中粗实线所示。

校正后，系统的剪切频率 $\omega_{c}'=56$ rad/s

相位裕量 $\gamma=180^{\circ}-90^{\circ}-\arctan(5.877\times10^{-3}\omega_{c}')=71.78^{\circ}$

速度误差系数 $K_{v}=KK_{p}=56>40$

可见，经 PD 控制器校正后，系统的动态性能和稳态性能均满足设计要求，符合二阶期望特性系统的特性。

## 5.6　基于 MATLAB/Simulink 的系统校正

　　一般情况下，系统要求的几个性能指标往往是互相矛盾的。这样就要求我们对该系统进行必要的校正。MATLAB 中有很多种校正系统的方法，下面我们主要介绍两种方法：控制系统的 Bode 图校正和 PID 校正。

### 5.6.1　控制系统的 Bode 图校正

#### 1．Bode 图超前校正

　　超前校正环节的两个转折频率应分别设在系统截止频率的两侧。因为超前校正环节相频特性曲线具有正斜率，所以校正后系统 Bode 图的低频段不变，而其截止频率和相角裕度比原系统的大，这说明校正后系统的快速性和稳定性得到提高。

　　【例 5.6】　已知某位置控制系统，其控制任务是控制有黏性摩擦和转动惯量的负载，使得负载位置与输入手柄位置协调，在不考虑负载力矩的情况下，位置控制系统的开环传递函数为 $\dfrac{K}{s(0.1s+1)}$，由于控制精度达不到设计要求（稳态误差 $e_{ss}\leqslant 0.01$），出现偏差，所以考虑对其进行校正。系统的结构图如图 5-31 所示。要求设计 $G_{c}(s)$ 及调整 $K$，使得系统在 $r(t)=t$ 作用下稳态

误差 $e_{rss}$≤0.01，且相角裕度$\gamma$≥45°，截止频率$\omega_c$≥40 rad/s。

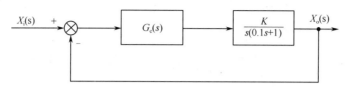

图 5-31　例 5.6 的系统结构图

$G_c(s)$的设计和 $K$ 的调整步骤如下。

（1）根据稳态误差的要求调整 $K$。未加校正时，系统 $r(t)=t$ 作用的稳态误差可由终值定理求出

$$e_{rss} = \frac{1}{K}$$

求出 $e_{rss}$≤0.01，则有 $K$≥100，取 $K$=100。

（2）作未校正系统的 Bode 图，检验频域性能指标是否满足要求。执行如下 MATLAB 程序：

```
>>clear
>>G=tf(100,[0.2 1 0]);
>>margin(G);
```

程序运行后，可得到如图 5-32 所示的未校正系统的 Bode 图与频域性能指标。由该图可知系统的截止频率$\omega_c$=30.8 rad/s，相角裕度$\gamma$=18°，均不能满足要求。

（3）求超前校正器的传递函数，执行下面的程序段：

```
>>phy=45-18；phy1=phy+5；            %求φm
>>phy2=phy1*pi/180；                 %求 a
>>a=(1+sin(phy2))/(1-sin(phy2))；    %求 M1
>>M1=1/sqrt(a)；
>> [m,p,w]=bode(G)；
>>Wc1=spline(m,w,M1)；              %插值法求新截止频率ωc1
>>T=1/(Wc1*sqrt(a))；               %求 T
>>Gc=tf([a*T 1],[T 1])；
```

超前校正控制器传递函数为

```
Transfer function:
0.04308 s + 1
-------------
0.01324 s + 1
```

（4）校正后系统性能指标是否符合要求，执行下面的程序：

```
sys=G*Gc；
margin(sys)；
```

校正后系统的 Bode 图如图 5-33 所示，可见其截止频率、相角裕度均满足设计要求。

### 2．Bode 图滞后校正

滞后校正时，将校正环节的两个转折频率设置在远离校正后系统截止频率的低频段，利用滞后网络的高频幅值衰减特性，校正后系统中频段的幅频将衰减｜20lg$b$｜dB，而其相频特性

可认为不衰减，因此校正后系统的截止频率将减小，而在新的截止频率处将获得较大的相角裕度。这样系统的快速性变量、稳定性和抑制高频干扰的能力将增强，可以认为滞后校正是牺牲前者来改善后者。

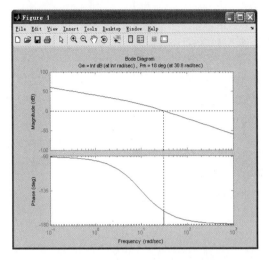

图 5-32　校正前的 Bode 图与频域性能

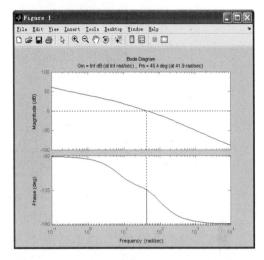

图 5-33　超前校正后系统的 Bode 图与频域性能

【例 5.7】　对例 5.6 中给出的系统，如果没有截止频率 $\omega_c$ 的要求，只要求 $e_{rss}$ 和 $\gamma$，则可以选用滞后校正，具体步骤如下。

取 $K=100$，画出校正系统的 Bode 图，在此基础上滞后校正控制器设计程序如下：

```
>>gama=45;
>>phy1=-180+gama+6;             %确定φ(ωc₁)的值
>> [m,p,w]=bode(G);
>>Wc1=spline(p,w,phy1);         %利用校正系统的 Bode 图求校正后系统的期望
                                %截止频率ωc₁
>>M1=spline(p,m,phy1);          %求 M₁
>>b=1/M1;                       %求 b
>>T=10/(b*Wc1);                 %求 T
>>Gc=tf([b*T 1],[T 1])
```

结果为

```
Transfer function:
1.235 s + 1
-----------
11.85 s + 1
```

校正后系统性能指标是否符合要求，可执行下面的程序：

```
sys=G*Gc;
margin(sys);
```

滞后校正后系统的 Bode 图如图 5-34 所示。

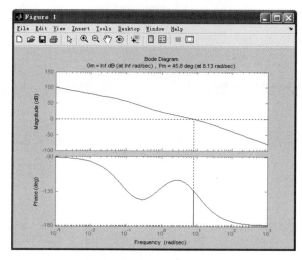

图 5-34 滞后校正后系统的 Bode 图与频域性能

## 5.6.2 控制系统的 PID 校正

PID 控制是历史最悠久、控制性能最强的基本控制方式。它原理简单，易于整定，使用方便。到目前为止，PID 控制仍然是广泛应用的过程控制方式。PID 校正是一种负反馈闭环控制策略，PID 校正器通常与被控对象串联连接，设置在负反馈闭环控制的前向通道上。PID 校正有各种各样的算法，这些算法在不同要求的领域里得到了有效的应用。

【例 5.8】 已知系统的开环传递函数为

$$G_k(s) = \frac{K}{s(0.1s+1)(0.5s+1)}$$

试设计 PID 校正装置，使系统 $K_v \geq 10$，$\gamma \geq 50°$，$\omega_c' \geq 4$ rad/s。

MATLAB 程序如下：

```
%求原系统给的性能指标
%为满足静态性能，K=10，作原系统 Bode 图
>> clear
>> num=10;
>> den=conv([1,0],conv([0.5,1],[0.1,1]));
>> sys0=tf(num,den);
>> grid on
>> margin(sys0)
>> [gm0,pm0,wg0,wp0]=margin(sys0)
    gm0 =1.2000
    pm0 =3.9431
    wg0 =4.4721
    wp0 =4.0776
%由结果可知相角裕度为3.9431<50，不满足系统要求
%设计 PID 校正装置，根据系统要求，取 Kp=1，Ti=10，TD=0.5，则 PID 传递函
%数为 5s²+10s+1 / 10s
>> numc=[5,10,1];
```

```
>> denc=[10,0];
>> sysc=tf(numc,denc)
Transfer function:
5 s^2 + 10 s + 1
----------------
       10 s
>> sys=sys0*sysc
Transfer function:
   50 s^2 + 100 s + 10
-----------------------
0.5 s^4 + 6 s^3 + 10 s^2
>> hold on
>> margin(sys)
>> [gm,pm,wg,wp]=margin(sys)
   gm = 0
   pm =51.8447
   wg = 0
   wp = 7.8440
```

由计算结果可知，校正后系统的相角裕度为 51.8447>50，截止频率为 7.84>4，满足性能指标要求。校正前后的 Bode 图如图 5-35 所示。

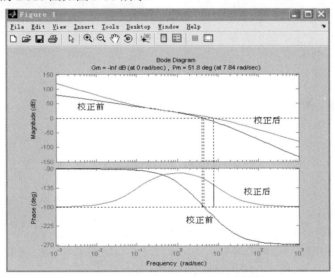

图 5-35　校正前后系统的 Bode 图

【例 5.9】　已知单位反馈系统的开环传递函数 $G_0(s) = \dfrac{K}{s(s+1)}$，试用 Bode 图常规设计方法对系统进行串联超前校正设计。使之满足：（1）在单位斜坡信号 $r(t) = t$ 作用下系统稳态误差 $e_{ss} \leqslant 0.1$ rad；（2）系统校正后相角稳定裕度 $\gamma \geqslant 45°$；（3）开环系统剪切频率 $\omega_c \geqslant 4.4$ rad/s；（4）幅值稳定裕度 $L_h \geqslant 10$ dB。

（1）求满足稳态误差要求的系统开环增益 $K$。

根据题意，本题给定系统为 I 型系统，在单位斜坡信号 $r(t) = t$ 作用下，速度误差系数 $K_v = K$，式中 $K$ 是系统的开环增益。系统的稳态误差为

$$e_{ss} = \frac{1}{K_v} = \frac{1}{K} \le 0.1$$

$K_v = K \ge 10 \text{ s}^{-1}$，取 $K = 10 \text{ rad/s}$。

即被控对象的传递函数为

$$G_0(s) = \frac{10}{s(s+1)}$$

（2）作原系统的阶跃响应曲线与 Bode 图，检查是否满足题目要求。程序如下：

```
>>clear
>>K=10;
>>den=conv([1 0],[1 1]);
>>G=tf(K,den);
>>figure(1);
>>sys=feedback(G,1);
>>step(sys);
>>figure(2);
>>margin(G)
```

结果如图 5-36 和图 5-37 所示。

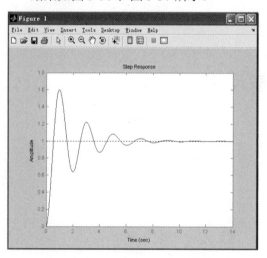

图 5-36    未校正系统的单位阶跃响应

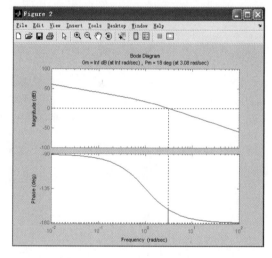

图 5-37    系统校正前的 Bode 图

我们从图 5-37 中可知系统的性能指标。

幅值稳定裕度 $L_h = \infty \text{ dB}$，穿越频率 $\omega_g = \infty \text{ rad/s}$，相角稳定裕度 $\gamma = 18°$，剪切频率 $\omega_c = 3.08 \text{ rad/s}$。由图 5-37 可知，系统校正前，相角稳定裕度 $\gamma = 18 < 45$，未满足要求；开环剪切频率 $\omega_c = 3.08 < 4.4$，也未满足要求。其阶跃响应曲线如图 5-36 所示，图中显示，其超调量达到 60%，故系统需要校正。

（3）求超前校正器的传递函数。

由于原系统开环剪切频率 $\omega_c = 3.08 < 4.4$，所以必须对系统进行超前校正。设超前校正器的传递函数为 $G_c(s) = \dfrac{Ts+1}{\alpha Ts+1}$，其程序如下：

```
>>clear
>>K=10;
```

```
>>den=conv([1 0],[1 1]);
>>G=tf(K,den);
>>phy=45-18;  phy1=phy+10;
>>phy2=phy1*pi/180;
>>a=(1+sin(phy2))/(1-sin(phy2));
>>M1=1/sqrt(a);
>> [m,p,w]=bode(G);
>>Wc1=spline(m,w,M1);
>>T=1/(Wc1*sqrt(a));
>>Gc=tf([a*T 1],[T 1]);
```

程序运行结果为：

```
Transfer function：
0.4536 s + 1
------------
0.1127 s + 1
```

（4）校验系统校正后是否满足题目要求。

```
>>clear
>>K=10;
>>den1=conv([1 0],[1 1]);
>>G1=tf(K,den1);
>>num=[0.4536 1];
>>den2=[0.1127 1];
>>Gc=tf(num,den2);
>>G=G1*Gc;
>>figure(1)
>>sys=feedback(G,1);
>>step(sys);
>>figure(2)
>>margin(G)
```

程序运行结果如图 5-38 和图 5-39 所示。

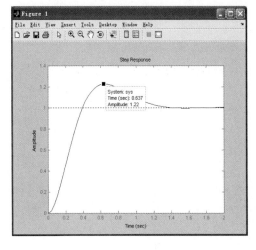

图 5-38　校正后系统单位给定响应曲线

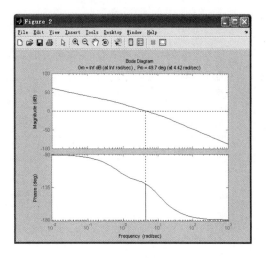

图 5-39　校正后系统的 Bode 图

从图 5-39 可知系统性能指标。幅值稳定裕度 $L_{\mathrm{h}} = \infty\,\mathrm{dB}$ ，穿越频率 $\omega_{\mathrm{g}} = \infty\,\mathrm{rad/s}$ ，相角稳定裕度 $\gamma = 49.7°$ ，剪切频率 $\omega_{\mathrm{c}} = 4.42\,\mathrm{rad/s}$ 。

由程序算出的相角稳定裕度，已经满足题目相角稳定裕度，即 $\gamma = 49.7 > 45$ ；开环剪切频率 $\omega_{\mathrm{c}} = 4.42 > 4.4$ 。

【例 5.10】 某直流调速系统，其反馈闭环系统的开环传递函数为

$$G(s) = \frac{K}{(T_s s + 1)(T_m T_1 s^2 + T_m s + 1)}$$

式中， $K = K_p K_s \alpha / C_e$ ，取系统参数为变换器内阻并入电枢回路的总电阻 $R = 1$ ；电力电子变换器的电压放大系数 $C_e = 0.1925$ ， $K_s = 44$ ， $GD = \sqrt{10}$ ；电枢回路总电感量 $U_2 = \dfrac{U_{21}}{\sqrt{3}} = \dfrac{230}{\sqrt{3}} 132.8\,\mathrm{V}$ ，

$L = \dfrac{0.693 U_2}{I_{\mathrm{dmin}}} = \dfrac{0.693 \times 132.8}{55\mathrm{A} \times 10\%} = 16.73\,\mathrm{mH}$ ，取 $L = 0.017\,\mathrm{H}$ ；转速反馈系数 $Q = 1(\mathrm{V.min/r})$ ；放大器的电压放大系数 $K_p = 2$ ；对于三相桥式整流电路，晶闸管装置的滞后时间常数 $T_s = 3.3\,\mathrm{s}$ 。利用 MATLAB 画出系统 Bode 图，看系统是否稳定，若不稳定应对系统进行校正。

运行程序如下：

```
>>R=1；
>>Ks=44；
>>Ce=0.1925；
>>GD=sqrt(10) ；
>>Q=1；
>>Kp=2；
>>K=Kp*Ks*Q/Ce；；
>>L=0.017；
>>Tl=L/R；
>>Cm=30*Ce/pi；
>>Tm=GD^2*R/375*Ce*Cm；
>>Ts=3.3；
>>Kpi=0.559；
>>k=(Tm*(Tl+Ts)+Ts^2)/(Tl*Ts)；
>>A=(Kp*Ks)/(Ce*(1+K))；
>>B=Tm*Tl*Ts/(1+K)；
>>C=Tm*(Tl+Ts)/(1+K)；
>>D=(Tm+Ts)/(1+K)；
>>num=[A]；
>>den=[B C D]；
>>sys0=tf(num,den)；
>>grid on
>>margin(sys0)
>> [gm0,pm0,wg0,wp0]=margin(sys0)
>>hold on

gm0 =
    Inf
pm0 =
    3.6575
wg0 =
    Inf
wp0 =
```

931.6882
%放大系数较大，截止频率较高，原始系统不稳定，要想办法把截止频率压下来

%设计 PI 校正装置，PI 传递函数为 $G_{pi}(s) = \dfrac{U_{ex}(s)}{U_{in}(s)} = \dfrac{K_{pi}\tau s + 1}{\tau s}$

```
>>E=Kpi*t；
>>t=0.088；
>>num=[E 1]；
>>den=[t]；
>>sys1=tf(num,den)；
>>bode(sys1)
```
%设计 PI 校正环节，PI 校正环节的传递函数为 $G(s) = G_c(s)G_{pi}(s)$

```
>>F=K*Kpi*t；
>>H=Ts*Tm*Tl；
>>I=Ts*Tm+Tm*Tl；
>>J=Ts+Tm；
>>num=[F K]；
>>den=[H I J 1]；
>>sys2=tf(num,den)；
>>grid on
>>margin(sys2)
>> [gm1,pm1,wg1,wp1]=margin(sys2)
>>title('直流调速系统校正')

gm1 =
    Inf
pm1 =
    12.1023
wg1 =
    Inf
wp1 =
    216.6849
```

其结果如图 5-40 所示。

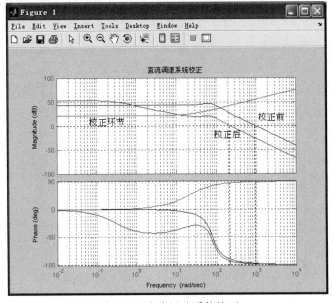

图 5-40　直流调速系统校正

## 本章小结

在控制系统设计中，除了通过调整结构参数改善原系统的性能，还常采用引入校正装置的办法。所用的校正装置即控制系统中的控制器，在控制理论中称为校正环节。

根据校正装置在系统中的位置不同，把校正分为串联校正和并联校正；根据校正装置本身是否有电源，可分为无源校正装置和有源校正装置。

控制系统时域性能指标包括瞬态性能指标和稳态性能指标，频域性能指标包括开环频域指标和闭环频域指标；误差准则（综合性能指标）是系统性能的综合测度，是系统的期望输出与其实际输出之差的某个函数的积分。

超前校正环节可增加频宽提高快速性，并且可使稳定裕度加大改善平稳性，但有增益损失而不利于稳态精度；滞后校正则可提高平稳性及稳态精度，但降低了快速性；相位滞后-超前校正环节兼具超前环节和滞后环节的作用，可全面提高系统的控制性能。

PID控制器在低频段起积分作用，改善系统的稳态性能；在中频段起微分作用，改善系统的动态性能；若配以高频噪声滤波环节，PID控制器相当于滞后-超前校正环节。

PID控制器的设计常常按所期望的特性进行，具有期望特性的系统往往是Ⅰ型和Ⅱ型系统。根据工程实际要求确定校正后系统应具有的频率特性，比较原系统和期望特性，求出控制器的传递函数和有源网络的物理参数。

利用MATLAB/Simulink可对系统Bode图进行超前校正、滞后校正和PID校正，使系统满足设计要求。

## 习题

5.1 什么是系统校正？系统校正有哪些类型？

5.2 PI调节器调整系统的什么参数？使系统在结构上发生怎样的变化？它对系统的性能有什么影响？如何减小它对系统稳定性的影响？

5.3 PD控制为什么又称为超前校正？它对系统的性能有什么影响？

题5.3图为某单位负反馈系统校正前后的开环对数幅频特性曲线，比较系统校正前后的性能变化。

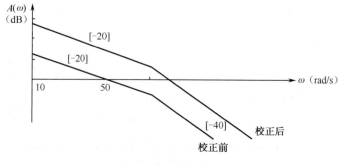

题 5.3 图

5.4　题 5.4 图为某单位负反馈系统校正前后的开环对数幅频特性曲线，写出系统校正前后的开环传递函数 $G_1(s)$ 和 $G_2(s)$；分析校正对系统动、静态性能的影响。

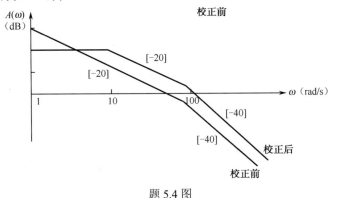

题 5.4 图

5.5　试分别叙述利用比例负反馈和微分负反馈包围振荡环节起何作用？

5.6　若对图 5-18 所示的系统中的一个大惯性环节采用微分负反馈校正（软反馈），试分析它对系统性能的影响。

5.7　设题 5.7 图中 $K_1 = 0.2$，$K_2 = 1000$，$K_3 = 0.4$，$T = 0.8$ s，$\beta = 0.01$。求：

（1）未设反馈校正时系统的动、静态性能。

（2）增设反馈校正时，再求系统的动、静态性能。

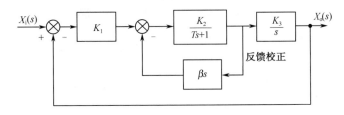

题 5.7 图

5.8　设单位反馈系统的开环传递函数为

$$G(s) = \frac{K}{s(s+1)}$$

试设计一串联超前校正装置，使系统满足如下指标：

（1）在单位斜坡输入下的稳态误差 $e_{ss} < 1/15$；

（2）截止频率 $\omega_c \geq 7.5 (\text{rad/s})$；

（3）相角裕度 $\gamma \geq 45°$。

5.9　设单位反馈系统的开环传递函数为

$$G(s) = \frac{K}{s(s+1)(0.25s+1)}$$

要求校正后系统的静态速度误差系数 $K_v \geq 5$（rad/s），相角裕度 $\gamma \geq 45°$，试设计串联滞后校正装置。

5.10　设单位反馈系统的开环传递函数为

$$G(s) = \frac{40}{s(0.2s+1)(0.0625s+1)}$$

（1）若要求校正后系统的相角裕度为30°，幅值裕度为10～12 dB，试设计串联超前校正装置；

（2）若要求校正后系统的相角裕度为50°，幅值裕度为30～40 dB，试设计串联滞后校正装置。

5.11 设单位反馈系统的开环传递函数为

$$G(s) = \frac{K}{s(s+1)(0.25s+1)}$$

要求校正后系统的静态速度误差系数 $K_v \geqslant 5$（rad/s），截止频率 $\omega_c \geqslant 2$（rad/s），相角裕度 $\gamma \geqslant 45°$，试设计串联校正装置。

5.12 设单位反馈系统的开环传递函数为

$$G(s) = \frac{K}{s(s+3)(s+9)}$$

（1）如果要求系统在单位阶跃输入作用下的超调量为20%，试确定 $K$ 值；

（2）根据所求得的 $K$ 值，求出系统在单位阶跃输入作用下的调节时间 $t_s$，以及静态速度误差系数 $K_v$。

5.13 系统的开环对数幅频特性如题5.13图所示，其中虚线表示校正前，实线表示校正后。要求：

（1）确定所用的是何种串联校正方式，写出校正装置的传递函数 $G_c(s)$；

（2）确定使校正后系统稳定的开环增益范围；

（3）当开环增益 $K=1$ 时，求校正后系统的相角裕度 $\gamma$ 和幅值裕度 $h$。

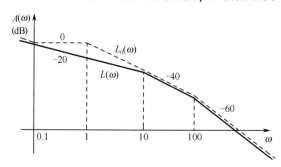

题 5.13 图

# Chapter 6

# 第6章

# 离散控制系统

【学习要点】

掌握离散控制系统的基本概念；熟悉信号采样与采样定理，以及 Z 变换与 Z 逆变换的基本方法；熟练掌握离散控制系统的数学模型——差分方程，以及离散控制系统的传递函数；掌握离散控制系统的稳定性分析、动态性能分析和稳态性能分析。

从控制系统中信号的形式来划分控制系统的类型，可以把控制系统划分为连续控制系统和离散控制系统。在前面各章所研究的控制系统中，各个变量都是时间的连续函数，称为连续控制系统。如果控制系统中有一处或几处信号是一组离散的脉冲序列或数码序列，则这样的系统称为离散时间控制系统，简称离散系统。离散系统与连续系统相比，既有本质上的不同，又有分析研究方面的相似性。利用 Z 变换法研究离散系统，可以把连续系统中的许多概念和方法，推广应用于离散系统。本章首先给出信号采样和保持的数学描述，然后介绍 Z 变换理论和脉冲传递函数，最后研究线性离散系统的稳定性、稳态误差、动态性能的分析与综合方法。

## 6.1 离散控制系统概述

数字控制系统或采样系统也称为离散系统。离散系统与连续系统的区别是，系统中有一个以上的物理量（信号）是一串脉冲或数码。

### 6.1.1 采样控制系统与数字控制系统

通常，当离散控制系统中的离散信号是脉冲序列形式时，称为采样控制系统或脉冲控制系统；而当离散系统中的离散信号是数码序列形式时，称为数字控制系统或计算机控制系统。在理想采样及忽略量化误差的情况下，数字控制系统近似于采样控制系统，将它们统称为离散系统，这使得采样控制系统与数字控制系统的分析与综合在理论上统一起来。

### 1. 采样控制系统

根据采样器在系统中所处的位置不同，可以构成各种采样系统。用得最多的是误差采样控制的闭环采样系统，其典型结构图如图 6-1 所示。图中，S 为采样开关，$G_h(s)$ 为保持器的传递函数，$G_0(s)$ 为被控对象的传递函数，$H(s)$ 为测量元件的传递函数。

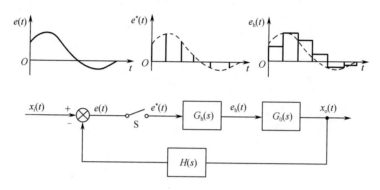

图 6-1　采样控制系统典型结构图

### 2. 数字控制系统

由于计算机技术和传感器技术的迅速发展，以数字计算机为控制器的数字控制系统以其独特的优势在许多场合取代了模拟控制器，得到了广泛的应用。

数字控制系统的典型原理图如图 6-2 所示。它由工作于离散状态下的数字控制器（或计算机）$G_c(s)$、工作于连续状态下的被控对象 $G_0(s)$ 和测量元件 $H(s)$、模数转换器（A/D）和数模转换器（D/A）组成。在每个采样周期中，数字控制器先对连续信号进行采样编码（A/D 转换），然后按控制规律进行数码运算，最后将控制信号通过数模（D/A）转换器转换成连续信号控制被控对象。

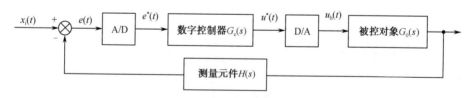

图 6-2　数字控制系统典型原理图

数字控制和连续控制一样，也都是闭环反馈控制系统。其主要区别在于，计算机的输入和输出都是二进制编码的数字信号，在时间和幅值上都是离散的；而系统中的被控对象和测量元件的输入和输出都是连续信号。所以，计算机控制系统在每个采样周期内，要完成对连续信号的采样（A/D 转换）及将数字信号转换成模拟信号（D/A）的过程。A/D 转换器和 D/A 转换器是计算机控制系统中的两个特殊环节。

## 6.1.2　A/D 转换器与 D/A 转换器

### 1．A/D 转换器

A/D 转换器是把连续的模拟信号转换为离散数字信号的装置。A/D 转换包括两个过程。首先是采样，即每隔 $T$ 秒对连续信号 $e(t)$ 进行一次采样，得到采样后的离散模拟信号 $e^*(t)$，如图 6-3（b）所示；其次是整量化，在计算机中，任何数值都用二进制表示，因此，幅值上连续的离散信号 $e^*(t)$ 必须经过编码表示成最小二进制数的整数倍，成为离散数字信号 $\bar{e}^*(t)$，才能进行运算。转换中最低位所代表的模拟量数值称为最小量化单位 $q$，数字计算机中的离散数字信号 $\bar{e}^*(t)$ 不仅在时间上是断续的，而且在幅值上也是按最小量化单位 $q$ 断续取值的。

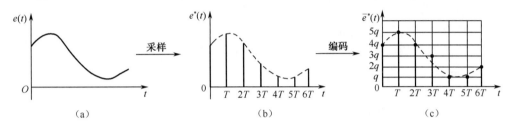

图 6-3　A/D 转换过程

$$q = \frac{e^*_{\max} - e^*_{\min}}{2^n} \tag{6-1}$$

式中，$e^*_{\max}$ 为 A/D 转换器输入的最大幅值；$e^*_{\min}$ 为 A/D 转换器输入的最小幅值；$n$ 为 A/D 转换器的位数。

将经过整量化后的离散信号 $e^*(t)$ 转换为二进制编码的数字信号 $\bar{e}^*(t)$，如图 6-3（c）所示，这个过程也称为编码。通常，A/D 转换器进行编码时采用四舍五入的整量方法，即把小余 $q/2$ 的值舍去，大于 $q/2$ 的值进位。这种量化过程会导致信号失真，带来噪声。为减小噪声，提高系统精度，希望 $q$ 值小，即 A/D 转换器的位数 $n$ 要高。

### 2．D/A 转换器

D/A 转换器是把离散的数字信号转换为连续模拟信号的装置。D/A 转换也有两个过程。一是解码过程，即把离散数字信号 $\bar{e}^*(t)$ 转换为离散的模拟信号 $e^*(t)$，如图 6-4（b）所示；二是复现过程，即经过保持器将离散模拟信号复现为连续模拟信号 $e_h(t)$，如图 6-4（c）所示。$e_h(t)$ 是一个阶梯信号，当采样频率足够高时，$e_h(t)$ 就趋近于连续信号。

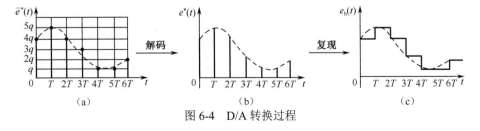

图 6-4　D/A 转换过程

### 6.1.3　离散控制系统的特点

　　信号采样后，采样点间信息会丢失，而且采样信号经保持器输出后会有一定的延迟，所以与连续系统相比，在确定的条件下，离散控制系统的性能会有所降低。然而数字化带来的好处显而易见，离散控制系统较之相应的连续系统具有以下优点。

　　（1）离散系统允许采用高灵敏度的检测传感元件来提高系统的灵敏度，如光栅、码盘、磁栅等。

　　（2）当数字控制器和转换器的位数足够高时，能够保证足够的计算精度。

　　（3）数字信号的传递可以有效地抑制噪声，从而提高了系统的抗扰能力。

　　（4）可用一台计算机或控制器分时控制若干个系统，以提高设备的利用率。

　　（5）由数字计算机构成的数字控制器，控制规律由软件实现，因此，与连续式控制装置相比，控制规律修改调整方便，控制灵活。

　　（6）数字计算机的运算速度极快（而且在不断提高）、内存容量大，可实现系统的实时控制。

　　（7）数字信号易于实现保密，信息安全性好。

　　由于离散系统的上述优点，离散控制系统在自动控制领域中得到了广泛的应用。

　　离散控制系统也是一种动态系统，因而和连续控制系统一样，其性能由稳态和动态两个部分组成。由于离散系统中存在脉冲信号或数字信号，如果仍沿用连续系统中以拉氏变换的方法来建立各环节的传递函数，则会在运算中出现复变量 $s$ 的超越函数。因此，在离散系统中，用差分方程来描述线性离散系统，用 Z 变换的方法来分析线性离散系统。通过 Z 变换，可以把连续系统中的传递函数、频率特性、时间响应等概念用于线性离散系统。

## 6.2　信号采样与采样定理

### 6.2.1　信号采样

　　如图 6-5 所示，以一定的时间间隔 $T$ 对连续信号 $x(t)$ 进行采样一次（采样开关闭合一次），使连续信号转换成时间上离散的脉冲序列 $x^*(t)$ 的过程，称为信号采样。当采样时间 $\tau$ 远小于采样周期 $T$ 时，可近似认为 $\tau$ 趋于零，实际的窄脉冲序列视为理想脉冲序列。这个理想的脉冲序列可以用它所包含的所有单个脉冲之和来表示：

$$x^*(t) = x_0 + x_1 + x_2 + \cdots + x_n \tag{6-2}$$

式中，$x_n$（$n=0, 1, 2, \cdots$）为 $t = nT$ 时刻的单个脉冲，而每一个单个脉冲都可以表示为两个函数的乘积，即

$$x_n(t) = x(nT)\,\delta(t - nT) \tag{6-3}$$

其中，$\delta(t-nT)$ 是发生在 $t = nT$ 时刻的、具有单位强度的理想脉冲，即

$$\delta(t-nT) = \begin{cases} \infty & (t = nT) \\ 0 & (t \neq nT) \end{cases}, \quad \int_{-\infty}^{\infty} \delta(t-nT)\,\mathrm{d}t = 1$$

理想脉冲的宽度为零，幅值为无穷大，这只是数学上的假设，物理上并不存在，也无法用图形表示，只有它的面积或强度才有意义。$\delta(t-nT)$ 的强度总是 1，它的作用仅存在于脉冲出现的时刻 $t=nT$，而脉冲强度则由采样时刻的函数值 $x(nT)$ 来确定。于是采样信号可以用下式表示

$$x^*(t) = \sum_{n=-\infty}^{\infty} x(nT)\delta(t-nT) \tag{6-4}$$

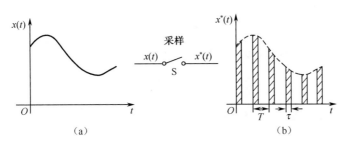

图 6-5　采样脉冲序列

在物理意义上，采样过程可以理解为脉冲调制过程。采样开关起着幅值调制器的作用，通过它将连续信号 $x(t)$（调制信号）与理想脉冲序列 $\delta(t-nT)$（载波信号）调制成脉冲序列 $x^*(t)$。图 6-6 为采样过程的物理意义，脉冲序列与连续信号相乘后，被调制成脉冲序列。

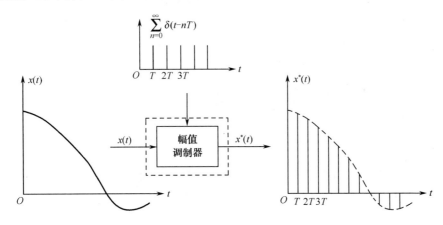

图 6-6　采样过程的物理意义

## 6.2.2　采样定理

连续信号经过采样后，只保留了采样瞬间的数值。从时域上看，采样过程将采样间隔内连续信号的信息丢失了。显然，采样周期 $T$ 越小，即采样点越多，离散系统越接近于连续系统，丢失的信息越少；采样周期 $T$ 越大，即采样点越少，信号变化越快，采样后系统越失真，丢失的信息越多。因此，要根据信号所包含的频率成分合理地选择采样周期 $T$。由于采样周期 $T$ 与采样频率 $f_s$ 之间有下列关系：

$$f_s = \frac{1}{T} \tag{6-5}$$

所以，合理选择不丢失原信号信息的采样周期 $T$ 也就是选择采样频率 $f_s$。采样定理对此给出了

明确的答案。下面分析采样前后信号频谱的关系。

记 $\delta_T(t)$ 为等时间间隔 $T$ 的单位脉冲序列，即

$$\delta_T(t) = \sum_{n=-\infty}^{+\infty} \delta(t - nT) \tag{6-6}$$

式（6-4）可以表示为

$$x^*(t) = \sum_{n=-\infty}^{\infty} x(nT)\delta(t - nT) = x(t)\delta_T(t) \tag{6-7}$$

在 $t<0$ 时，$x(t)=0$，即 $n<0$，$x(nT)=0$，式（6-7）变为

$$x^*(t) = x(t) \cdot \delta_T(t) = \sum_{n=0}^{\infty} x(nT)\delta(t - nT) \tag{6-8}$$

根据频率卷积定理，时域内信号的相乘，对应于频域内傅里叶变换的卷积，有

$$x(t)\delta_T(t) \rightleftharpoons X(f) * \Delta_T(f) \tag{6-9}$$

式中，$X(f)$、$\Delta_T(f)$ 分别为 $x(t)$、$\delta_T(t)$ 的傅里叶变换。进而，有

$$X(f) * \Delta_T(f) = X(f) * F[\sum_{n=-\infty}^{\infty} \delta(t - nT)] = X(f) * \frac{1}{T}\sum_{n=-\infty}^{\infty}\delta(f - nf_s)$$
$$= \frac{1}{T}\sum_{n=-\infty}^{\infty} X(f) * \delta(f - nf_s) = \frac{1}{T}\sum_{n=-\infty}^{\infty} X(f - nf_s) \tag{6-10}$$

其图形如图 6-7 所示。

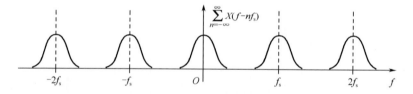

图 6-7　连续信号 $x(t)$ 采样后的频谱

由非周期连续函数 $x(t)$ 的傅里叶变换可知，其频谱 $X(f)$ 通常是一个单一的连续频谱，且最高频率为 $f_{max}$，周期采样信号 $\delta_T(t)$ 的频谱 $\Delta_T(f)$ 为以 $f_s$ 为周期的等幅制离散谱线；而采样后的频谱 $X^*(f)$ 是以采样频率 $f_s$ 为周期的无限个频谱之和，如图 6-7 所示。其中，$n=0$ 的频谱即采样前连续信号的频谱，只不过其幅值变为原来的 $1/T$，其余各频谱都是由采样引起的。为了不失真地恢复原信号的频谱，只要加上低通滤波器，把其余频谱过滤掉即可。但是若采样周期太大，即采样频率太低时，就会显示如图 6-8 所示的频率混叠现象，这时，即使加上滤波器，也无法将原信号不失真地恢复出来。

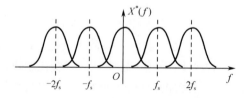

图 6-8　采样后的频谱混叠现象

从图中可以看出，为了能不失真地恢复原信号的频谱，必须使

$$f_s \geqslant 2f_{max}$$

即采样频率 $f_s$ 大于或等于两倍的被采样的连续信号 $x(t)$ 频谱中的最高频率 $f_{max}$，这就是采样定理，或称香农（Shannon）定理。它是分析和设计离散系统的重要理论依据。

即便在满足采样定理的前提下选择采样频率时，还要考虑其他因素的影响。比如，采样频率过小，采样会带来较大的误差，会影响系统的动态和稳态性能；如果采样频率太大，会增加检测环节的频率，加重计算机不必要的计算负担，而且还可能带来高频干扰。因此在选择采样周期时，应对各种因素综合考虑，实际应用时，通常取 $f_s=(5\sim10)f_{max}$。

## 6.2.3　采样信号的保持

连续信号经过采样后，成为离散的数字信号，要有效控制系统中被控对象，还需要将数字信号转换成模拟信号。这可以用各种形式的保持电路来完成。其中，最简单的是零阶保持器，它使离散数字信号在相邻采样时刻之间保持常量，如图 6-9 所示。

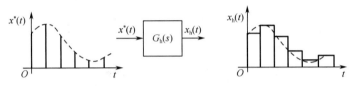

图 6-9　零阶保持器信号

在讨论离散系统时，需要用到保持器的传递函数。下面推导常用的零阶保持器的传递函数。

零阶保持器是把 $nT$ 时刻的采样值不增不减地保持到下一个采样时刻 $(n+1)T$，它的时域特性 $g_h(t)$ 如图 6-10（a）所示。它是高度为 1、宽度为 $T$ 的方波，显然，$T$ 为采样周期。

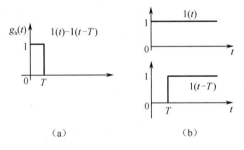

图 6-10　零阶保持器的时域特性

$g_h(t)$ 可以看作由如图 6-10（b）所示的两个阶跃函数的叠加合成表示的。因此，零阶保持器的时域表达式可写成

$$g_h(t) = 1(t) - 1(t-T) \tag{6-11}$$

将式（6-11）推广到任意第 $n$ 周期，$x_h(t)$ 可表示为

$$x_h(t) = \sum_{n=0}^{\infty} x(nT)[1(t-nT) - 1(t-nT-T)] \tag{6-12}$$

将上式进行拉氏变换，得

$$X_h(s) = \sum_{n=0}^{\infty} x(nT)\mathrm{e}^{-nTs} \frac{1-\mathrm{e}^{-Ts}}{s} \tag{6-13}$$

将式（6-8）进行拉氏变换，得

$$X^*(s) = \sum_{n=0}^{\infty} x(nT) L[\delta(t-nT)] = \sum_{n=0}^{\infty} x(nT)\, e^{-nTs} \tag{6-14}$$

式（6-13）、式（6-14）分别为零阶保持器的输入和输出的拉氏变换，所以，可得零阶保持器的传递函数为

$$G_h(s) = \frac{X_h(s)}{X^*(s)} = \frac{1-e^{-Ts}}{s} \tag{6-15}$$

其频率特性则为

$$G_h(j\omega) = \frac{1-e^{-j\omega T}}{j\omega} = \frac{e^{\frac{j\omega T}{2}}\left(e^{\frac{j\omega T}{2}} - e^{-\frac{j\omega T}{2}}\right)}{j\omega} = T\frac{\sin\left(\dfrac{\omega T}{2}\right)}{\dfrac{\omega T}{2}} e^{-j\frac{\omega T}{2}} \tag{6-16}$$

因为 $T = \dfrac{2\pi}{\omega_s}$，代入式（6-16），则有

$$G_h(j\omega) = \frac{2\pi}{\omega_s} \cdot \frac{\sin\left(\dfrac{\pi\omega}{\omega_s}\right)}{\left(\dfrac{\pi\omega}{\omega_s}\right)} e^{-j\frac{\omega}{\omega_s}} \tag{6-17}$$

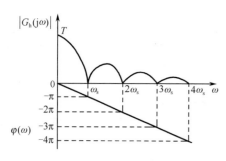

图 6-11　零阶保持器的频域特性曲线

据此可绘出零阶保持器的幅频特性和相频特性曲线，如图 6-11 所示。由图可见，其幅值随频率增大而减小，所以零阶保持器是一个低通滤波器，但不是理想低通滤波器。高频分量仍有一部分可以通过；此外还有相角滞后，且随频率增大而加大。因此，由零阶保持器恢复的信号与原信号是有差别的。一方面含有一定的高频分量，另一方面在时间上滞后 $T/2$。

由于零阶保持器的相位滞后作用，有可能使原来稳定的系统变成不稳定系统。但是基于它比较简单、容易实现，相位滞后比一阶和二阶保持器都小得多，因此被广泛采用。步进电动机、数控系统中的寄存器、数模转换器等都是零阶保持器的实例。

## 6.3　离散控制系统的数学模型——差分方程

　　线性连续控制系统的数学模型是线性微分方程，而对于线性离散系统，其数学模型为差分方程。对于一个离散控制系统的差分方程，首先利用 Z 变换，将差分方程变换为以 $z$ 为自变量，$X(z)$ 为因变量的代数方程，解出 $X(z)$ 后再进行 Z 逆变换，即可得到 $x^*(t)$ 的值。

### 6.3.1　线性常系数差分方程

　　由于线性离散系统中的时间变量为 $nT$，其中 $n$ 是一个离散的整型变量，系统很难用时间的微商来描述，而是用常系数线性差分方程来反映它的输入 $x_i(nT)$ [或 $x_i(n)$] 与输出 $x_o(nT)$ [或

$x_o(n)$]间的运算关系。常系数差分方程的一般形式为

$$b_0x_o(n)+b_1x_o(n-1)+b_2x_o(n-2)+\cdots+b_kx_o(n-k)=a_0x_i(n)+a_1x_i(n-1)+a_2x_i(n-2)+\cdots+a_lx_i(n-l) \quad (6\text{-}18)$$

式中，$k \geq l$，$k$ 为差分方程的阶数；$a_0,a_1,\cdots,a_l,b_0,b_1,\cdots,b_k$ 为常数；$x_i(n)$ 和 $x_o(n)$ 分别表示系统输入和输出的脉冲序列。如果输入信号在 $n=0$ 时刻加入，那么 $x_o(-1), x_o(-2), \cdots, x_o(-k)$ 就表示系统的初始条件。

式（6-18）表明，离散系统在任意采样时刻的输出值 $x_o(n)$，不仅和这一时刻的输入值 $x_i(n)$ 有关，而且与过去时刻的输入值 $x_i(n-1), x_i(n-2),\cdots$ 及输出值 $x_o(n-1), x_o(n-2),\cdots$ 也有关。

下面通过一个例题来说明如何由微分方程和 Z 变换导出差分方程。

【例 6.1】 将微分方程 $m\dfrac{d^2x}{dt^2}+c\dfrac{dx}{dt}+kx=0$ 化为差分方程。

用差分代替微分，根据前向差分的定义，一阶前向差分为

$$\Delta x(n) = x(n+1) - x(n)$$

二阶前向差分为

$$\begin{aligned}\Delta^2 x(n) &= \Delta[\Delta x(n)] = \Delta[x(n+1)-x(n)]\\ &= \Delta x(n+1) - \Delta x(n)\\ &= \{x(n+2)-x(n+1)\}-\{x(n+1)-x(n)\}\\ &= x(n+2)-2x(n+1)+x(n)\end{aligned}$$

根据微分的定义，可得

$$\frac{d^2x}{dt^2} \approx \frac{\Delta^2 x(n)}{T^2} = \frac{x(n+2)-2x(n+1)+x(n)}{T^2}$$

$$\frac{dx}{dt} \approx \frac{\Delta x(n)}{T} = \frac{x(n+1)-x(n)}{T}$$

$$x(t) \approx x(n)$$

将以上 3 式代入已知的微分方程组，整理后，可得二阶差分方程

$$mx(n+2)+(cT-2m)x(n+1)+(m-cT+kT^2)x(n)=0$$

【例 6.2】 已知离散系统输出的 Z 变换函数为

$$X_o(z) = \frac{1+z^{-1}+2z^{-2}}{3+5z^{-1}+3z^{-2}+2z^{-3}}X_i(z)$$

求系统的差分方程。

由已知条件，有

$$(3+5z^{-1}+3z^{-2}+2z^{-3})X_o(z) = (1+z^{-1}+2z^{-2})X_i(z)$$

对上式两边求 Z 逆变换，并根据延迟定理，得系统的差分方程为

$$3x_o(n)+5x_o(n-1)+3x_o(n-2)+2x_o(n-3)=x_i(n)+x_i(n-1)+2x_i(n-2)$$

## 6.3.2 差分方程的解法

如同线性连续系统中借用拉氏变换使微分方程变为简单的代数运算一样，线性离散系统采用 Z 变换使求解差分方程更简便。其求解步骤如下：

（1）应用 Z 变换的延迟或超前定理，将时域的差分方程化为 Z 域的代数方程，同时引入初始条件；

（2）求 Z 域代数方程的解；

（3）将 Z 域代数方程的解经 Z 逆变换求得差分方程的解。

【例 6.3】 已知差分方程

$$x(n+2)+5x(n+1)+4x(n)=0$$

其边界条件为 $x(0)=0$，$x(1)=1$，试用 Z 变换进行求解。

对差分方程中每一项进行 Z 变换，并应用超前定理，有

$$Z[x(n+2)]=z^2(X(z)-x(0)-x(1))=z^2X(z)-z$$
$$Z[x(n+1)]=z(X(z)-x(0))=zX(z)$$
$$Z[x(n)]=X(z)$$

对已知差分方程两边进行 Z 变换，并将上面 3 式代入，得

$$X(z)=\frac{z}{z^2+5z+4}$$

对上式进行 Z 逆变换，得

$$x(n)=Z^{-1}[X(z)]=\frac{1}{3}(1^n-4^n)\cos n\pi \qquad (n=0,1,2,\cdots)$$

上式也可以写为

$$x(n)=\frac{(-1)^n-(-4)^n}{3} \qquad (n=0,1,2,\cdots)$$

$$x^*(t)=\sum_{n=0}^{\infty}\frac{(-1)^n-(-4)^n}{3}\delta(t-nT) \qquad (n=0,1,2,\cdots)$$

## 6.4 离散控制系统的传递函数

连续控制系统的数学模型是微分方程和传递函数，离散系统的数学模型则为差分方程和 Z 传递函数（又称脉冲传递函数）。

### 6.4.1 脉冲传递函数的定义与求解

对于线性离散系统，其零初始条件下系统离散输出信号的 Z 变换 $X_o(z)$ 与离散输入信号的 Z 变换 $X_i(z)$ 之比，定义为脉冲传递函数，用 $G(z)$ 表示，即

$$G(z)=\frac{X_o(z)}{X_i(z)} \tag{6-19}$$

脉冲传递函数的引入给线性离散系统的分析带来了极大的方便。在知道传递函数及典型输入的情况下，就可以求出线性离散系统的时间响应。

【例 6.4】 已知脉冲传递函数

$$G(z)=\frac{z(z+1)}{(z-0.4)(z+0.5)}$$

求系统的单位脉冲响应及单位阶跃响应。

（1）当输入 $x_i(t)=\delta(t)$ 时，$X_i(z)=1$，则

$$X_o(z) = G(z)X_i(z) = \frac{z(z+1)}{\left(z-\frac{2}{5}\right)\left(z+\frac{1}{2}\right)} = \frac{\frac{14}{9}z}{z-\frac{2}{5}} - \frac{\frac{5}{9}z}{z+\frac{1}{2}}$$

系统的单位脉冲响应为

$$x_o(n) = \frac{14}{9}\left(\frac{2}{5}\right)^n - \frac{5}{9}\left(-\frac{1}{2}\right)^n$$

（2）当输入 $x_i(t) = 1(t)$ 时，$X_i(z) = \frac{z}{z-1}$，则

$$X_o(z) = G(z)X_i(z) = \frac{z(z+1)}{\left(z-\frac{2}{5}\right)\left(z+\frac{1}{2}\right)} \cdot \frac{z}{z-1} = \frac{\frac{20}{9}z}{z-1} - \frac{\frac{28}{27}z}{z-\frac{2}{5}} - \frac{\frac{5}{27}z}{z+\frac{1}{2}}$$

系统的单位阶跃响应为

$$x_o(n) = \frac{20}{9} - \frac{28}{27}\left(\frac{2}{5}\right)^n - \frac{5}{27}\left(-\frac{1}{2}\right)^n$$

## 6.4.2　脉冲传递函数的建立

建立离散系统的脉冲传递函数通常有以下两种方法。

（1）已知系统连续部分的传递函数 $G(s)$，利用附录 C 中的表 C-1 对 $G(s)$ 进行 Z 变换，得到脉冲传递函数；或者将 $G(s)$ 进行拉氏逆变换得到 $g(t)$，再令 $t = nT$，得 $\sum_{n=0}^{\infty} G(nT)z^{-n}$，即脉冲传递函数。

（2）已知系统的差分方程，对差分方程进行 Z 变换，得到脉冲传递函数。

【例 6.5】　已知传递函数

$$G(s) = \frac{1}{s}$$

求系统的脉冲传递函数 $G(z)$。

（1）对连续部分的传递函数 $G(s)$ 进行拉氏逆变换

$$g(t) = L^{-1}(1/s) = 1(t)$$

（2）令 $t = nT$，得 $G(nT)$，本例中，即

$$G(nT) = 1(nT)$$

（3）令各项 $G(nT)$ 乘以 $z^{-n}$，并求和，得

$$G(z) = \sum_{n=0}^{\infty} G(nT)z^{-n} = 1 + z^{-1} + z^{-2} + \cdots + z^{-n} = \frac{z}{z-1}$$

【例 6.6】　已知传递函数

$$G(s) = \frac{1-e^{-Ts}}{s} \cdot \frac{1}{s(s+1)}$$

求系统的脉冲传递函数 $G(z)$。

连续部分的传递函数 $G(s)$ 可写为

$$G(s) = \frac{1}{s^2(s+1)} - \frac{e^{-Ts}}{s^2(s+1)}$$

上式中等号右侧两项的 Z 变换分别为 $G_1(z)$、$G_2(z)$，根据附录 C 中的式（C-1）有

$$G_1(z) = Z\left[\frac{1}{s^2(s+1)}\right] = Z\left[\frac{1}{s^2} - \frac{1}{s} + \frac{1}{s+1}\right] = \frac{Tz}{(z-1)^2} - \frac{z}{z-1} + \frac{z}{z-e^{-T}}$$

根据延迟定理，$L[x(t-T)] = X(s)e^{-Ts}$ 及 $Z[x(t-T)] = z^{-1}X(z)$，可得

$$G(z) = G_1(z) - G_2(z) = G_1(z) - z^{-1}G_1(z) = (1-z^{-1})G_1(z)$$

$$= (1-z^{-1})\left[\frac{Tz}{(z-1)^2} - \frac{z}{z-1} + \frac{z}{z-e^{-T}}\right]$$

$$= \frac{(T-1+e^{-T})z + (1-e^{-T}-Te^{-T})}{(z-1)(z-e^{-T})}$$

### 1. 串联环节的脉冲传递函数

连续系统中，串联环节的脉冲传递函数等于各环节传递函数之积。而对于离散系统，串联环节根据彼此间有无采样开关而有根本不同。

在图 6-12（a）中，两个串联环节之间没有采样开关。故

$$G(s) = G_1(s)G_2(s)$$

其脉冲传递函数 $G(z)$ 为

$$G(z) = Z[G(s)] = Z[G_1(s)G_2(s)] = G_1G_2(z) \tag{6-20}$$

式中，$G_1G_2(z)$ 表示两个串联环节之间无采样开关的脉冲传递函数。

在图 6-12（b）中，两个串联环节之间有采样开关。因为脉冲传递函数总是从采样点到采样点之间来计算的，所以在图 6-12（b）中，两个环节的脉冲传递函数分别为 $G_1(z)$ 及 $G_2(z)$，串联后总的脉冲传递函数为两个单独的脉冲传递函数之乘积，即

$$G(z) = G_1(z)G_2(z) \tag{6-21}$$

显然

$$G_1(z)G_2(z) \neq G_1G_2(z)$$

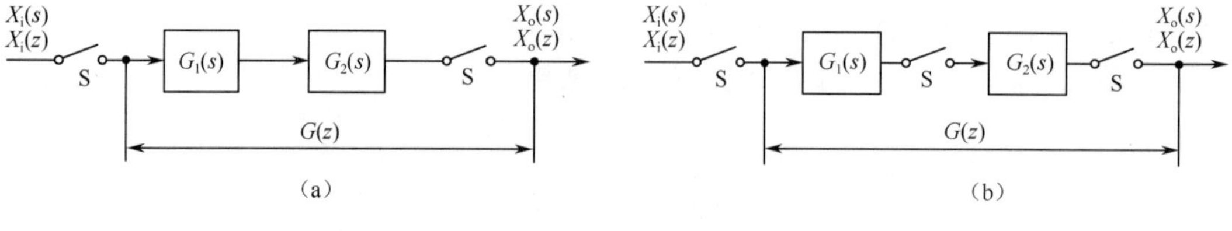

图 6-12　两种串联结构

### 2. 并联环节的脉冲传递函数

对于并联环节，其总的脉冲传递函数等于各并联环节的脉冲传递函数之和。对于图 6-13 中的两种结构形式，其脉冲传递函数均为

$$G(z) = Z[G_1(s)] + Z[G_2(s)] = G_1(z) + G_2(z) \tag{6-22}$$

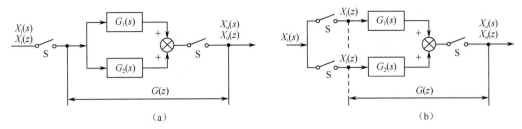

图 6-13　两种并联结构

### 3. 闭环系统的脉冲传递函数

对于闭环离散系统，采样开关的不同设置，同样影响其脉冲传递函数。图 6-14 给出了两种基本的闭环结构形式。对于图 6-14（a）的结构形式，有

$$\Phi(z) = \frac{G(z)}{1 + GH(z)} \tag{6-23}$$

式中，$GH(z) = Z[G(s)H(s)]$。对于图 6-14（b）的结构形式，有

$$\Phi(z) = \frac{G_1(z)G_2(z)}{1 + G_1(z)G_2H(z)} \tag{6-24}$$

式中，$G_2H(z) = Z[G_2(s)H(s)]$。

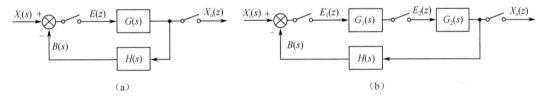

图 6-14　两种闭环结构

下面以图 6-14（a）的结构形式为例，给出其求解过程。

由图 6-14（a）可知

$$E(z) = Z[X_i(s) - B(s)] = X_i(z) - B(z)$$
$$B(z) = Z[G(s)H(s)] \cdot E(z) = GH(z) \cdot E(z)$$

所以，有

$$E(z) = X_i(z) - B(z) = X_i(z) - GH(z) \cdot E(z)$$
$$E(z) = \frac{X_i(z)}{1 + GH(z)}$$

又因为

$$X_o(z) = E(z) \cdot G(z)$$

所以

$$X_o(z) = \frac{X_i(z)}{1 + GH(z)} \cdot G(z)$$

即

$$\Phi(z) = \frac{X_o(z)}{X_i(z)} = \frac{G(z)}{1 + GH(z)}$$

本节首先从 $S$ 域与 $Z$ 域的对应关系出发，分析离散系统的稳定性；然后介绍离散系统的动态性能及稳态特性。

### 6.5.1　离散控制系统稳定性分析

线性连续系统稳定的充要条件是系统特征方程的所有根都位于 $s$ 平面的左半平面，即系统特征方程的所有根都具有负实部。而对于线性离散系统，则要用到 $z$ 平面分析系统的稳定性。把研究线性连续系统稳定性的方法从 $s$ 平面转换到 $z$ 平面上以后，稳定判据基本上也适用于线性离散系统。下面首先介绍 $s$ 平面和 $z$ 平面的映射关系，然后再介绍线性离散系统稳定的条件及判据。

**1. $s$ 平面与 $z$ 平面的映射关系**

在定义 Z 变换时，曾经令

$$z = e^{Ts} \tag{6-25}$$

式中，$T$ 为采样周期。$s$ 平面上任意一点，它可以表示为 $s = \sigma + \mathrm{j}\omega$，将其代入式（6-25），即可以求出该点在 $z$ 平面上的映射

$$z = e^{(\sigma + \mathrm{j}\omega)T} = e^{\sigma T} \cdot e^{\mathrm{j}\omega T}$$

即

$$|z| = e^{\sigma T}, \quad \arg z = e^{\mathrm{j}\omega T}$$

可见，当 $\sigma = 0$，即 $s = \mathrm{j}\omega$ 时，$|z| = 1$，也就是说，$s$ 平面的虚轴映射到 $z$ 平面上是以原点为圆心的单位圆；当 $\sigma < 0$ 时，$|z| < 1$，即 $s$ 平面的左半部分映射到 $z$ 平面的单位圆内；当 $\sigma > 0$ 时，$|z| > 1$，即 $s$ 平面的右半部分映射到 $z$ 平面的单位圆外，如图 6-15 所示。

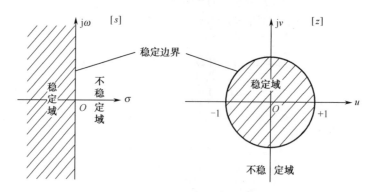

图 6-15　$s$ 平面与 $z$ 平面的映射关系

在离散系统中，$z$ 是采样角频率 $\omega_s$（$\omega_s = \dfrac{2\pi}{T}$）的周期函数。因此，当 $\sigma = 0$，$\omega$ 从 $-\dfrac{\omega_s}{2}$ 到 $+\dfrac{\omega_s}{2}$ 变化时，辐角由 $-\pi$ 经零变化到 $+\pi$，相应的点在 $z$ 平面上逆时针画出一个以原点为圆心、

半径为 1 的单位圆，如图 6-16（b）所示。当 $\omega$ 继续由 $+\dfrac{\omega_s}{2}$ 变化到 $+3\dfrac{\omega_s}{2}$，或由 $-3\dfrac{\omega_s}{2}$ 变化到 $-\dfrac{\omega_s}{2}$，即当 $s$ 平面上的点沿虚轴移动一个 $\omega_s$ 的距离时，相应的点便在 $z$ 平面上逆时针重复画出一个单位圆，重叠在上述第一个单位圆上。由此可见，当 $\omega$ 由 $-\infty \sim +\infty$ 变化时，相应的点就沿单位圆逆时针转无穷多圈。

由此得出结论：$s$ 平面的虚轴映射到 $z$ 平面上，是以原点为圆心、半径为 1 的单位圆。$s$ 平面的原点映射到 $z$ 平面上则是（+1，j0）点。对于 $s$ 平面的左（右）半部分，由于所有复变数 $s=\sigma+j\omega$ 均具有 $\sigma<0$（$\sigma>0$）的性质，所以 $\omega$ 由 $-\infty \sim +\infty$ 变化时，映射到 $z$ 平面内，相应的点 $z$ 逆时针沿半径小于 1（大于 1）的圆转无穷多圈。结合前面的讨论，可以看出，$s$ 平面左半部分每一条宽度为 $\omega_s$ 的带状区域，映射到 $z$ 平面上，都在单位圆内区域。由于实际采样系统的截止频率很低，远低于采样频率 $\omega_s$，所以一般把 $\omega$ 从 $-\dfrac{\omega_s}{2}$ 到 $+\dfrac{\omega_s}{2}$ 的带状区域称为主频区，如图 6-16（a）所示。其他的则称为次频区。

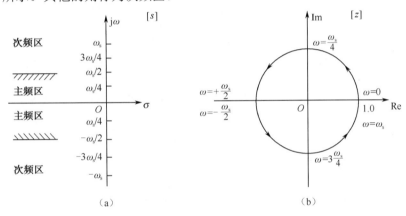

图 6-16　z 平面内的周期特性

从上述 $s$ 平面与 $z$ 平面的映射关系可知，在 $z$ 平面内，单位圆内是稳定区域，单位圆外是不稳定区域，而单位圆的圆周处于临界稳定状态。

### 2．线性离散系统稳定充要条件

闭环脉冲传递函数为式（6-25）表示的典型线性离散控制系统，其特征方程为

$$1+GH(z)=0$$

系统的特征根或闭环脉冲传递函数的极点为 $z_1, z_2, z_3, \cdots, z_n$，根据 $s$ 平面与 $z$ 平面的映射关系可得到线性离散系统稳定的充要条件是，线性离散系统的全部特征根 $z_i$（$i=1,2,\cdots,n$）均分布在 $z$ 平面的单位圆内，或全部特征根的模小于 1，即 $|z_i|<1$（$i=1,2,\cdots,n$）。

系统的特征根中，只要有一个位于单位圆之外，系统都是不稳定的；如果有特征根位于单位圆周上，则系统临界稳定。

### 3．线性离散系统的稳定判据

1）直接求方程的根

当线性离散系统的阶数较低时，可直接求出系统的特征根，并加以判断。

【例6.7】 如图6-17所示系统中，设采样周期 $T = 1s$，试分析当 $K = 4$ 和 $K = 5$ 时系统的稳定性。

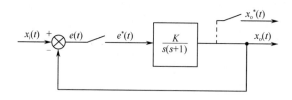

图 6-17 闭环离散系统

系统连续部分的传递函数为

$$G(s) = \frac{K}{s(s+1)}$$

则

$$G(z) = Z\left[\frac{K}{s(s+1)}\right] = \frac{Kz\left[1 - e^{-T}\right]}{(z-1)(z-e^{-T})}$$

所以，系统的闭环脉冲传递函数为

$$\Phi(z) = \frac{X_o(z)}{X_i(z)} = \frac{G(z)}{1 + G(z)} = \frac{Kz(1-e^{-T})}{(z-1)(z-e^{-T}) + Kz(1-e^{-T})}$$

系统的闭环特征方程为

$$(z-1)(z-e^{-T}) + Kz(1-e^{-T}) = 0$$

（1）将 $K = 4$、$T = 1$ 代入方程，得

$$z^2 + 1.16z + 0.368 = 0$$

解得

$$z_1 = -0.580 + j0.178, \quad z_2 = -0.580 - j0.178$$

因为 $z_1$、$z_2$ 均在单位圆内，所以系统是稳定的。

（2）将 $K = 5$、$T = 1$ 代入方程，得

$$z^2 + 1.792z + 0.368 = 0$$

解得

$$z_1 = -0.237, \quad z_2 = -1.555$$

因为 $z_2$ 在单位圆外，所以系统是不稳定的。

2）Routh（劳斯）判据

连续系统中的 Routh 判据可判别根是否全在 $s$ 左半平面中，从而确定系统的稳定性。而在 $z$ 平面内，稳定性取决于根是否全在单位圆内。因此 Routh 判据是不能直接应用的，如果将 $z$ 平面再复原到 $s$ 平面，则系统的方程中又将出现超越函数。所以需要再寻找一种新的变换，使 $z$ 平面的单位圆内映射到一个新的平面的虚轴的左侧。此新的平面我们称为 $w$ 平面，在此平面上，我们就可直接应用 Routh 稳定判据了。

进行双线性变换

$$z = \frac{w+1}{w-1} \tag{6-26}$$

同时有

$$w = \frac{z+1}{z-1} \tag{6-27}$$

其中 $z$、$w$ 均为复变量，写作

$$\begin{cases} z = x + \mathrm{j}y \\ w = u + \mathrm{j}v \end{cases} \tag{6-28}$$

将式（6-28）代入式（6-27），并将分母有理化，整理后得

$$w = u + \mathrm{j}v = \frac{x + \mathrm{j}y + 1}{x + \mathrm{j}y - 1} = \frac{[(x+1) + \mathrm{j}y][(x-1) - \mathrm{j}y]}{(x-1)^2 + y^2}$$

$$= \frac{x^2 + y^2 - 1 - 2\mathrm{j}y}{(x-1)^2 + y^2} = \frac{x^2 + y^2 - 1}{(x-1)^2 + y^2} - \mathrm{j}\frac{2y}{(x-1)^2 + y^2} \tag{6-29}$$

$w$ 平面的实部为

$$u = \frac{x^2 + y^2 - 1}{(x-1)^2 + y^2}$$

$w$ 平面的虚轴对应于 $u=0$，则有

$$x^2 + y^2 - 1 = 0$$

即

$$x^2 + y^2 = 1 \tag{6-30}$$

式（6-30）为 $z$ 平面中的单位圆方程，若极点在 $z$ 平面的单位圆内，则有 $x^2 + y^2 < 1$，对应于 $w$ 平面中的 $u < 0$，即虚轴以左；若 $x^2 + y^2 > 1$，则为 $z$ 平面的单位圆外，对应于 $w$ 平面中的 $u > 0$，即虚轴以右，如图 6-18 所示。

经过 z-w 变换后，对原离散系统的稳定性问题变成了判别 $w$ 传递函数的特征根是否在左半平面中的问题，因而可用 Routh 判据加以判别。

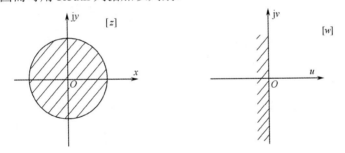

图 6-18　$z$ 平面和 $w$ 平面之间的映射关系

**【例 6.8】** 设系统的特征方程为

$$D(z) = 45z^3 - 117z^2 + 119z - 39 = 0$$

试用 $w$ 平面的 Routh 判据判别稳定性。

将

$$z = \frac{w+1}{w-1}$$

代入特征方程得

$$45\left(\frac{w+1}{w-1}\right)^3 - 117\left(\frac{w+1}{w-1}\right)^2 + 119\left(\frac{w+1}{w-1}\right) - 39 = 0$$

两边乘 $(w-1)^3$，化简后得

$$D(w) = w^3 + 2w^2 + 2w + 40 = 0$$

列劳斯表

| | | | |
|---|---|---|---|
| $w^3$ | 1 | 2 | 0 |
| $w^2$ | 2 | 40 | 0 |
| $w^1$ | −18 | 0 | |
| $w^0$ | 40 | | |

因为第一列元素有两次符号改变，所以系统不稳定。因表中首列符号变化两次，表示有两个根在 $w$ 右半平面，即有两个根在 $z$ 平面的单位圆外。

## 6.5.2 离散控制系统动态性能分析

与连续系统分析类似，如果能了解闭环极点位置与系统过渡过程之间的关系，对于分析和设计离散系统是十分重要的。研究系统闭环极点（特征根）在 $z$ 平面上的位置与系统阶跃响应过渡过程之间的关系，可以定性地了解系统参数对动态性能的影响，这对离散系统分析和校正均具有指导意义。一般情况下，对于闭环脉冲传递函数的典型线性离散控制系统，其闭环脉冲传递函数 $\Phi(z)$ 可以表示为两个多项式之比的形式，即

$$\Phi(z) = \frac{X_o(z)}{X_i(z)} = \frac{b_m z^m + b_{m-1} z^{m-1} + \cdots + b_1 z + b_0}{a_n z^n + a_{n-1} z^{n-1} + \cdots + a_1 z + a_0}$$

$$= K \frac{(z-z_1)(z-z_2)\cdots(z-z_m)}{(z-p_1)(z-p_2)(z-p_n)} = K \frac{\prod\limits_{i=1}^{m}(z-z_i)}{\prod\limits_{j=1}^{n}(z-p_j)} = K \frac{P(z)}{D(z)} \qquad (6\text{-}31)$$

式中，$z_i$（$i = 1, 2, \cdots, m$）为系统的闭环零点；$p_j$（$j = 1, 2, \cdots, n$）为系统的闭环极点；$K$ 为系统稳态增益。

对于实际系统来说，有 $n \geqslant m$。式中 $z_i$ 和 $p_j$ 可以是实数或复数。为了简化讨论，假定 $\Phi(z)$ 无重复极点。则系统在单位阶跃输入信号的作用下，输出的 Z 变换为

$$X_o(z) = \Phi(z) X_i(z) = K \frac{P(z)}{D(z)} \cdot \frac{z}{z-1}$$

进行部分分式展开

$$X_o(z) = \frac{A_0 z}{z-1} + \sum_{i=1}^{n} \frac{A_i z}{z-p_i}$$

取 $X_o(z)$ 的 Z 逆变换，即可求得系统输出在采样时刻的离散值为

$$x_o(kT) = A_0 + \sum_{i=1}^{n} A_i p_i^k \qquad (k = 0, 1, 2, \cdots)$$

式中，第一项 $A_0$ 为 $x_o(kT)$ 的稳态分量；第二项 $\sum\limits_{i=1}^{n} A_i p_i^k$ 为 $x_o(kT)$ 的瞬态响应分量，其中各子分量的形式则取决于闭环极点的性质及其在 $z$ 平面上的位置。现分别讨论如下。

（1）实数极点对应的瞬态分量如图 6-19 所示。

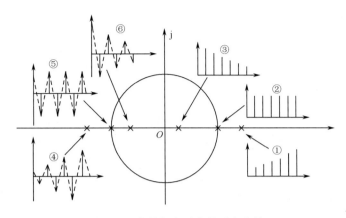

图 6-19　实数极点对应的瞬态分量

设 $p_j$ 为正实数，即极点位于图 6-19 所示的 $z$ 平面的右半平面，对应的瞬态分量按指数规律变化。进一步讨论如下。

① $p_j>1$，极点位于单位圆外，系统将是不稳定的。

② $p_j=1$，极点在单位圆与正实轴的交点上，则对应的响应分量为等幅序列。系统处于稳定边界。

③ $p_j<1$，极点在单位圆内的正实轴上，则对应的响应分量按指数规律衰减，且极点越靠近原点，其值越小、衰减越快。

设 $p_j$ 为负实数，即极点位于图 6-19 所示的 $z$ 平面的左半平面，则对应的瞬态分量按正负交替方式振荡。因为当 $k$ 为偶数时，$A_i p_i^k$ 为正值，而当 $k$ 为奇数时，$A_i p_i^k$ 为负值。振荡角频率为采样频率的一半，即 $\omega = \dfrac{1}{2}\omega_s = \dfrac{\pi}{T}$。这种情况下，过渡过程特性最差。进一步讨论如下。

④ $p_j<-1$，极点在单位圆外的负实轴上，对应的响应分量为正负交替发散振荡形式。

⑤ $p_j=-1$，极点在单位圆与负实轴的交点上，则对应的响应分量为正负交替等幅振荡形式。

⑥ $-1<p_j<0$，极点在单位圆内的负实轴上，对应的响应分量为正负交替收敛振荡形式。

（2）复数极点及其对应的瞬态分量如图 6-20 所示。

当 $p_j$ 为复数时，则必为共轭复数，$p_j$ 和 $p_{j+1}$ 成对出现，$p_j$、$p_{j+1}=|p_j|e^{\pm j\theta_j}$，则对应的瞬态响应分量为余弦振荡形式，振荡角频率与共扼复数极点的辐角 $\theta_j$ 有关（$\omega=\dfrac{\theta_j}{T}$），$\theta_j$ 越大，振荡角频率越高。

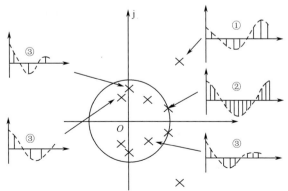

图 6-20　复数极点及其对应的瞬态分量

① $\left|p_j\right|>1$，极点在单位圆外的 $z$ 平面上，则对应的响应分量为增幅振荡形式，系统将是不稳定的。

② $\left|p_j\right|=1$，极点在单位圆上，则对应的响应分量为等幅振荡形式，系统处于稳定边界。

③ $\left|p_j\right|<1$，极点在单位圆内，则对应的响应分量为衰减振荡形式。

通过以上分析可知，为了使采样系统具有良好的过渡过程，其闭环极点应尽量避免配置在单位圆的左半部，尤其不要靠近负实轴。闭环极点最好配置在单位圆的右半部，而且是靠近原点的地方。这样，系统的过渡过程进行得较快，从而使系统具有较好的快速性。

## 6.5.3 离散控制系统稳态性能分析

与连续系统相似，离散系统的稳态性能用稳态误差进行描述，其分析方法与连续系统类似，同样可以用终值定理来求取稳态误差，也同样与系统的类型、参数等有关。下面讨论单位反馈采样系统在典型输入信号作用下的稳态误差。

设采样系统的结构图如图 6-21 所示。$G(s)$ 是系统连续部分的传递函数，该系统的误差为

$$E(z)=\frac{1}{1+G(z)}X_i(z)$$

假定系统是稳定的，且 $E(z)$ 不含有 $z=1$ 的二重及以上的极点，则由 Z 变换的终值定理求出采样时刻的稳态误差为

$$e_{ss}=\lim_{k\to\infty}e(k)=\lim_{z\to1}(z-1)E(z)=\lim_{z\to1}(z-1)\frac{1}{1+G(z)}X_i(z) \qquad （6-32）$$

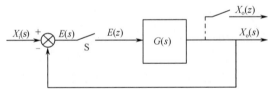

图 6-21　采样系统结构图

上式表明系统的稳态误差既和输入有关，也和系统的结构和参数有关。由于开环脉冲传递函数 $z=1$ 的极点与开环传递函数 $s=0$ 的极点相对应，因而类似于连续系统，采样系统按其开环脉冲传递函数所含 $z=1$ 的极点数而分为 0 型、I 型和 II 型系统。下面分别讨论这 3 种典型输入信号作用下离散系统的稳态误差。

### 1. 单位阶跃输入信号作用下的稳态误差

由 $x_i(t)=1(t)$，得

$$X_i(z)=\frac{z}{z-1}$$

将此式代入式（6-32），得稳态误差为

$$e_{ss}=\lim_{z\to1}(z-1)\cdot\frac{1}{1+G(z)}\cdot\frac{z}{z-1}=\lim_{z\to1}\frac{z}{1+G(z)} \qquad （6-33）$$

与连续系统类似，定义

$$K_p = \lim_{z \to 1} G(z) \tag{6-34}$$

为静态位置误差系数。则稳态误差为

$$e_{ss} = \frac{1}{1 + K_p} \tag{6-35}$$

从 $K_p$ 定义式中可以看出，当 $G(z)$ 中有一个以上 $z = 1$ 的极点时，$K_p = \infty$，则稳态误差为零。也就是说，系统在阶跃输入信号作用下，无误差的条件是 $G(z)$ 中至少要有一个 $z = 1$ 的极点。

### 2. 单位斜坡输入信号作用下的稳态误差

由 $x_i(t) = t$，得

$$X_i(z) = \frac{Tz}{(z-1)^2}$$

将此式代入式（6-32），得稳态误差为

$$e_{ss} = \lim_{z \to 1} (z-1) \cdot \frac{1}{1 + G(z)} \cdot \frac{Tz}{(z-1)^2} = \lim_{z \to 1} \frac{Tz}{(z-1)[1 + G(z)]} = \lim_{z \to 1} \frac{T}{(z-1)G(z)} \tag{6-36}$$

定义

$$K_v = \lim_{z \to 1} (z-1)G(z) \tag{6-37}$$

为静态速度误差系数。则稳态误差为

$$e_{ss} = \frac{T}{K_v} \tag{6-38}$$

从 $K_v$ 定义式中可以看出，当 $G(z)$ 中有两个以上 $z = 1$ 的极点时，$K_v = \infty$，则稳态误差为零。也就是说，系统在斜坡输入信号作用下，无误差的条件是 $G(z)$ 中至少要有两个 $z = 1$ 的极点。

### 3. 单位抛物线输入信号作用下的稳态误差

由 $x_i(t) = \frac{1}{2}t^2$，可得

$$X_i(z) = \frac{T^2 z(z+1)}{2(z-1)^3}$$

将此式代入式（6-32），得稳态误差为

$$e_{ss} = \lim_{z \to 1} (z-1) \frac{1}{1 + G(z)} \frac{T^2 z(z+1)}{2(z-1)^3} = \lim_{z \to 1} \frac{T^2}{(z-1)^2 G(z)} \tag{6-39}$$

定义

$$K_a = \lim_{z \to 1} (z-1)^2 G(z) \tag{6-40}$$

为静态加速度误差系数。则稳态误差为

$$e_{ss} = \frac{T^2}{K_a} \tag{6-41}$$

从 $K_a$ 定义式中可以看出，当 $G(z)$ 中有 3 个以上 $z = 1$ 的极点时，$K_a = \infty$，则稳态误差为零。也就是说，系统在抛物线函数输入信号作用下，无误差的条件是 $G(z)$ 中至少要有 3 个 $z = 1$ 的极点。

从上面分析中可以看出，采样系统采样时刻的稳态误差与输入信号的形式及开环脉冲传递

函数 $G(z)$ 中 $z=1$ 的极点数目有关。在连续系统的误差分析中，曾以开环传递函数 $G(s)$ 中 $s=0$ 的极点数目（即积分环节数目）$v$ 来命名系统的型别。由于在 $z$ 平面上 $G(z)$ 中 $z=1$ 的极点数与 $s$ 平面上 $G(s)$ 中 $s=0$ 的极点数是相等的，所以 $G(z)$ 中 $z=1$ 的极点数就是系统的型别号 $v$，对于 $G(z)$ 中 $z=1$ 的极点数为 0, 1, 2, $\cdots$, $v$ 的采样系统，分别称为 0, 1, 2, $\cdots$, $v$ 型系统。

由上面的分析可以看出，上述所得结果在形式上与连续系统完全相似。采样系统的稳态误差除与系统的结构、参数和输入信号有关外，还与采样周期 $T$ 的大小有关。缩小采样周期 $T$，将使系统的稳态误差减小。总结上面讨论结果，列成表 6-1。

表 6-1　典型输入信号作用下系统的稳态误差

| 系 统 型 别 | 输 入 信 号 | | |
| --- | --- | --- | --- |
| | $x_i(t)=1(t)$ | $x_i(t)=t$ | $x_i(t)=\frac{1}{2}t^2$ |
| 0 | $\frac{1}{1+K_p}$ | $\infty$ | $\infty$ |
| 1 | 0 | $\frac{T}{K_v}$ | $\infty$ |
| 2 | 0 | 0 | $\frac{T^2}{K_a}$ |

## 6.6　基于 MATLAB/Simulink 的离散系统分析与校正

前面几节中我们介绍了线性定常连续系统的分析问题，没有涉及离散的数学模型和分析。当前，很多控制工程中的控制器采用数字计算机实现，整个系统是一个数字控制系统，数字控制理论对系统的分析和设计同样重要。本节将简单介绍离散系统的建模和分析。

### 6.6.1　连续系统的离散化

在离散控制系统中，会涉及对模拟控制器的离散化，也会涉及对系统的不可变部分的离散化问题，MATLAB 对离散化转换可采用相应的函数进行。调用格式如下：

```
[Ad,Bd]=c2d(A,B,ts)
[Ad,Bd,Cd,Dd]=c2dm(A,B,ts,'method'),
[numz,denz]=c2dm(num,den,ts,'method')
```

说明：c2d 命令使用离散化的零阶保持器方法，它只有状态空间形式；c2dm 既有状态空间形式，又有传递函数形式。参数 $t_s$（ts）是采样周期。

【例 6.9】　已知系统的被控对象传递函数为

$$G(s)=\frac{10}{(s+1)(s+5)}$$

采样周期 $T=0.1\,\text{s}$，试将其进行离散化处理。

将连续系统的传递函数 $G(s)$ 用零阶保持器法转换成离散脉冲传递函数 $G(z)$，并运行下面程序：

```
>> num=10;
>> den=[1,7,10];
>> ts=0.1;
>> [n_zoh,d_zoh]=c2dm(num,den,ts);
>> tf(n_zoh,d_zoh,ts)
```

其结果为

```
Transfer function：
   0.0398 z + 0.03152
---------------------
z^2 - 1.425 z + 0.4966
Sampling time: 0.1
```

## 6.6.2　离散系统的单位阶跃响应

离散系统的单位阶跃响应，所用函数有 dstep、dimpulse。其中，dstep 是求离散系统的单位阶跃响应。其基本调用格式如下：

```
[c,t]=dstep(n,d)
[c,t]=dstep(n,d,m)
```

说明：dstep 函数可绘制出离散系统以多项式函数 g(z)=n(z)/d(z) 表示的系统的阶跃响应曲线。dstep(n,d,m) 函数可绘制出用户指定的采样点数为 $m$ 的系统的阶跃响应曲线。当带有输出变量引用函数时，可得到系统阶跃响应的输出数据，而不直接绘制出曲线。

dimpulse 的功能为求离散系统的单位脉冲响应，其基本调用格式如下：

```
[c,t]=dimpulse(n,d)
[c,t]=dimpulse(n,d,m)
```

【例 6.10】　同例 6.9，求取 $G(z)$ 的阶跃响应，并绘制 $G(z)$ 的脉冲响应曲线。

根据离散系统阶跃响应和脉冲响应，运行下面的程序：

```
>> num=10;
>> den=[1,7,10];
>> ts=0.1;
>> i=[0:35];
>> time=1*ts;
>> [n_zoh,d_zoh]=c2dm(num,den,ts);
>>dstep(n_zoh,d_zoh,36);
>> grid;
>> figure;
>> dimpulse(n_zoh,d_zoh,36);
```

程序运行结果如图 6-22 和图 6-23 所示。

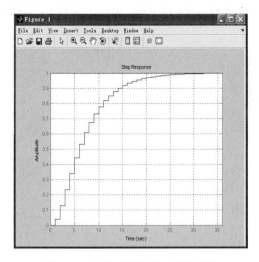
图 6-22　离散系统的阶跃响应曲线

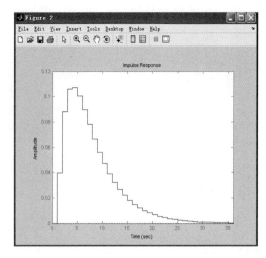
图 6-23　离散系统的脉冲响应曲线

## 6.6.3　离散系统的频域响应

用 MATLAB 绘制离散系统的频域响应曲线，其基本格式如下：

```
[mag,phase]=dbode(A,B,C,D,ts,ui,w)
[mag,phase]=dbode(num,den,ts,ui,w)
```

说明：参数 ts 是采样周期；参数 ui,w 与连续系统的 bode 函数命令相同；所有与连续系统中 bode 有关的命令都适用，其他离散系统的频域响应命令，如 dnyquist、dnichols 用法与 dbode 相似。

【例 6.11】　已知被控对象的传递函数为

$$G(s) = \frac{10}{s(s+2)}$$

采样周期为 1s，试绘制零阶保持器法系统的频率响应。

根据离散系统频域分析函数，运行下面的程序：

```
>> clear
>> num=10;
>> den=[1,2,0];
>> ts=1;
>> w=[0:0.2:10];
>> bode(num,den,w);
>>hold on
>> [nz1,dz1]=c2dm(num,den,ts);
>> dbode(nz1,dz1,ts,w);
>> hold off;
```

其程序运行结果如图 6-24 所示。

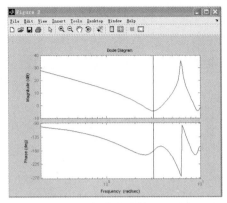

图 6-24　离散系统的 Bode 图

# 本章小结

若控制系统中有一处或几处信号是一组离散的脉冲序列或数码序列，则这样的系统称为离散时间控制系统。当离散控制系统中的离散信号是脉冲序列形式时，将其称为采样控制系统或脉冲控制系统；当离散系统中的离散信号是数码序列形式时，将其称为数字控制系统或计算机控制系统。

采样频率 $f_s$ 大于或等于两倍的被采样的连续信号 $x(t)$ 频谱中的最高频率 $f_{max}$，称为采样定理或香农定理。它是分析和设计离散系统的重要理论依据。

对于线性离散系统，用差分方程来描述系统，用 Z 变换使差分方程变成代数方程，并推导出离散控制系统的脉冲传递函数，其最终的时域解可通过 Z 逆变换求出。

线性离散系统用 $z$ 平面分析系统的稳定性。线性离散系统稳定的充要条件是，线性离散系统的全部特征根 $z_i$ 均分布在 $z$ 平面的单位圆内，或全部特征根的模小于 1，即 $|z_i|<1$。若极点位于单位圆外，系统将不稳定；极点在单位圆与正实轴的交点上，则对应的响应分量为等幅序列，系统处于稳定边界；极点在单位圆内的正实轴上，则对应的响应分量按指数规律衰减，且极点越靠近原点，其值越小、衰减越快。采样系统的稳态误差除与系统的结构、参数和输入信号有关外，还与采样周期 $T$ 的大小有关。缩短采样周期 $T$，将使系统的稳态误差减小。

在 MATLAB 的程序中可利用 c2d(A,B,ts)，c2dm(A,B,ts,'method')，c2dm(num,den,ts, 'method')使连续系统离散化；利用[c,t]=dstep(n,d)，[c,t]=dstep(n,d,m)求离散系统的阶跃响应；利用[c,t]=dimpulse(n,d)，[c,t]=dimpulse(n,d,m)求离散系统的脉冲响应；利用[mag,phase]=dbode(A,B,C,D,ts,ui,w)，[mag,phase]=dbode(num,den,ts,ui,w)对离散系统进行频域分析。

# 习题

6.1　Z 变换的基本性质有哪些？

6.2　求下列函数的初值和终值。

（1）$X(z) = \dfrac{z^2}{(z-0.8)(z-0.1)}$      （2）$X(z) = \dfrac{2}{(1-z^{-1})}$

（3）$X(z) = \dfrac{10z^{-1}}{(1-z^{-1})^2}$      （4）$X(z) = \dfrac{4z^2}{(z-1)(z-2)}$

6.3 某系统的差分方程为

$$2x_o(nT) + 3x_o[(n-1)T] + 5x_o[(n-2)T] + 4x_o[(n-3)T]$$
$$= x_i(nT) + x_i[(n-1)T] + 2x_i[(n-2)T]$$

求其脉冲传递函数。

6.4 求下列函数的脉冲传递函数 $G(z)$。

（1）$G(s) = \dfrac{K}{s(s+a)}$      （2）$G(s) = \dfrac{K}{s^2(s+a)}$

（3）$G(s) = \dfrac{1-e^{-Ts}}{s} \times \dfrac{K}{s(s+a)}$

6.5 求如题 6.5 图所示系统的开环脉冲传递函数和闭环脉冲传递函数 $\Phi(z) = \dfrac{X_o(z)}{X_i(z)}$。假定图中采样开关是同步的。

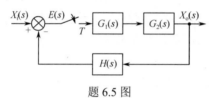

题 6.5 图

6.6 求如题 6.6 图所示系统的开环脉冲传递函数 $G(z)$ 及闭环脉冲传递函数 $\Phi(z)$，其中 $a=1$，$K=1$。

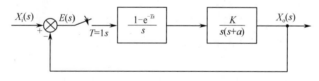

题 6.6 图

6.7 系统结构如题 6.6 图所示，$a=2$，$T=0.5$。

（1）当 $K=8$ 时，分析系统的稳定性。

（2）求 $K$ 的临界稳定值。

6.8 系统结构如题 6.8 图所示，试求 $T=1$ 及 $T=0.5$ 时，系统临界稳定时的 $K$ 值，并讨论采样周期 $T$ 对稳定性的影响。

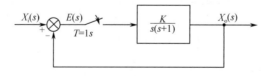

题 6.8 图

6.9 已知系统结构如题 6.8 图所示，其中 $K=1$，$T=1$，输入为 $x_i(t) = 1(t) + t$，试求其稳态误差。

# 第 7 章

# 控制技术在工程中的应用

【学习要点】

本章要求了解工程应用中系统结构图、系统原理图和系统数学模型方框图（职能框图）的画法与区别，学会将控制系统职能框图转化为传递函数框图。了解控制系统的工程设计方法与步骤，知晓数控交流伺服系统参数整定设计的原理、过程和步骤。了解控制技术在工业机器人中的一般应用。

机械工程控制是研究控制论在机械工程中的应用科学，是一门跨机械制造技术和控制理论的新型学科。随着工业生产和科学技术的不断向前发展，机械工程控制作为一门新的学科越来越为人们所重视，原因是它不仅能满足今天自动化技术高度发展的需要，同时也与信息科学和系统科学紧密相关，更重要的是它提供了辩证的系统分析方法，不但从局部而且从总体上认识和分析机械系统，改进和完善机械系统，以满足科技发展和工业生产的实际需要。

控制工程技术是我国机械行业中一项重要的技术，涉及计算机技术、通信技术等，是一种自动化处理和控制技术。同时，控制技术在不断发展的过程中，在我国机械行业得到了广泛的应用，并且通过利用多输入、多输出、改变参数等功能，得到了机械行业的重视。另外，在控制工程应用的过程中，通过利用模块控制的方法，来完成控制系统的操作方法，并且通过硬件和软件系统的相结合，有效地实现了控制的目的。同时，控制工程技术在运用的过程中，由于其操作流程相对简单，具有很好的控制性能，并且将各种信息技术进行应用和融合，把机械工程生产的复杂性进行有效的简化，可以有效地提升机械工程生产效率，使控制工程的优势得以全面的展现，进一步促进了控制工程技术的发展。

控制技术的应用表现在工程领域的各个方面。

（1）在机械制造过程自动化方面。现代生产对机械制造过程的自动化提出了越来越多、越来越高的要求。一是所采用的生产设备与控制系统越来越复杂；二是所要求的技术经济指标越来越高。这就必然导致"自动化"与"最优化"和"可靠性"的结合，从而使得机械制造过程的自动化技术从一般的自动机床、自动生产线发展到数控机床、多维计算机控制设备、柔性自动生产线、无人化车间，乃至设计、制造、管理一体化的计算机集成制造系统 CIMS。伴随着制造理论、计算机网络技术和智能技术及管理科学的发展，发展到网络环境下的智能制造系统，包括网络化的制造系统的组织与控制、智能机器人、智能机床，以及其中的智能控制乃至于发展到全球化制造。

（2）在对加工过程的研究方面。现代生产一方面是生产效率越来越高，例如，高速切削、强力切削等日益获得广泛应用；另一方面是加工质量特别是加工精度越来越高，0.1 微米精度级、0.01 微米精度级乃至纳米精度级的相继出现，使得加工过程中的"动态效应"不容忽视。这就要求把加工过程如实地作为一个动态系统加以研究。

（3）在产品与设备的设计方面。同制造过程和加工过程自动化密切相关，正在突破而且还在不断突破以往的经验设计、试凑设计、类比设计的束缚，在充分考虑产品与设备的动态特性的条件下，密切结合其工作过程，探索建立它们的数学模型，采用计算机及其网络进行优化设计，甚至采用人机交互对话即人机信息相互反馈的人工智能专家系统进行设计。

（4）在动态过程或参数的测试方面。以往的测量一般是建立在静止基础上的，而现在以控制理论作为基础与信息技术手段的动态测试技术发展十分迅速。动态误差、动态位移、振动、噪声、动态力与动态温度等动态物理量的测量，从基本概念、测试方法、测试手段到测试数据的处理方法无不同控制论息息相关。

总之，控制理论、计算机技术，尤其是信息技术，同机械制造技术的结合，将促使机械制造领域中的构思、研究、试验、设计、制造、诊断、监控、维修、组织、销售、服务、回收、管理等各方面发生巨大的乃至根本性的变化。

本章将通过几个实例介绍控制理论与技术在工程中的实际应用。

## 7.1 控制系统职能原理框图到传递函数框图的转化

在实际生产中，常给出的是反映控制系统工作原理的职能框图，而要对控制系统进行定量分析和研究，就需要建立控制系统的传递函数方框图。从控制系统的职能框图转化为传递函数框图，是分析和研究控制系统非常重要的内容。下面通过几个工程实例，说明这种转换方法。

### 1. 导弹发射架方位随动控制系统

如图 7-1 所示是控制导弹发射架方位的电位器式随动系统原理图。图中电位器 $P_1$、$P_2$ 并联后跨接到同一电源 $E_0$ 的两端，其滑臂分别与输入轴和输出轴相连接，组成方位角的给定元件和测量反馈元件。输入轴由手轮操纵，输出轴则由直流电动机经减速后带动，电动机采用电枢控制方式工作。

系统的工作原理：当导弹发射架的方位角与输入轴方位角一致时，系统处于相对静止状态。当摇动手轮使电位器 $P_1$ 的滑臂转过一个输入角 $\theta_i$ 的瞬间，由于输出轴的转角 $\theta_o \neq \theta_i$，于是出现一个误差角 $\theta_e = \theta_i - \theta_o$，该误差角通过电位器 $P_1$、$P_2$ 转换成偏差电压 $u_e = u_i - u_o$，$u_e$ 经放大器

放大 $K_p$ 倍后驱动直流电动机 M 转动，在驱动导弹发射架转动的同时，通过输出轴带动电位器 $P_2$ 的滑臂转过一定的角度 $\theta_o$。直至 $\theta_o = \theta_i$ 时，$u_i = u_o$，偏差电压 $u_e = 0$，电动机停止转动。这时，导弹发射架停留在相应的方位角上。只要 $\theta_i \neq \theta_o$，偏差就会产生调节作用，控制的结果是消除偏差 $\theta_e$，使输出量 $\theta_o$ 严格地随输入量 $\theta_i$ 的变化而变化。

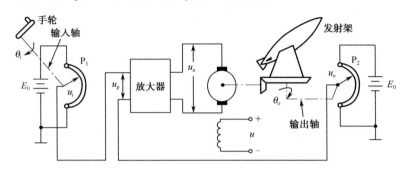

图 7-1　导弹发射架方位角控制系统原理图

系统中，导弹发射架是被控对象，发射架方位角 $\theta_o$ 是被控量，通过手轮输入的角度 $\theta_i$ 是给定量。根据系统工作原理图可画出系统方框图，如图 7-2 所示。

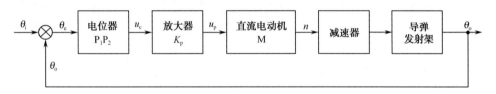

图 7-2　导弹发射架方位角控制系统方框图

### 2．位置随动系统

某位置随动系统原理框图如图 7-3 所示，直流稳压电源为 $E$，电位器最大工作角度为 $Q_m$，第一级和第二级运算放大器的放大系数为 $K_1$、$K_2$，功率放大器放大系数为 $K_3$，系统输入为 $Q_r$，系统输出为 $Q_c$。

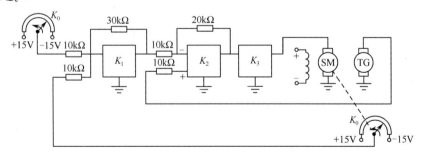

图 7-3　位置随动系统原理框图

首先根据直流稳压电源 $E$ 和电位器最大工作角度 $Q_m$，可求得电位器的传递函数 $K_0 = \dfrac{E}{Q_m}$；然后根据原理框图中各环节的输入输出关系，可画出控制系统结构方框图如图 7-4 所示。

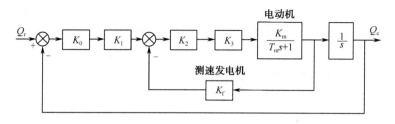

图 7-4 控制系统结构方框图

进一步，对图 7-4 的方框图进行化简，可求得该随动系统的闭环传递函数如下：

$$\frac{Q_c(s)}{Q_r(s)} = \frac{\dfrac{K_0 K_1 K_2 K_3 K_m}{s(T_m s+1)}}{1 + \dfrac{K_2 K_3 K_m K_t}{T_m s+1} + \dfrac{K_0 K_1 K_2 K_3 K_m}{s(T_m s+1)}} = \frac{1}{\dfrac{T_m}{K_0 K_1 K_2 K_3 K_m} s^2 + \dfrac{1 + K_2 K_3 K_m K_t}{K_0 K_1 K_2 K_3 K_m} s + 1}$$

### 3. 转速单闭环直流调速系统

如图 7-5 所示为具有转速负反馈的闭环直流电动机调速系统原理框图，被调量是电动机的转速 $n$，给定量是给定电压 $U_n^*$，在电动机轴上安装测速发电机 TG，引出与被调量转速成正比的负反馈电压 $U_n$，$U_n$ 与给定电压 $U_n^*$ 相比较后，得到转速偏差电压 $\Delta U_n$，经过比例放大器 A，产生电力电子变换器 UPE 所需的控制电压 $U_c$，以控制电动机转速 $n$。试根据其工作原理框图转化得到系统的稳态结构框图和动态传递函数方框图。

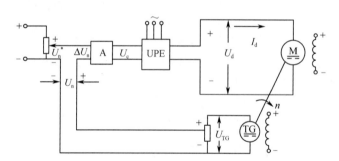

图 7-5 带转速负反馈的闭环直流电动机调速系统原理框图

1）确定控制系统的稳态结构框图

首先根据动力学方程求得各环节输入输出的稳态关系如下：

| | |
|---|---|
| 电压比较环节 | $\Delta U_n = U_n^* - U_n$ |
| 放大器 A | $U_c = K_p \Delta U_n$ |
| 电力电子变换器 UPE | $U_{do} = K_s U_c$ |
| 测速反馈环节 | $U_n = \alpha n$ |
| 调速系统开环机械特性 | $n = \dfrac{U_{do} - I_d R}{C_e}$ |

以上关系式中，$K_p$ 为放大器的比例系数，$K_s$ 为控制器环节的放大系数，$\alpha$ 为转速反馈系数，$C_e$ 为电动机的电势常数，$U_{do}$ 为电力电子变换器理想空载输出电压，$R$ 为电枢回路总电阻。

根据上述 5 个关系式消去中间变量，整理后，即得转速负反馈闭环直流调速系统的稳态特性方程式

$$n = \frac{K_p K_s U_n^* - I_d R}{C_e(1 + K_p K_s \alpha / C_e)} = \frac{K_p K_s U_n^*}{C_e(1+K)} - \frac{R I_d}{C_e(1+K)} \tag{7-1}$$

式中，$K = \dfrac{K_p K_s \alpha}{C_e}$，为闭环系统的开环放大系数。

利用上述各环节的稳态关系式可以画出闭环系统的稳态结构方框图，如图 7-6 所示。图中有两个输入量，即给定量 $U_n^*$ 和扰动量 $-I_d R$。

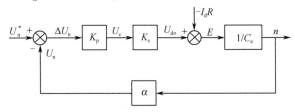

图 7-6　转速负反馈闭环直流调速系统稳态结构方框图

2）确定控制系统的动态传递函数方框图

为了分析调速系统的稳定性和动态品质，首先必须建立描述系统动态物理规律的数学模型。对于连续的线性定常系统，其数学模型是常微分方程，经过拉氏变换，可用传递函数和动态结构方框图表示。

带转速负反馈的闭环直流电动机调速系统是一个典型的运动系统，它由 4 个环节组成。根据系统中各环节的物理规律，列出描述该环节动态过程的微分方程，求出各环节的传递函数，组成系统的动态结构方框图，并求出系统的传递函数。

从给定输入出发，第一个环节是比例放大器，其相应地可以认为是瞬时的，所以它的传递函数就是它的放大系数，即

$$W_p(s) = \frac{U_c(s)}{\Delta U_n(s)} = K_p \tag{7-2}$$

第二个环节是电力电子变换器 UPE，不管是采用晶闸管触发整流装置还是采用 PWM 控制与变换装置来作为直流电动机调速的可控电源，都是一个滞后环节。其滞后作用由装置的采样时间 $T_s$ 来决定，它们的传递函数的表达式都是相同的，即

$$W_s(s) = \frac{U_{do}(s)}{U_c(s)} \approx \frac{K_s}{1 + T_s s} \tag{7-3}$$

式中，$T_s$ 是晶闸管触发整流装置或 PWM 控制与变换装置的平均采样时间。

第三个环节是直流电动机，为了推导带转速负反馈的闭环直流电动机调速系统的传递函数方框图，有必要消去电流变量 $I_d$，可将 $I_{dL}$ 的合成点前移，再进行等效变换，得到如图 7-7 所示的形式，$T_m$ 为电磁时间常数。

第四个环节是测速反馈环节，一般认为其响应时间是瞬时的，传递函数就是它的放大系数，即

$$W_{fn}(s) = \frac{U_n(s)}{N(s)} = \alpha \tag{7-4}$$

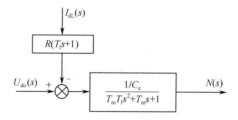

图 7-7　直流电动机动态传递函数框图变换

得到 4 个环节的传递函数以后，把它们按照信号传递的顺序相连，即可画出带转速负反馈的闭环直流电动机调速系统的传递函数方框图，如图 7-8 所示。

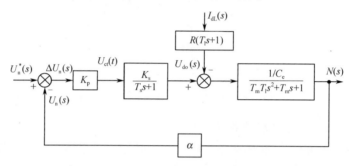

图 7-8　反馈控制闭环直流调速系统的动态传递函数方框图

此时的调速系统可以近似看成一个三阶线性系统。由图 7-5 可求得采用放大器的闭环直流调速系统的开环传递函数为

$$W(s) = \frac{U_n(s)}{\Delta U_n(s)} = \frac{K}{(T_s s + 1)(T_m T_1 s^2 + T_m s + 1)}$$

式中，$K = K_p K_s \alpha / C_e$。因此，该系统的闭环传递函数为

$$
\begin{aligned}
W_{cl}(s) = \frac{N(s)}{U_n^*} &= \frac{\dfrac{K_p K_s / C_e}{(T_s s + 1)(T_m T_1 s^2 + T_m s + 1)}}{1 + \dfrac{K_p K_s \alpha / C_e}{(T_s s + 1)(T_m T_1 s^2 + T_m s + 1)}} = \frac{K_p K_s / C_e}{(T_s s + 1)(T_m T_1 s^2 + T_m s + 1) + K} \\
&= \frac{\dfrac{K_p K_s}{C_e(1 + K)}}{\dfrac{T_m T_1 T_s}{1 + K} s^3 + \dfrac{T_m(T_1 + T_s)}{1 + K} s^2 + \dfrac{T_m + T_s}{1 + K} s + 1}
\end{aligned}
$$

$$(7\text{-}5)$$

利用方框图的传递函数，可以进一步分析该系统的稳定性和动态性能。

# 7.2　数控交流伺服系统参数整定

本节通过数控交流伺服系统设计及参数整定的实例来说明控制系统的工程设计方法与步骤。

数控机床交流伺服系统常采用电流环、速度环和位置环组成的三环 PID 控制结构，如

图 7-9 所示。最内环是电流环,其次是速度环,最外环是位置环。各环节性能的最优化是整个伺服系统高性能的基础,而外环性能的发挥依赖于系统内环的优化。

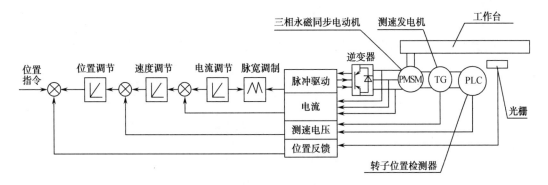

图 7-9 三环 PID 控制结构图

在数控伺服系统中,电流环以伺服电动机的电枢电流为反馈量,通过调节功率放大器输出,使电动机的转矩跟踪希望的设定值,以提高系统的快速性和及时抑制电流环内部的干扰;速度环以电动机轴的转速为反馈量,以调节电动机输出转速,抵抗负载扰动和转速波动,为伺服系统快速准确地定位与跟踪提供条件;位置环以控制对象的线位移或角位移输出为反馈量,主要作用是保证系统的稳态精度和动态跟踪性能。

**1. 电流环设计及参数整定**

1)电流环结构回路及简化

电流环是高性能伺服系统构成的根本,其动态响应特性关系到控制策略的实现,直接影响整个系统的动态性能。电流环中包括电流调节器,电压空间矢量逆变器 SVPWM 和电流检测装置等,各组成部分的传递函数如下。

SVPWM 逆变器:在分析电流环动态特性时,SVPWM 逆变器可以看成具有时间常数 $T_s$( $T_s$ 为 SVPWM 逆变器的工作周期)的一阶惯性环节与比例放大环节的串联,其传递函数可表达为

$$G_{PWM}(s) = \frac{K_{PWM}}{T_s s + 1} \quad (7-6)$$

式中, $K_{PWM}$ 为逆变器比例放大系数; $T_s$ 为 SVPWM 逆变器的工作周期。

电流反馈滤波器:由于 SVPWM 输出电压和电流检测环节的反馈信号中往往含有交流谐波分量,容易造成系统的振荡,因此需要增加低通数字滤波器装置,可以用一阶惯性环节来表示,其中时间常数 $\tau_{fi}$ 一般为给定值。

电流检测环节:电流环中采用数字 A/D 采样装置,电流反馈系数 $\beta = 1$。

电流调节器:采用数字 PID 调节器,因此要添加 A/D 转换模块与 D/A 转换模块。

前向通道滤波器:电流反馈滤波器使反馈信号产生延迟,为平衡这一延迟作用,在给定信号的前向通道中也需要加入一个时间常数与之相同的惯性环节,它可以让给定信号与反馈信号经过相同的时间延迟,使二者在时间上得到恰当的匹配。

在永磁同步电动机解耦模型的基础上,以各组成部分的传递函数可建立起永磁同步电动机电流环的结构框图,如图 7-10 所示。

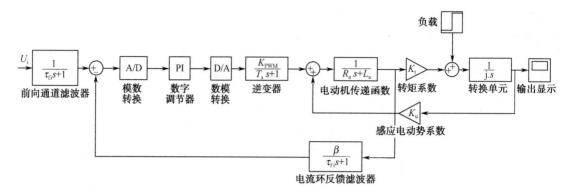

图 7-10 电流环结构框图

为简化电流调节器的设计，通常会基于工程设计原则对电流环动态结构框图进行简化。

（1）忽略反馈电动势：由于电磁时间常数一般远小于机电时间常数，因而转速变化比电流变化慢得多。在电流环的电流瞬变过程中，可以认为反馈电动势不变，所以电流环设计时可忽略反馈电动势。因此电流环可简化为如图 7-11 所示。

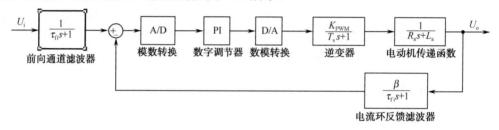

图 7-11 忽略反馈电动势的电流环简化框图

（2）由于电流环反馈滤波器与前向通道滤波器的时间常数相同，可等效为一个前向通道中时间常数与它们相同的惯性环节，同时把输入信号转变成 $\dfrac{U_i}{\beta}$，再次简化后的动态结构框图如图 7-12 所示。

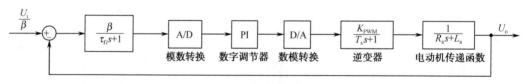

图 7-12 滤波器时间常数等效后的电流环简化框图

（3）小惯性环近似成惯性环节。由于 SVPWM 逆变器和滤波器时间常数很小，它们的倒数在频域中都处于对数频率特性的高频段，因此对它们近似处理不会显著地影响系统的动态性能。简化后的电流环框图如图 7-13 所示。

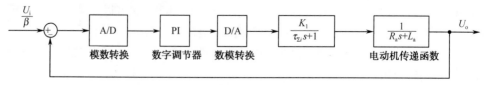

图 7-13 小惯性处理后的电流环简化框图

图中，$\tau_{\Sigma i} = \tau_{fi} + \tau_0$，$K_1 = \beta K_{PWM}$。

由图 7-13 可知，电流控制器的调节对象是由两个惯性环节构成的，其传递函数为

$$G_1(s) = \frac{K_1}{\tau_{\Sigma i}s + 1} \cdot \frac{1}{L_a s + R_a} = \frac{K_1}{\tau_{\Sigma i}s + 1} \cdot \frac{1/R_a}{\tau_a s + 1} \tag{7-7}$$

式中，$\tau_a = L_a / R_a$ 为电动机的电气时间常数。

2）电流环数字 PI 调节器设计

根据控制系统的要求，在稳态上希望电流环无静差，在动态上希望在启动过程中电流不要超过允许值，即不要有超调量，或超调量越小越好。从这两点上来看，应该把电流环校正成典型 I 型系统。电流环控制器应选用数字 PI 调节器，其差分方程为

$$u(n) = K_p e(n) + K_I T_i \sum_{i=1}^{n} e(i) \tag{7-8}$$

式中，$T_i$ 为电流环的采样周期。

对差分方程进行 Z 变换，得到其传递函数

$$G_i(z) = K_P + K_I \frac{T_s}{z-1} \tag{7-9}$$

数字 PI 调节器的差分方程对应的时域方程为

$$u(t) = K_p e(t) + K_I \int e(t)\,dt \tag{7-10}$$

其传递函数为

$$G_i(s) = K_P + K_I \frac{1}{s} \tag{7-11}$$

电流环调节器的设计主要是对调节器的参数整定，通过时域方程与差分方程比较，可以根据模拟系统的分析方法对时域方程中的参数进行整定。因为 $\tau_a < \tau_{\Sigma i}$，为了让控制器的零点对抵消掉控制对象的大时间常数极点，因此取 $\tau_a = K_P / K_I$，则电流环的开环传递函数成为典型 I 型形式

$$G_I(s) = \frac{K_i}{s(\tau_{\Sigma i}s + 1)} \tag{7-12}$$

式中，$K_i = \dfrac{K_P \beta K_{PWM}}{R_a \tau_a}$。

上式表示的电流环是二阶系统，按照"二阶最佳系统"设计，取 $\zeta = 0.707$，$K_i = 1/2\tau_{\Sigma i}$，则有

$$K_P = \frac{R_a \tau_a}{2\beta K_{PWM} \tau_{\Sigma i}}$$

又因为 $\tau_a = \dfrac{L_a}{R_a}$，故在模拟系统中的电流环调节器参数 $K_P$ 和 $K_I$ 分别为

$$K_P = \frac{L_a}{2\beta \tau_{\Sigma i}} \tag{7-13}$$

$$K_I = \frac{K_P}{\tau_a} = \frac{R_a}{2\beta \tau_{\Sigma i}} \tag{7-14}$$

## 2．速度环设计及参数整定

在设计速度环时，可以把已经设计好的电流环用等效传递函数来代替，作为速度控制系统

中的一个环节，并作为被控对象。

1）电流环等效闭环传递函数

电流环等效闭环传递函数可由图 7-13 得出。

因为 $\dfrac{\beta i_q(s)}{U_i^*(s)} = \dfrac{\dfrac{K_i}{(\tau_{\Sigma i}s+1)}}{1+\dfrac{K_i}{(\tau_{\Sigma i}s+1)}}$，又由于 $K_i = \dfrac{1}{2\tau_{\Sigma i}}$，所以得

$$\frac{I_a(s)}{U_i^*(s)} = \frac{1/\beta}{2\tau_{\Sigma i}^2 s^2 + 2\tau_{\Sigma i}s + 1} \tag{7-15}$$

由式（7-15）可知，电流环是一个二阶振荡环节，其固有频率为 $\omega_n = 1/(\sqrt{2}\tau_{\Sigma i})$。因为一般情况下速度环的截止频率 $\omega_c > 1/(\sqrt{2}\tau_{\Sigma i})$，因此可以忽略高次项，可以对电流环闭环传递函数进行降阶处理。电流环一阶闭环传递函数等效为 $\dfrac{I_a(s)}{U_i^*(s)} = \dfrac{1/\beta}{2\tau_{\Sigma i}s+1}$。

将双惯性环节等效为时间常数为 $2\tau_{\Sigma i}$（小时间常数）的单惯性环节后，加快了电流的跟随作用，得到速度环的动态结构框图如图 7-14 所示。

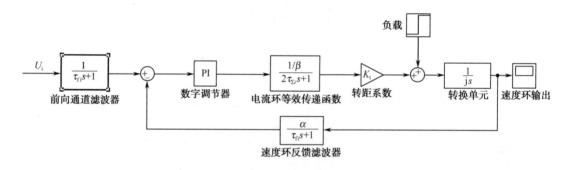

图 7-14　速度环的动态结构框图

2）速度环调节器的结构选择和参数整定

速度控制一般要求具有精度高、响应快的特点。因此，可在速度反馈环上加上低通滤波器，并在给定信号后面加上相应的平衡滤波器。速度检测装置反馈系数 $\alpha = 1$。

把反馈滤波器和前向通道滤波器等效地移至内环，给定信号变换为 $U_n^*/\alpha$，并用小时间常数之和 $\tau_{\Sigma n}$ 代替 $\tau_{fn}$ 与 $2\tau_{\Sigma i}$ 之和，即 $\tau_{\Sigma n} = \tau_{fn} + 2\tau_{\Sigma i}$，则速度环进一步简化，如图 7-15 所示。

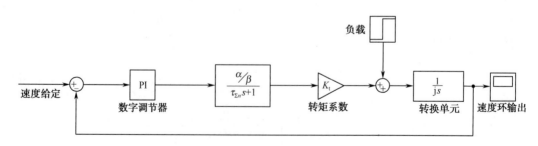

图 7-15　速度简化框图

由图 7-15 可知，速度环的控制对象是一个惯性环节和一个积分环节。由于生产工艺一般

要求速度调节系统稳态时为无静差，动态性能具有良好的抗扰性能，因此在负载扰动之前应该有一个积分环节，这样速度环的开环传递函数有了两个积分环节，所以按照典型 II 型系统进行速度环设计。由图 7-15 可知，如果把速度环校正成典型的 II 型系统，用数字 PI 调节器，则相应的传递函数为

$$G_n(z) = K_{pn} + K_{In}\frac{T_n}{z-1} \tag{7-16}$$

式中，$K_{pn}$ 为速度调节器的比例系数，$K_{In}$ 为速度调节器的微分时间常数，$T_n$ 为速度环采样周期。

因此，模拟系统调节器的传递函数为 $G_n(s) = \dfrac{K_{pn}\left(\dfrac{K_{pn}}{K_{In}}s+1\right)}{\dfrac{K_{pn}}{K_{In}}s}$

速度环开环传递函数为

$$G(s) = \frac{K_{pn}\left(\dfrac{K_{pn}}{K_{In}}s+1\right)}{\dfrac{K_{pn}}{K_{In}}s}\cdot\frac{\dfrac{\alpha}{\beta}K_t}{js(\tau_{\Sigma n}s+1)} = \frac{K_{pn}K_t\alpha\left(\dfrac{K_{pn}}{K_{In}}s+1\right)}{\dfrac{jK_{pn}\beta}{K_{In}}s^2(\tau_{\Sigma n}s+1)} \tag{7-17}$$

令 $K_n = \dfrac{K_{pn}K_t\alpha}{\dfrac{jK_{pn}\beta}{K_{In}}}$，则

$$G(s) = \frac{K_n\left(\dfrac{K_{pn}}{K_{In}}s+1\right)}{s^2(\tau_{\Sigma n}s+1)} \tag{7-18}$$

对于典型 II 型系统的参数可按照最小闭环幅频特性峰值来确定，中频带宽 $h$ 的取值范围一般是 3～10，然而根据 $h$ 参数与动态跟随性能指标和抗扰性能指标的关系取 $h=5$ 为最佳的选择，故

$$K_{pn}/K_{In} = h\tau_{\Sigma n} = 5\tau_{\Sigma n} \tag{7-19}$$

$$K_n = \frac{h+1}{2h^2\tau_{\Sigma n}^2} \tag{7-20}$$

把式（7-19）和式（7-20）代入式（7-18）得

$$K_{pn} = \frac{j\beta(h+1)}{2h\tau_{\Sigma n}K_t\alpha} = \frac{3j\beta}{5\tau_{\Sigma n}K_t\alpha} \tag{7-21}$$

$$K_{In} = \frac{K_{pn}}{5\tau_{\Sigma n}} = \frac{3j\beta}{25\tau_{\Sigma n}^2K_t\alpha} \tag{7-22}$$

其中，$K_t$ 为转矩常数，定义为额定转矩与额定电流的比值，即 $K_t = T_N/I_N$。

因此，速度环增量式数字 PI 控制器的差分方程为 $u(n)=u(n-1)+\Delta u(n)$。其中，

$$\Delta u(n) = K_p[e(n)-e(n-1)] + K_I T_n e(n)$$
$$= \frac{3j\beta}{5\tau_{\Sigma n}K_t\alpha}[e(n)-e(n-1)] + \frac{3j\beta T_n}{25\tau_{\Sigma n}^2K_t\alpha}e(n)$$

### 3. 位置环的设计整定

伺服系统的设计是由内环向外环设计的，设计好的内环作为外环被控对象之一进行外环设计。系统的外环是位置环，主要是为了使系统实现精确定位和快速跟踪。数控机床需要进行轮廓插补加工，要求伺服系统除了能够进行精确定位，还要能够随时控制伺服电动机的转向和转速，以保证数控加工轨迹能快速、准确地跟踪位置指令的要求。动态误差是数控机床伺服系统的主要品质指标，它直接影响机械加工的精度，为保证零件的加工精度和表面粗糙度，不允许出现位置超调。

伺服系统稳态运行时，希望输出量准确无误地跟踪输入量或尽量复现输入量，即要求系统有一定的稳态跟踪精度，产生的稳态位置误差越小越好，稳态误差越小表明系统的跟踪精度越高。在数控机床的位置伺服系统中，当速度调节器采用 PI 调节器，而且位置环的截止频率远小于速度环的各时间常数的倒数时，速度环的闭环传递函数可近似地等效为一阶惯性环节。这样处理在理论和实际中均能较真实地反映速度环的特性，并且能使位置环的设计大大简化，也易于分析伺服系统的稳定性。简化后的系统结构图如图 7-16 所示。

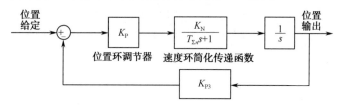

图 7-16　简化后位置环系统结构图

图中，$K_P$ 为位置环调节器比例系数；$K_N$ 为速度环增益；$K_{P3}$ 为位置检测环节比例系数。在数控伺服系统中使用的位置调节器主要有"比例型""比例加前馈型"两种类型。图 7-16 的位置调节器采用比例型时则系统为 I 型系统。直线插补的数控机床随动系统的给定输入信号是速度输入（斜坡输入），其稳态误差值为

$$\varepsilon = \frac{1}{K} = \frac{1}{K_P K_N} \tag{7-23}$$

式中，$K$ 为位置环增益。

式（7-23）表明，伺服系统斜坡输入的跟随误差 $\varepsilon$ 与位置控制器增益 $K_P$ 成反比。位置环增益 $K_P$ 越大，位置跟踪误差越小，但是 $K_P$ 增大的同时要影响到伺服系统的动态性能，$K_P$ 越大，系统的稳定性越差。动态性能的要求和静差性能的要求是一对矛盾。位置环增益不仅影响伺服系统的稳定性、系统刚度，还影响机械装置进给速度和稳态误差，它是伺服系统的基本指标之一。设置 $K_P$ 的大小要同时兼顾多方面的要求。若采用比例型的位置控制，则跟随误差是无法完全消除的。

## 7.3　控制技术在工业机器人中的应用

控制问题是机器人技术中的一个关键问题，而控制系统的性能则是机器人发展水平的一个重要标志。机器人控制是控制领域的一个子集，一个独具特色的子集。控制系统是工业机器人

的重要组成部分,它的作用相当于人脑。拥有一个功能完善、灵敏可靠的控制系统是工业机器人与设备协调动作、共同完成作业任务的关键。机器人控制系统是一个与机构学、运动学和动力学原理密切相关的、耦合紧密的、非线性和时变的多变量控制系统。工业机器人的控制系统一般由对其自身运动的控制和工业机器人与周边设备的协调控制两部分组成。机器人控制系统一般由计算机和伺服控制器组成。

## 7.3.1　工业机器人控制系统的特点

机器人从结构上说属于一个空间开链机构,其中各个关节的运动是独立的,为了实现末端点的运动轨迹,需要多关节的运动协调,其控制系统较普通的控制系统要复杂得多。

机器人控制系统的特点如下:

(1)机器人的控制是与机构运动学和动力学密切相关的。在各种坐标下都可以对机器人手足的状态进行描述,应根据具体的需要选择参考坐标系,并进行适当的坐标变换。经常需要正向运动学和反向运动学的解,除此之外还需要考虑惯性力、外力(包括重力)和向心力的影响。

(2)即使是一个较简单的机器人,也至少需要 3～5 个自由度,比较复杂的机器人则需要十几个甚至几十个自由度。每一个自由度一般都包含一个伺服机构,它们必须协调起来,组成一个多变量控制系统。

(3)机器人控制系统是由计算机来实现多个独立的伺服系统的协调控制,从而使机器人按照人的意志行动,甚至赋予机器人一定"智能"的任务。所以,机器人控制系统一定是一个计算机控制系统。同时,计算机软件担负着艰巨的任务。

(4)由于描述机器人状态和运动的是一个非线性数学模型,随着状态的改变和外力的变化,其参数也随之变化,并且各变量之间还存在耦合。所以,只使用位置闭环是不够的,还必须要采用速度甚至加速度闭环。系统中经常使用重力补偿、前馈、解耦或自适应控制等方法。

(5)由于机器人的动作往往可以通过不同的方式和路径来完成,所以存在一个"最优"的问题。对于较高级的机器人可采用人工智能的方法,利用计算机建立庞大的信息库,借助信息库进行控制、决策、管理和操作。根据传感器和模式识别的方法获得对象及环境的工况,按照给定的指标要求,自动地选择最佳的控制规律。

综上所述,机器人的控制系统是一个与运动学和动力学原理密切相关的、有耦合的、非线性的多变量控制系统。因为其具有的特殊性,所以经典控制理论和现代控制理论都不能照搬使用。到目前为止,机器人控制理论还不够完整和系统。

## 7.3.2　工业机器人控制系统的主要功能

工业机器人在工作空间中的运动位置、姿态和轨迹、操作顺序及动作的时间等项目的控制是工业机器人控制系统的主要任务,其中有些项目的控制是非常复杂的。工业机器人控制系统的主要功能包括以下两点:

(1)示教再现功能。示教再现功能是指控制系统可以通过示教盒或手把手进行示教,将动作顺序、运动速度、位置等信息用一定的方法预先教给工业机器人,由工业机器人的记忆装置将所教的操作过程自动地记录在存储器中,当需要再现操作时,重放存储器中存储的内容即可。如需更改操作内容时,只需重新示教一遍。

（2）运动控制功能。运动控制功能是指对工业机器人末端操作器的位姿、速度、加速度等项目的控制。

### 7.3.3　工业机器人控制系统的组成

工业机器人的控制系统由相应的硬件和软件组成。

#### 1. 硬件

硬件主要包括以下几部分：

（1）传感装置。可分为内部传感器和外部传感器。其中，前者是用来感知其自身的状态的，其作用是对工业机器人各关节的位置、速度和加速度等进行检测；后者是用来感知工作环境和工作对象状态的。外部传感器包括视觉、力觉、触觉、听觉、滑觉等传感器。

（2）控制装置。一般由一台微型或小型计算机及相应的接口组成。其作用是对各种感觉信息进行处理，执行控制软件，并产生控制指令。

（3）关节伺服驱动部分。这部分的主要作用是以控制装置的指令为依据，按作业任务的要求驱动各关节运动。

典型的机器人控制系统组成结构如图 7-17 所示。

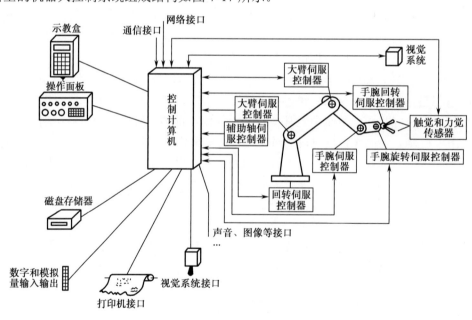

图 7-17　机器人控制系统结构组成

#### 2. 软件

这里所说的软件，主要是指机器人的控制软件。控制软件由运动轨迹规划算法和关节伺服控制算法及相应的动作程序组成。它可以使用所有的编程语言编制，但工业机器人控制软件的主流是由通用语言模块化而编制成的专用工业语言。

（1）控制计算机。是控制系统的调度指挥机构，一般使用微型计算机或微处理器。

（2）示教盒。示教盒的作用是完成示教机器人工作轨迹、参数设定和所有的人机交互操作，它拥有独立的 CPU 以及存储单元，以串行通信方式与主计算机实现信息交互。

（3）操作面板。由各种操作按键、状态指示灯构成，其功能是完成基本功能操作。

（4）磁盘存储器。硬盘和软盘存储器等于存储机器人工作程序的存储器。

（5）数字和模拟量输入/输出。其作用是实现各种状态和控制命令的输入或输出功能。

（6）打印机接口。打印机接口的作用是记录需要输出的各种信息。

（7）传感器接口。传感器接口用于信息的自动检测，实现机器人柔顺控制，一般为力觉、触觉和视觉传感器。

（8）轴控制器。轴控制器的作用是完成机器人各关节位置、速度和加速度的控制。

（9）辅助设备控制。用来控制和机器人配合的辅助设备，如手爪变位器等。

（10）通信接口。用来实现机器人和其他设备的信息交换，有串行接口、并行接口等。

（11）网络接口。

## 7.3.4　工业机器人运动控制系统

工业机器人的运动控制系统是集合电子、机械、计算机软硬件、人工智能传感器等多种先进技术的具备拟人功能的机械电子装置，也是目前工业生产机电一体化技术发展的重要研究方向。社会经济与信息科学技术的迅速发展，生产过程中受到电、磁等多种因素干扰，均对工业机器人的产品参数提出了更高的要求。尤其是工业机器人的设计方案，必须充分体现工业机器人运动控制系统处理抗干扰与保持系统性能稳定，进而确保工业机器人的高效运动控制。

### 1．工业机器人的组成与运动控制模型的建立

工业机器人的组成相当复杂，包括硬件和软件两类部件。硬件主要共有机械手、控制器、驱动器、末端执行器、传感器五个部分。机械手，又称操作臂，由连杆、活动关节与其他部件共同构成的机器人主体部分；控制器，是机器人发出信号、操纵执行机构完成指令内容并反馈信息的装置部分。一般通过 MCU、DSP 等微控芯片联合外围设备，以及控制算法编程来达到对机械手的精准操作；驱动器是机器人的主要动能部分。接收控制器用来传递信号，根据信号操作机器人的运动，常见类型有伺服电机、气缸及液压缸等；末端执行器，是机器人关节的最后连接部分，属直接用于操作的功能性部件；传感器装置于机器人内部，用来接收外部信息，控制机器人的行动，也同外界沟通。某种工业机器人运动任务控制模块结构如图 7-18 所示。软件包含控制算法程序、人机交互界面、集合的应用子程序以及工业机器人专用的接口程序。

### 2．工业机器人控制算法的结构类型

为动态稳定地实现工业机器人的运动控制，扩大工业机器人运动控制系统的应用范围，需要对工业机器人采用适当的控制算法，常用控制算法的结构类型有两种。

（1）迭代控制算法。主要有开闭环迭代控制算法、高阶迭代、具有遗忘因子的迭代、滤波型迭代、前馈—反馈迭代和最优迭代控制算法。为保证运动控制系统的收敛性，需要在迭代控制算法中找到效益更好的矩阵。这要求技术研发人员不断丰富模型知识，但具体操作起来工作量过大，计算不便，且容易形成对数学模型分析的过度依赖。工业机器人对于运动控制系统的收敛速度与精准度要求严格，尤其是在完成轨迹跟踪等强耦合非线性环境下的工程作业。因此，有研究提出了系统的反馈辅助型的带变增益迭代控制算法，通过具体课题项目中的实验性研

究、数据推演，得出了该控制算法的收敛性条件，虽然实验条件有限、研究不够成熟，仍对工业机器人运动控制系统具有一定可操作性的实际应用价值。

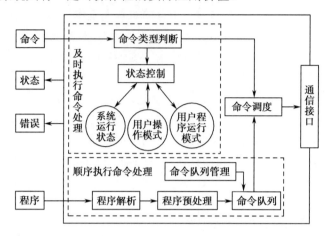

图 7-18　某种工业机器人运动控制模块结构

（2）复合控制算法。结合了传统控制算法和现代控制算法，亦称为神经网络-PID 复合控制技术，通过 PC 端对收集到的采样数据进行分析处理，在神经网络内实现优化，以稳定性和动态性双重检验标准来保证工业机器人对于伺服速度与准确性的诉求。

### 3．工业机器人运动控制系统的设计方案

在进行工业机器人运动控制系统具体方案设计时，基本依从以下步骤进行。

（1）硬件。以多自由度机器人为工业机器人运动控制系统硬件的设计载体，采用分级梯式设计理念。第一阶段将 PC 纳入控制器的第一顺位选择对象，其拥有的极速运行非常有利于多自由度机器人对于高灵敏度与智能化的运动控制要求。基于前期数据收集、整理与分析，精准地做到人机交互、优化运动轨迹和分阶段匹配任务等工作。第二阶段通过伺服控制电机发出的指令信号，把 PC 总线与单片机无缝对接，实现无障碍数据交流通信，将多自由度机器人的运动装置加到每部伺服电机速度和双闭环控制系统中去，使指令信号借助伺服电机放大，有效激活工业机器人各组成部件所对应的编码器，确保位置信号实时精准地反馈。

（2）软件。工业机器人运动控制系统的软件程序设计，包括 PC 端工控机与伺服器控制软件两个组成部分。PC 端核心模块采用稳定性较高的芯片组与外部存储接口处理器，为运动控制系统的有效操作提供了前提条件。工业机器人进行作业时，通过模块间协议通信来采集工业机器人的运动信息，根据运动轨迹发送信号指令，实现对工业机器人活动方向、活动位置、活动质速的实时监测。在数字信息网络中的通信，基本上由 TCP 协议管控工业机器人各个部分的仿真联调信息交换，均采用 C 语言编写指令程序，有利于保证控制系统的扩展性与可迁移性。工业机器人运动控制软件在设计用户界面时，充分利用 QMainWindow 类图形模块来构建软件用户操作界面的整体框架，最大化实现各个模块之间的数据信息交互。首先，通过上下位机通信模块的建立与正常运转，获取可控制机器人操作杆、活动关节等各个部分活动的编码器函数值，并将运动控制信号命令存储在控制器卡内；其次，利用信息编辑处理模块对工业机器人命令控制卡析出的信号指令，进行代码管理与检测。根据工业机器人操作臂末端停留角度与态势，通过机器人运动学正解与逆解的运算来奠定运动控制系统软件设计部分对工业机器人的目的

性验证，从而实现工业机器人多自由度的轨迹运动规划。

## 本章小结

　　本章通过三个案例介绍了控制理论在工程中的一些应用。在工程实际中对系统表达有多重形式的图形，包括系统结构图、系统工作原理图和系统数学模型方框图等，应区别其画法，并学会将控制系统职能框图转化为传递函数框图，学会多重图形之间的转化技术和技巧。

　　通过介绍数控交流伺服系统参数整定设计的原理、过程和步骤，了解控制系统工程设计的一般方法与步骤。掌握速度调节器、电流调节器在系统校正中的作用。

　　本章还介绍了控制技术在工业机器人中的一般应用、工业机器人控制系统的特点及组成、工业机器人运动控制系统模型的建立、控制算法的结构类型，以及工业机器人运动控制系统的设计方案。

# 附录 A

# 主要符号说明

| | | | |
|---|---|---|---|
| $m$ | 质量 | $G_B(j\omega)$ | 系统的闭环频率特性 |
| $c$ | 黏性阻尼系数 | $n(t)$ | 干扰信号 |
| $k$ | 弹簧刚度 | $n$ | 一般表示转速 |
| $R$ | 电阻 | $\omega$ | 角速度 |
| $C$ | 电容 | $T$ | 时间常数或时间 |
| $K$ | 增益或放大系数 | $\tau$ | 延迟时间或时间 |
| $f(t)$ | 外力 | $\omega_n$ | 无阻尼固有频率 |
| $L[\ ]$ | 拉普拉斯变换 | $\omega_d$ | 有阻尼固有频率 |
| $F[\ ]$ | 傅里叶变换 | $\omega_T$ | 转角频率 |
| $x_i(t)$ | 输入（激励） | $\omega_g$ | 相位交接频率 |
| $x_o(t)$ | 输出（响应） | $\omega_c$ | 增益交接频率或剪切频率 |
| $\delta(t)$ | 单位脉冲函数 | $\omega_b$ | 截止频率 |
| $u(t)$ | 单位阶跃函数 | $\omega_r$ | 谐振频率 |
| $r(t)$ | 单位斜坡函数 | $\zeta$ | 阻尼比 |
| $w(t)$ | 单位脉冲响应函数 | $M_r$ | 谐振峰值 |
| $G(s)$ | 传递函数 | $M_p$ | 超调量 |
| $G(j\omega)$ | 频率特性 | $K_g$ | 增益裕度 |
| $H(s)$ | 反馈回路传递函数 | $\gamma$ | 相角裕度 |
| $H(j\omega)$ | 反馈回路频率特性 | $u$ | 一般表示电压 |
| $B(s)$ | 闭环系统反馈信号 | $i$ | 一般表示电流 |
| $G_K(s)$ | 系统的开环传递函数 | $\varepsilon(t)$ | 偏差 |
| $e(t)$ | 误差 | $x^*(t)$ | $x(t)$ 采样后的时间序列 |
| $\varphi, \theta$ | 一般表示相位 | $f_s$ | 采样频率 |
| $j$ | 表示 $\sqrt{-1}$ | $Z[\ ]$ | Z 变换 |
| $G_B(s)$ | 系统的闭环传递函数 | $G(z)$ | 离散系统的传递函数 |
| $G_K(j\omega)$ | 系统的开环频率特性 | | |

# 附录 B

# 拉氏变换法

Laplace 变换简称为拉氏变换，是一种函数之间的积分变换。拉氏变换是研究控制工程的一种基本数学工具，运用这种方法求解线性微分方程，可以把时域中的微分方程变换成复数域中的代数方程，使微分方程的求解大为简化。同时，利用拉氏变换建立控制系统的传递函数、频率特性等，在系统分析中发挥着重要作用。

拉氏变换的优点。

（1）从数学角度看，拉氏变换方法是求解常系数线性微分方程的工具，可以分别将"微分"与"积分"运算转换成"乘法"和"除法"运算，即把积分微分方程转换为代数方程。对于指数函数、超越函数，以及某些非周期性的具有不连续点的函数，用古典方法求解比较烦琐，经拉氏变换可转换为简单的初等函数，求解就很方便了。

（2）当求解系统的输入输出微分方程时，求解的过程得到简化，并可以同时获得控制系统的瞬态分量和稳态分量。

（3）拉氏变换可把时域中的两个函数的卷积运算转换为复数域中的两个函数的乘法运算。在此基础上，建立控制系统传递函数的概念，这一重要概念的应用为研究控制系统的传输问题提供了很多方便。

## B.1　拉氏变换的定义

设有时间函数 $f(t)$，是定义在 $(0, +\infty)$ 上的实值函数，则称其无穷积分

$$F(s) = L[f(t)] = \int_0^{+\infty} f(t)\, e^{-st} dt \tag{B-1}$$

为 $f(t)$ 的拉氏变换。式中，$L$ 为拉氏变换符号；$s$ 为复变量；$f(t)$ 为原函数；$F(s)$ 为 $f(t)$ 的拉氏变换的象函数。

## B.2 典型函数的拉氏变换

在实际中，对系统进行分析所需的输入信号经常可以简化为一个或几个简单的信号，这些信号可用一些典型的时间函数来表示。

### 1. 单位阶跃函数的拉氏变换

单位阶跃函数定义为

$$1(t) = \begin{cases} 0, & t < 0 \\ 1, & t \geqslant 0 \end{cases} \tag{B-2}$$

由拉氏变换的定义，可求得

$$L\big[1(t)\big] = \int_0^{+\infty} 1(t)\,\mathrm{e}^{-st}\mathrm{d}t = \int_0^{+\infty} \mathrm{e}^{-st}\mathrm{d}t = -\frac{1}{s}\mathrm{e}^{-st}\bigg|_0^{+\infty} = \frac{1}{s} \tag{B-3}$$

### 2. 单位脉冲函数的拉氏变换

单位脉冲函数定义为

$$\delta(t) = \begin{cases} 0, & t \neq 0 \\ \infty, & t = 0 \end{cases} \tag{B-4}$$

$$\int_{-\infty}^{+\infty} \delta(t)\mathrm{d}t = 1 \tag{B-5}$$

而且 $\delta(t)$ 有如下特征

$$\int_{-\infty}^{+\infty} \delta(t)f(t)\mathrm{d}t = f(0)$$

其中，$f(0)$ 为 $t = 0$ 时刻的 $f(t)$ 的函数值。由拉氏变换定义，可求得

$$L\big[\delta(t)\big] = \int_0^{+\infty} \delta(t)\mathrm{e}^{-st}\mathrm{d}t = \mathrm{e}^{-st}\big|_{t=0} = 1 \tag{B-6}$$

### 3. 单位斜坡函数的拉氏变换

单位斜坡函数定义为
$$f(t) = \begin{cases} 0, & t < 0 \\ t, & t \geqslant 0 \end{cases} \tag{B-7}$$

由拉氏变换的定义，可求得

$$L[t] = \int_0^{+\infty} t\mathrm{e}^{-st}\mathrm{d}t = -\frac{1}{s}\left[t\mathrm{e}^{-st}\Big|_0^{+\infty} - \int_0^{+\infty} \mathrm{e}^{-st}\mathrm{d}t\right] = \frac{1}{s^2} \tag{B-8}$$

### 4. 指数函数的拉氏变换

指数函数定义为

$$f(t) = \begin{cases} 0, & t < 0 \\ \mathrm{e}^{-\alpha t}, & t \geqslant 0 \end{cases} \tag{B-9}$$

由拉氏变换的定义，可求得

$$L\left[e^{-\alpha t}\right] = \int_0^{+\infty} e^{-\alpha t} e^{-st} dt = \int_0^{+\infty} e^{-(s+\alpha)t} dt = \frac{1}{s+\alpha} \qquad (\text{B-10})$$

### 5. 正弦函数的拉氏变换

根据欧拉公式，可求得

$$\sin \omega t = \frac{1}{2j}(e^{j\omega t} - e^{-j\omega t})$$

由拉氏变换的定义，可求得

$$
\begin{aligned}
L\left[\sin \omega t\right] &= \int_0^{+\infty} \frac{1}{2j}(e^{j\omega t} - e^{-j\omega t})e^{-st} dt \\
&= \frac{1}{2j}\int_0^{+\infty} (e^{-(s-j\omega)t} - e^{-(s+j\omega)t}) dt \\
&= \frac{1}{2j}\left(\frac{1}{s-j\omega} - \frac{1}{s+j\omega}\right) \\
&= \frac{\omega}{s^2 + \omega^2}
\end{aligned}
\qquad (\text{B-11})
$$

### 6. 余弦函数的拉氏变换

根据欧拉公式，可求得

$$\cos \omega t = \frac{1}{2}(e^{j\omega t} + e^{-j\omega t})$$

由拉氏变换的定义，可求得

$$
\begin{aligned}
L\left[\cos \omega t\right] &= \int_0^{+\infty} \frac{1}{2}(e^{j\omega t} + e^{-j\omega t})e^{-st} dt \\
&= \frac{1}{2}\int_0^{+\infty} (e^{-(s-j\omega)t} + e^{-(s+j\omega)t}) dt \\
&= \frac{1}{2}\left(\frac{1}{s-j\omega} + \frac{1}{s+j\omega}\right) \\
&= \frac{s}{s^2 + \omega^2}
\end{aligned}
\qquad (\text{B-12})
$$

表 B-1 为常用函数的拉氏变换表。

表 B-1　常用函数的拉氏变换表

| 序　号 | 原函数 $f(t)(t \geq 0)$ | 拉氏变换 $F(s)$ |
| :---: | :---: | :---: |
| 1 | $\delta(t)$ | $1$ |
| 2 | $1(t)$ | $\dfrac{1}{s}$ |
| 3 | $t^n (n = 1, 2, 3, \cdots)$ | $\dfrac{n!}{s^{n+1}}$ |
| 4 | $e^{-at}$ | $\dfrac{1}{s+a}$ |
| 5 | $t^n e^{-at} (n = 1, 2, 3, \cdots)$ | $\dfrac{n!}{(s+a)^{n+1}}$ |

| 序　号 | 原函数 $f(t)(t \geq 0)$ | 拉氏变换 $F(s)$ |
|---|---|---|
| 6 | $\dfrac{1}{a}(1 - e^{-at})$ | $\dfrac{1}{s(s+a)}$ |
| 7 | $\dfrac{1}{b-a}(e^{-at} - e^{-bt})$ | $\dfrac{1}{(s+a)(s+b)}$ |
| 8 | $\sin \omega_n t$ | $\dfrac{\omega_n}{s^2 + \omega_n^2}$ |
| 9 | $\cos \omega_n t$ | $\dfrac{s}{s^2 + \omega_n^2}$ |
| 10 | $e^{-at} \sin \omega_n t$ | $\dfrac{\omega_n}{(s+a)^2 + \omega_n}$ |
| 11 | $e^{-at} \cos \omega_n t$ | $\dfrac{s+a}{(s+a)^2 + \omega_n}$ |
| 12 | $\dfrac{\omega_n}{\sqrt{1-\zeta^2}} e^{-\zeta\omega_n t} \sin(\omega_n \sqrt{1-\zeta^2} t)$ | $\dfrac{\omega_n^2}{s^2 + 2\zeta\omega_n s + \omega_n^2} \quad (0 < \zeta < 1)$ |
| 13 | $\dfrac{-1}{\sqrt{1-\zeta^2}} e^{-\zeta\omega_n t} \sin(\omega_n \sqrt{1-\zeta^2} t - \beta)$ | $\dfrac{s}{s^2 + \zeta\omega_n s + \omega_n^2}(0 < \zeta < 1)$ |
| 14 | $1 - \dfrac{1}{\sqrt{1-\zeta^2}} e^{-\zeta\omega_n t} \sin(\omega_n \sqrt{1-\zeta^2} t + \beta)$ | $\dfrac{\omega_n}{s(s^2 + \zeta\omega_n s + \omega_n^2)}(0 < \zeta < 1)$ |

注：表中 $\beta = \arctan \dfrac{\sqrt{1-\zeta^2}}{\zeta}$ 。

## B.3　拉氏变换的主要定理

本节列出了拉氏变换的主要定理，证明从略。

### 1. 线性定理

已知函数 $f_1(t)$ 、 $f_2(t)$ 的拉氏变换为 $F_1(s)$ 、 $F_2(s)$ ，对于常数 $k_1$ 、 $k_2$ ，有

$$L[k_1 f_1(t) \pm k_2 f_2(t)] = k_1 F_1(s) \pm k_2 F_2(s) \tag{B-13}$$

### 2. 实数域的位移定理

已知函数 $f(t)$ 的拉氏变换为 $F(s)$ ，则对任一正实数 $\alpha$ ，有

$$L[f(t-\alpha)] = e^{-\alpha s} F(s) \tag{B-14}$$

### 3. 复数域的位移定理

已知函数 $f(t)$ 的拉氏变换为 $F(s)$ ，对任一常数 $a$ ，有

$$L[f(t)e^{-at}] = F(s+a) \tag{B-15}$$

### 4. 微分定理

已知函数 $f(t)$ 的拉氏变换为 $F(s)$ ，有

$$L\left[\frac{df(t)}{dt}\right] = L[f'(t)] = sF(s) - f(0)$$

式中，$f(0)$ 为函数 $f(t)$ 在 $t = 0$ 时的值。

同理可推导出函数 $f(t)$ 各阶导数的拉氏变换为

$$L\left[\frac{\mathrm{d}^n f(t)}{\mathrm{d}t^n}\right] = s^n F(s) - s^{n-1} f(0) - s^{n-2} f'(0) - \cdots - f^{(n-1)}(0)$$

式中，$f'(0), \cdots, f^{(n-1)}(0)$ 分别为函数 $f(t)$ 的各阶导数在 $t = 0$ 时的值。

当函数 $f(t)$ 的各阶导数的初始值均为零时，微分定理转换为

$$L\left[\frac{\mathrm{d}f(t)}{\mathrm{d}t}\right] = L[f'(t)] = sF(s) \tag{B-16}$$

$$\vdots$$

$$L\left[\frac{\mathrm{d}^n f(t)}{\mathrm{d}t^n}\right] = s^n F(s) \tag{B-17}$$

### 5. 积分定理

已知函数 $f(t)$ 的拉氏变换为 $F(s)$，有

$$L\left[\int f(t)\mathrm{d}t\right] = \frac{1}{s} F(s) + \frac{1}{s} f^{(-1)}(0)$$

式中，$f^{(-1)}(0)$ 为积分 $\int f(t)\mathrm{d}t$ 在 $t = 0$ 时的值。

同理，可推导出函数 $f(t)$ 各重积分的拉氏变换为

$$L\left[\iint \cdots \int f(t)(\mathrm{d}t)^n\right] = \frac{1}{s^n} F(s) + \frac{1}{s^n} f^{(-1)}(0) + \frac{1}{s^{n-1}} f^{(-2)}(0) + \cdots + \frac{1}{s} f^{(-n)}(0)$$

当函数 $f(t)$ 的各阶导数的初始值均为零时，积分定理转换为

$$L\left[\int f(t)\mathrm{d}t\right] = \frac{1}{s} F(s) \tag{B-18}$$

$$\vdots$$

$$L\left[\iint \cdots \int f(t)(\mathrm{d}t)^n\right] = \frac{1}{s^n} F(s) \tag{B-19}$$

### 6. 初值定理

已知函数 $f(t)$ 的拉氏变换为 $F(s)$，有

$$f(0) = \lim_{t \to 0} f(t) = \lim_{s \to +\infty} sF(s) \tag{B-20}$$

### 7. 终值定理

已知函数 $f(t)$ 的拉氏变换为 $F(s)$，有

$$f(\infty) = \lim_{t \to +\infty} f(t) = \lim_{s \to 0} sF(s) \tag{B-21}$$

### 8. 卷积定理

已知函数 $f(t)$ 的拉氏变换为 $F(s)$，函数 $g(t)$ 的拉氏变换为 $G(s)$，有

$$L[f(t) * g(t)] = L\left[\int_0^t f(t - \lambda)g(\lambda)\mathrm{d}\lambda\right] = F(s)G(s) \tag{B-22}$$

式中，$f(t)*g(t)=\int_0^t f(t-\lambda)g(\lambda)\mathrm{d}\lambda$ 为 $f(t)$ 与 $g(t)$ 的卷积。

此定理表明两个原函数的卷积的拉氏变换等于它们的拉氏变换的乘积。

【例 B.1】 求 $\mathrm{e}^{-\alpha t}\cos\omega t$ 的拉氏变换。

由余弦函数的拉氏变换可知

$$L[\cos\omega t]=\frac{s}{s^2+\omega^2}$$

运用复数域的位移定理，有

$$L\left[\mathrm{e}^{-\alpha t}\cos\omega t\right]=\frac{s+\alpha}{(s+\alpha)^2+\omega^2}$$

【例 B.2】 已知 $L[f(t)]=F(s)=\dfrac{1}{s+a}$ ，求 $f(0)$ 和 $f(\infty)$ 。

根据初值定理，可求得

$$f(0)=\lim_{s\to+\infty}sF(s)=\lim_{s\to+\infty}s\cdot\frac{1}{s+a}=1$$

$$f(\infty)=\lim_{s\to0}sF(s)=\lim_{s\to0}s\cdot\frac{1}{s+a}=0$$

【例 B.3】 已知 $f_1(t)=\mathrm{e}^{-2(t-1)}u(t-1)$ ， $f_2(t)=\mathrm{e}^{-2(t-1)}u(t)$ ，求 $f_1(t)+f_2(t)$ 的拉氏变换。

因为 $$L\left[\mathrm{e}^{-2t}u(t)\right]=\frac{1}{s+2}$$

根据拉氏变换的延时定理，得

$$F_1(s)=L\left[\mathrm{e}^{-2(t-1)}u(t-1)\right]=\frac{\mathrm{e}^{-s}}{s+2}$$

因为 $f_2(t)$ 可以表示为

$$f_2(t)=\mathrm{e}^{-2(t-1)}u(t-1)=\mathrm{e}^2\mathrm{e}^{-2t}u(t)$$

根据拉氏变换的线性定理

$$F_2(s)=\frac{\mathrm{e}^2}{s+2}$$

所以 $$L[f_1(t)+f_2(t)]=F_1(s)+F_2(s)=\frac{\mathrm{e}^2+\mathrm{e}^{-s}}{s+2}$$

## B.4 拉氏逆变换

### 1. 拉氏逆变换的定义

将象函数 $F(s)$ 变换成与之相应的原函数 $f(t)$ 的过程称为拉氏逆变换。其定义公式为

$$f(t)=L^{-1}[F(s)]=\frac{1}{2\pi\mathrm{j}}\int_{\sigma-\mathrm{j}\omega}^{\sigma+\mathrm{j}\omega}F(s)\mathrm{e}^{st}\mathrm{d}s \qquad (\text{B-23})$$

式中，$L^{-1}$ 为拉氏逆变换符号。

利用式（B-23）直接进行拉氏逆变换的求取要用到复变函数积分，求解过程复杂。因此进行拉氏逆变换的计算时，对于简单的象函数，采用直接查拉氏变换表求取原函数的方法，对于

复杂的象函数采用部分分式展开法化成简单的部分分式之和，再求其原函数。

### 2. 部分分式展开法

对于象函数，常可以写成如下形式

$$F(s) = \frac{B(s)}{A(s)} = \frac{b_m s^m + b_{m-1} s^{m-1} + \cdots + b_1 s + b_0}{a_n s^n + a_{n-1} s^{n-1} + \cdots + a_1 s + a_0} \tag{B-24}$$

$$= \frac{k(s - z_1)(s - z_2)\cdots(s - z_m)}{(s - p_1)(s - p_2)\cdots(s - p_n)} \quad (n \geq m)$$

式中，$p_1, p_2, \cdots, p_n$ 为 $F(s)$ 的极点；$z_1, z_2, \cdots, z_m$ 为 $F(s)$ 的零点。

根据极点的形式不同，下面分两种情况讨论。

1）象函数 $F(s)$ 的极点都不相同

在这种情况下，象函数可展开成如下部分分式之和，即

$$F(s) = \frac{B(s)}{A(s)} = \frac{b_m s^m + b_{m-1} s^{m-1} + \cdots b_1 s + b_0}{a_n s^n + a_{n-1} s^{n-1} + \cdots a_1 s + a_0} = \frac{k_1}{s - p_1} + \frac{k_2}{s - p_2} + \cdots + \frac{k_i}{s - p_n} \tag{B-25}$$

式中，$k_i$ 为待定系数，可用下式求得：

$$k_i = \frac{B(s)}{A(s)}(s - p_i)\Big|_{s = p_i} = \frac{B(s)}{A'(p_i)} \quad (i = 1, 2, \cdots, n) \tag{B-26}$$

根据拉氏变换的线性定理，可求得原函数为

$$f(t) = L^{-1}[F(s)] = \sum_{i=1}^{n} k_i e^{p_i t}$$

值得注意的是，当 $F(s)$ 的某个极点为零或有共轭复数极点时，仍可采用上述方法来求拉氏逆变换。因为 $f(t)$ 是一个实函数，如果极点 $p_1$ 和 $p_2$ 为共轭复数极点时，其对应的待定系数 $k_1$ 和 $k_2$ 也是共轭复数，因此求解时只需要求出一个待定系数，另一个即可确定。

【例 B.4】 求 $F(s) = \dfrac{s + 2}{(s + 1)(s - 1)(s + 3)}$ 的原函数。

象函数中无重极点，可展开为

$$F(s) = \frac{s + 2}{(s + 1)(s - 1)(s + 3)} = \frac{k_1}{s + 1} + \frac{k_2}{s - 1} + \frac{k_3}{s + 3}$$

待定系数可用两种方法求解：

方法一
$$k_1 = \frac{s + 2}{(s + 1)(s - 1)(s + 3)}(s + 1)\Big|_{s = -1} = -\frac{1}{4}$$

$$k_2 = \frac{s + 2}{(s + 1)(s - 1)(s + 3)}(s - 1)\Big|_{s = 1} = \frac{3}{8}$$

$$k_3 = \frac{s + 2}{(s + 1)(s - 1)(s + 3)}(s + 3)\Big|_{s = -3} = -\frac{1}{8}$$

方法二
$$A'(s) = 3s^2 + 6s - 1$$

$$A'(-1) = -4 \quad A'(1) = 8 \quad A'(-3) = 8$$

$$B(-1) = 1 \quad B(1) = 3 \quad B(-3) = -1$$

$$k_1 = \frac{B(-1)}{A'(-1)} = -\frac{1}{4} \quad k_2 = \frac{B(1)}{A'(1)} = \frac{3}{8} \quad k_3 = \frac{B(-3)}{A'(-3)} = -\frac{1}{8}$$

可见两种方法求得的待定系数相同。

$$F(s) = \frac{s+2}{(s+1)(s-1)(s+3)} = -\frac{\dfrac{1}{4}}{s+1} + \frac{\dfrac{3}{8}}{s-1} - \frac{\dfrac{1}{8}}{s+3}$$

$$f(t) = -\frac{1}{4}\mathrm{e}^{-t} + \frac{3}{8}\mathrm{e}^{t} - \frac{1}{8}\mathrm{e}^{-3t} = \frac{1}{8}(3\mathrm{e}^{t} - 2\mathrm{e}^{-t} - \mathrm{e}^{-3t})$$

【例 B.5】 求 $F(s) = \dfrac{2s+12}{s^2+2s+5}$ 的原函数。

首先将象函数的分母因式分解，得

$$F(s) = \frac{2s+12}{s^2+2s+5} = \frac{k_1}{s+1+2\mathrm{j}} + \frac{k_2}{s+1-2\mathrm{j}}$$

$$k_1 = \frac{2s+12}{s^2+2s+5}(s+1+2\mathrm{j})\bigg|_{s=-1-2\mathrm{j}} = 1 + \frac{5}{2}\mathrm{j}$$

$k_1$、$k_2$ 为共轭复数

$$k_2 = 1 - \frac{5}{2}\mathrm{j}$$

$$F(s) = \frac{2s+12}{s^2+2s+5} = \frac{1+\dfrac{5}{2}\mathrm{j}}{s+1+2\mathrm{j}} + \frac{1-\dfrac{5}{2}\mathrm{j}}{s+1-2\mathrm{j}}$$

$$f(t) = \left(1+\frac{5}{2}\mathrm{j}\right)\mathrm{e}^{-(1+2\mathrm{j})t} + \left(1-\frac{5}{2}\mathrm{j}\right)\mathrm{e}^{-(1-2\mathrm{j})t}$$

$$= \mathrm{e}^{-(1+2\mathrm{j})t} + \frac{5}{2}\mathrm{j}\mathrm{e}^{-(1+2\mathrm{j})t} + \mathrm{e}^{-(1-2\mathrm{j})t} - \frac{5}{2}\mathrm{j}\mathrm{e}^{-(1-2\mathrm{j})t}$$

$$= \mathrm{e}^{-t}(\mathrm{e}^{-2\mathrm{j}t} + \mathrm{e}^{2\mathrm{j}t}) - \mathrm{e}^{-t}\left(\frac{5}{2}\mathrm{j}\mathrm{e}^{2\mathrm{j}t} - \frac{5}{2}\mathrm{j}\mathrm{e}^{-2\mathrm{j}t}\right)$$

$$= 2\mathrm{e}^{-t}\cos 2t + 5\mathrm{e}^{-t}\sin 2t$$

2）象函数 $F(s)$ 有重极点

假设象函数 $F(s)$ 有 $r$ 个重极点 $p_1$，其余极点均不相同，则象函数可展开成如下部分分式之和

$$F(s) = \frac{B(s)}{A(s)} = \frac{B(s)}{a_n(s-p_1)^r(s-p_{r+1})(s-p_n)}$$

$$= \frac{k_{11}}{(s-p_1)^r} + \frac{k_{12}}{(s-p_1)^{r-1}} + \cdots + \frac{k_{1r}}{(s-p_1)} + \frac{k_{r+1}}{(s-p_{r+1})^r} + \cdots + \frac{k_n}{(s-p_n)} \tag{B-27}$$

式中，对待定系数 $k_{r+1}, k_{r+2}, \cdots, k_n$ 求解，$k_{11}, k_{12}, \cdots, k_{1r}$ 分别按下述公式求解：

$$k_{11} = F(s)(s-p_1)^r\big|_{s=p_1}$$

$$k_{12} = \frac{\mathrm{d}}{\mathrm{d}s}\Big[F(s)(s-p_1)^r\Big]\Big|_{s=p_1}$$

$$k_{13} = \frac{1}{2!}\frac{\mathrm{d}^2}{\mathrm{d}s^2}\Big[F(s)(s-p_1)^r\Big]\Big|_{s=p_1}$$

$$\vdots$$

$$k_{1r} = \frac{1}{(r-1)!} \frac{d^{r-1}}{ds^{r-1}} \Big[ F(s)(s-p_1)^r \Big] \Big|_{s=p_1}$$

象函数 $F(s)$ 的原函数为

$$f(t) = L^{-1}\big[F(s)\big] = \left[ \frac{k_{11}}{(r-1)!} t^{(r-1)} + \frac{k_{12}}{(r-2)!} t^{(r-2)} + \cdots + k_{1r} \right] e^{p_1 t} + \sum_{i=r+1}^{n} k_i e^{p_i t} \qquad \text{(B-28)}$$

【例 B.6】 求 $F(s) = \dfrac{4(s+3)}{(s+2)^2(s+1)}$ 的原函数。

象函数中既有重极点，又含有单独极点，可展开为

$$F(s) = \frac{4(s+3)}{(s+2)^2(s+1)} = \frac{k_{11}}{(s+2)^2} + \frac{k_{12}}{s+2} + \frac{k_3}{s+1}$$

$$k_{11} = \frac{4(s+3)}{(s+2)^2(s+1)}(s+2)^2 \Big|_{s=-2} = -4$$

$$k_{12} = \frac{d}{ds}\left[ \frac{4(s+3)}{(s+2)^2(s+1)}(s+2)^2 \right]\Bigg|_{s=-2} = -8$$

$$k_3 = \frac{4(s+3)}{(s+2)^2(s+1)}(s+1) \Big|_{s=-1} = 8$$

因此

$$F(s) = -\frac{4}{(s+2)^2} - \frac{8}{s+2} + \frac{8}{s+1}$$

$$f(t) = L^{-1}\big[F(s)\big] = -4t e^{-2t} - 8e^{-2t} + 8e^{-t}$$

# 附录 C

# Z 变换与 Z 逆变换

线性连续系统的数学模型是线性微分方程，采用拉氏变换的方法将描述系统的微分方程转化成代数方程，并建立其传递函数。而对于线性离散系统，用差分方程来描述系统，用 Z 变换使差分方程变成代数方程，并推导出离散控制系统的脉冲传递函数。

## C.1 Z 变换的定义

Z 变换实质上是拉氏变换的一种扩展，也称为采样拉氏变换。在采样系统中，连续函数信号 $x(t)$ 经过采样开关，变成采样信号 $x^*(t)$，由下式给出：

$$x^*(t) = \sum_{n=0}^{\infty} x(nT) \cdot \delta(t - nT)$$

对上式进行拉氏变换

$$
\begin{aligned}
X^*(s) = L\left[x^*(t)\right] &= L\left[\sum_{n=0}^{\infty} x(nT)\delta(t-nT)\right] \\
&= \int_0^{\infty}\left[\sum_{n=0}^{\infty} x(nT)\delta(t-nT)\right] \mathrm{e}^{-st}\mathrm{d}t \\
&= \sum_{n=0}^{\infty} x(nT)\int_0^{\infty} \delta(t-nT)\,\mathrm{e}^{-st}\mathrm{d}t \\
&= \sum_{n=0}^{\infty} x(nT)\mathrm{e}^{-nTs}
\end{aligned}
\tag{C-1}
$$

从上式可以看出，任何采样信号的拉氏变换中，都含有超越函数 $\mathrm{e}^{-nTs}$，因此，若仍用拉

氏变换处理采样系统的问题，就会给运算带来很多困难，为此，引入新变量 $z$，令

$$z = e^{Ts} \tag{C-2}$$

将 $X^*(s)$ 记作 $X(z)$，则式（C-1）可以改写为

$$X(z) = \sum_{n=0}^{\infty} x(nT)z^{-n} \tag{C-3}$$

这样就变成了以复变量 $z$ 为自变量的函数。称此函数为 $x^*(t)$ 的 Z 变换。记作

$$X(z) = Z[x^*(t)]$$

因为 Z 变换只对采样点上的信号起作用，所以上式也可以写为

$$X(z) = Z[x(t)]$$

注意，$X(z)$ 是 $x(t)$ 的 Z 变换符号，其定义是式（C-3），不要误以为它是 $x(t)$ 的拉氏变换式 $X(s)$ 中的 $s$ 以 $z$ 简单置换的结果；另外，$x(t)$ 虽然写成连续函数，但 $Z[x(t)]$ 的含义仍然是指对采样信号 $x^*(t)$ 的 Z 变换。

将式（C-3）展开

$$X(z) = x(0)z^0 + x(T)z^{-1} + x(2T)z^{-2} + \cdots + x(nT)z^{-n} \tag{C-4}$$

可见，采样函数的 Z 变换是变量 $z$ 的幂级数。其一般项 $x(nT)z^{-n}$ 具有明确的物理意义，即 $x(nT)$ 表示采样脉冲的幅值，$z$ 的幂次表示该采样脉冲出现的时刻。因此它包含着量值与时间的概念。

正因为 Z 变换只对采样点上的信号起作用，因此，如果两个不同的时间函数 $x_1(t)$ 和 $x_2(t)$，它们的采样值完全重复，则其 Z 变换是一样的，即 $x_1(t) \neq x_2(t)$，但由于 $x_1^*(t) = x_2^*(t)$，则 $X_1(z) = X_2(z)$，就是说采样函数 $x^*(t)$ 与其 Z 变换函数是一一对应的，但采样函数所对应的连续函数不是唯一的。

## C.2　Z 变换求法

### 1. 基数求和法

如果已知 $x(t)$ 在各采样时刻的采样值 $x(nT)$，就可以按式（C-4）写出其 Z 变换的级数展开式。式（C-4）展开后，根据无穷级数求和公式

$$a + aq + aq^2 + \cdots = \frac{a}{1-q}, \quad (q<1)$$

即可求出函数的 Z 变换。

【例 C.1】　求指数函数 $e^{-at}(t \geq 0)$ 的 Z 变换。

根据 Z 变换定义可得

$$Z[e^{-aT}] = \sum_{n=0}^{\infty} e^{-anT}z^{-n} = 1 + e^{-aT}z^{-1} + e^{-2aT}z^{-2} + \cdots + e^{-anT}z^{-n}$$

$$= \frac{1}{1 - e^{-aT}z^{-1}} = \frac{z}{z - e^{-aT}}$$

【例 C.2】　求单位阶跃函数的 Z 变换。

令常数 $a = 0$，即可得单位阶跃函数，因此，可直接得到单位阶跃函数的 Z 变换

$$Z[1(t)] = \frac{z}{z - \mathrm{e}^{-aT}}\bigg|_{a=0} = \frac{z}{z-1}$$

### 2. 部分分式法

设连续函数 $x(t)$ 的拉氏变换为有理函数式，且可以展开成部分分式的形式，即

$$X(s) = \sum_{i=1}^{n} \frac{A_i}{s + p_i} \qquad\qquad (C-5)$$

式中，$-p_i$ 为 $X(s)$ 的极点，$A_i$ 为 $-p_i$ 处的留数。

由拉氏变换知，$\dfrac{A_i}{s+p_i}$ 所对应的原函数为 $A_i\mathrm{e}^{-p_it}$，所对应的 Z 变换为 $A_i = \dfrac{z}{z - \mathrm{e}^{-p_iT}}$，由此可得

$$X(z) = \sum_{i=1}^{n} A_i \frac{z}{z - \mathrm{e}^{-p_iT}}$$

【例 C.3】 求 $X(s) = \dfrac{a}{s(s+a)}$ 的 Z 变换。

因为

$$X(s) = \frac{a}{s(s+a)} = \frac{1}{s} - \frac{1}{s+a}$$

对上式进行拉氏变换，得

$$x(t) = 1 - \mathrm{e}^{-at}$$

$$X(z) = Z[x(t)] = \frac{1}{1-z^{-1}} - \frac{1}{1-\mathrm{e}^{-aT}z^{-1}} = \frac{z(1-\mathrm{e}^{-aT})}{(z-1)(z-\mathrm{e}^{-aT})}$$

常用函数的 Z 变换如表 C-1 所示，若已知函数的拉氏变换（象函数），用部分分式法将其展开，查表 C-1 对应即可。

表 C-1 常用函数 Z 变换表

| 序 号 | $X(s)$ | $x(t)$ 或 $x(n)$ | $X(z)$ |
|---|---|---|---|
| 1 | $1$ | $\delta(t)$ | $1$ |
| 2 | $\mathrm{e}^{-nTs}$ | $\delta(t-nT)$ | $z^{-n}$ |
| 3 | $\dfrac{1}{s}$ | $1(t)$ | $\dfrac{z}{z-1}$ |
| 4 | $\dfrac{1}{s^2}$ | $t$ | $\dfrac{Tz}{(z-1)^2}$ |
| 5 | $\dfrac{2}{s^3}$ | $t^2$ | $\dfrac{T^2 z(z+1)}{(z-1)^3}$ |
| 6 | $\dfrac{1}{1-\mathrm{e}^{-Ts}}$ | $\sum_{n=0}^{\infty}\delta(t-nT)$ | $\dfrac{z}{z-1}$ |
| 7 | $\dfrac{1}{s+a}$ | $\mathrm{e}^{-at}$ | $\dfrac{z}{z-\mathrm{e}^{-aT}}$ |
| 8 | $\dfrac{1}{(s+a)^2}$ | $t\mathrm{e}^{-at}$ | $\dfrac{Tz\mathrm{e}^{-aT}}{(z-\mathrm{e}^{-aT})^2}$ |
| 9 | $\dfrac{a}{s(s+a)}$ | $1-\mathrm{e}^{-at}$ | $\dfrac{z(1-\mathrm{e}^{-aT})}{(z-1)(z-\mathrm{e}^{-aT})}$ |
| 10 | $\dfrac{\omega}{s^2+\omega^2}$ | $\sin\omega t$ | $\dfrac{z\sin\omega T}{z^2-2z\cos\omega T+1}$ |

续表

| 序　号 | $X(s)$ | $x(t)$ 或 $x(n)$ | $X(z)$ |
|---|---|---|---|
| 11 | $\dfrac{s}{s^2+\omega^2}$ | $\cos\omega t$ | $\dfrac{z(z-\cos\omega T)}{z^2-2z\cos\omega T+1}$ |
| 12 | $\dfrac{\omega}{(s+a)^2+\omega^2}$ | $e^{-aT}\sin\omega t$ | $\dfrac{ze^{-aT}\sin\omega T}{z^2-2ze^{-aT}\cos\omega T+e^{-2aT}}$ |
| 13 | $\dfrac{s+a}{(s+a)^2+\omega^2}$ | $e^{-aT}\cos\omega t$ | $\dfrac{z^2-ze^{-aT}\cos\omega T}{z^2-2ze^{-aT}\cos\omega T+e^{-2aT}}$ |
| 14 | | $a^n$ | $\dfrac{z}{z-a}$ |
| 15 | | $a^n\cos n\pi$ | $\dfrac{z}{z+a}$ |

## C.3　Z 变换的基本定理

与拉氏变换的性质相类似，Z 变换有线性、延迟、超前、初值和终值定理等。

**1. 线性定理**

若
$$Z[x_1(t)]=X_1(z),\quad Z[x_2(t)]=X_2(z)$$
则
$$Z[ax_1(t)\pm bx_2(t)]=aX_1(z)\pm bX_2(z)\qquad （a,b\text{ 为常数}）\qquad（C-6）$$

**2. 延迟定理**

若 $t<0$ 时，$x(t)=0$，$Z[x(t)]=X(z)$，则有
$$Z[x(t-nT)]=z^{-n}X(z)\qquad （n,T\text{ 为常数}）\qquad（C-7）$$

**3. 超前定理**

若 $t<0$ 时，$x(t)=0$，$Z[x(t)]=X(z)$，则有
$$Z[x(t+mT)]=z^{m}X(z)\qquad （m,T\text{ 为常数}）\qquad（C-8）$$

**4. 初值定理**

若 $Z[x(t)]=X(z)$，则有
$$x(0)=\lim_{z\to\infty}X(z)\qquad（C-9）$$

**5. 终值定理**

若 $Z[x(t)]=X(z)$，且 $(z-1)X(z)$ 的全部极点位于单位圆内，则有
$$x(\infty)=\lim_{z\to1}[X(z)(z-1)]\qquad（C-10）$$

以上证明从略，请读者自己完成或者参阅其他有关文献。

## C.4 Z 逆变换

正如同在拉氏变换方法中一样，Z 变换方法的一个主要目的是要先获得时域函数 $x(t)$ 在 Z 域中的代数解，其最终的时域解可通过 Z 逆变换求出。当然，$X(z)$ 的 Z 逆变换只能求出 $x^*(t)$，即只能是 $x(nT)$，而在非采样时刻不能得到有关连续函数的信息。

如果是理想采样器作用于连续信号 $x(t)$，则在 $t = nT$ 瞬间的采样值 $x(nT)$ 可以获得。Z 逆变换可以记作

$$Z^{-1}[X(z)] = x^*(t) \qquad\qquad\text{（C-11）}$$

在求 Z 逆变换时，仍假定当 $t<0$ 时，$x(t)=x(nT)=0$ 时。求 Z 逆变换的方法通常有长除法和部分分式法两种方法，下面进行介绍。

### 1. 长除法

长除法即把 $X(z)$ 展开成 $z^{-1}$ 升幂排列的幂级数。因为 $X(z)$ 的形式通常是两个 $z$ 的多项式之比，即

$$X(z) = \frac{b_m z^m + b_{m-1} z^{m-1} + \cdots + b_0}{a_n z^n + a_{n-1} z^{n-1} + \cdots + a_0} \qquad\qquad (n \geqslant m) \qquad\text{（C-12）}$$

所以，很容易用长除法展成幂级数。把分子多项式除以分母多项式，所得之商按 $z^{-1}$ 的升幂排列

$$X(z) = c_0 + c_1 z^{-1} + c_2 z^{-2} + \cdots + c_n z^{-n} + \cdots = \sum_{n=0}^{\infty} c_n z^{-n} \qquad\text{（C-13）}$$

这正是 Z 变换的定义式。$z^{-n}$ 项的系数 $c_n$ 就是时间函数 $x(t)$ 在采样时刻的值 $x(nT)$。因此，只要求得上述形式的级数，就可得到相应采样函数的脉冲序列，即 $x(nT)$。

【例 C.4】 试用长除法求 $X(z) = \dfrac{z}{(z-1)(z-2)}$ 的逆变换 $x^*(t)$。

把 $X(z)$ 写成 $z^{-1}$ 的升幂形式

$$X(z) = \frac{z}{(z-1)(z-2)} = \frac{z}{z^2 - 3z + 2} = \frac{z^{-1}}{1 - 3z^{-1} + 2z^{-2}}$$

进行长除法运算得到

$$X(z) = 0 + z^{-1} + 3z^{-2} + 7z^{-3} + 15z^{-4} + 31z^{-5} + 63z^{-6} + \cdots$$

由上式的系数可知

$$x(0) = 0, \ x(T) = 1, \ x(2T) = 3, \ x(3T) = 7, \ x(4T) = 15, \ x(5T) = 31, \ x(6T) = 63, \cdots$$

### 2. 部分分式法

若 $X(z)$ 是 $z$ 的有理分式函数且 $X(z)$ 没有重极点，部分分式法是先求出 $X(z)$ 的极点，再将 $X(z)/z$ 展开成部分分式之和的形式，即

$$\frac{X(z)}{z} = \sum_{i=1}^{n} \frac{A_i}{z - z_i} \qquad\qquad\text{（C-14）}$$

进而，可以得到 $X(z)$ 的表达式

$$X(z) = \sum_{i=1}^{n} \frac{A_i z}{z - z_i} \qquad (\text{C-15})$$

然后逐项查 Z 变换表，求出每一项 $A_i z/(z-z_i)$ 对应的时间函数 $x_i(t)$，并转换为采样函数 $x^*_i(t)$，最后将这些采样函数相加，便可得到 $X(z)$ 的 Z 逆变换 $x^*(t)$。

【例 C.5】　试用部分分式法求 $X(z) = \dfrac{z}{(z-1)(z-2)}$ 的逆变换 $x^*(t)$。

由于 $X(z)$ 中通常含有一个 $z$ 因子，所以首先将式 $X(z)/z$ 展成部分分式

$$\frac{X(z)}{z} = \frac{1}{(z-1)(z-2)} = \frac{-1}{z-1} + \frac{1}{z-2}$$

再求 $X(z)$ 的分解因式

$$X(z) = \frac{-z}{z-1} + \frac{z}{z-2}$$

查 Z 变换表，得到

$$Z^{-1}\left[\frac{-z}{z-1}\right] = -1, \quad Z^{-1}\left[\frac{z}{z-2}\right] = 2^n$$

所以

$$x^*(t) = x(nT) = -1 + 2^n$$

即

$$x(0) = 0, \quad x(T) = 1, \quad x(2T) = 3, \quad x(3T) = 7, \quad x(4T) = 15, \quad x(5T) = 31, \quad x(6T) = 63, \cdots$$

可以看出，与例 C.4 采用长除法得到的结果一样。

# 参 考 文 献

[1] 曾孟雄，等. 机械工程控制基础[M]. 北京：电子工业出版社，2011.

[2] 杨振中，张和平. 控制工程基础[M]. 北京：北京大学出版社，2007.

[3] 杨叔子，杨克冲，等. 机械工程控制基础[M]. 5 版. 武汉：华中科技大学出版社，2006.

[4] 曾励，等. 控制工程基础[M]. 北京：机械工业出版社，2013.

[5] 刘国华. 机械工程控制基础[M]. 西安：西安电子科技大学出版社，2017.

[6] 陈伯时. 电力拖动自动控制系统[M]. 北京：机械工业出版社，2002.

[7] 柳洪义，等. 机械工程控制基础[M]. 北京：科学出版社，2006.

[8] 祝守新，等. 机械工程控制基础[M]. 北京：清华大学出版社，2008.

[9] 李连进. 机械工程控制基础[M]. 北京：机械工业出版社，2013.

[10] 杨前明，等. 机械工程控制基础[M]. 武汉：华中科技大学出版社，2010.

[11] 巨林仓. 自动控制原理[M]. 北京：中国电力出版社，2007.

[12] 孙梅凤，王玲花. 自动控制原理[M]. 北京：中国水利水电出版社，2007.

[13] 王敏，秦肖臻. 自动控制原理[M]. 北京：化学工业出版社，2005.

[14] 陈康宁. 机械工程控制基础[M]. 西安：西安交通大学出版社，2009.

[15] 张建民，等. 机电一体化系统设计[M]. 3 版. 北京：高等教育出版社，2010.

[16] 阮毅，陈维钧. 运动控制系统[M]. 北京：清华大学出版社，2006.

[17] 曾孟雄，等. 机械工程控制基础学习指导与题解. 北京：电子工业出版社，2011

[18] 李友善. 自动控制原理[M]. 3 版. 北京：国防工业出版社，2008.

[19] 绪方胜彦. 现代控制工程. 卢伯英，佟明安，罗维铭，译. 北京：科学出版社，1978.

[20] 魏彩乔. 机电一体化系统设计同步配套题解. 北京：光明日报出版社，2009.

[21] 吕汉兴. 自动控制原理学习指导与题解. 武汉：华中科技大学出版社，2003.

[22] 张静，马俊丽，等. MATLAB 在控制系统中的应用[M]. 北京：电子工业出版社，2007.

[23] 王丹力，邱治平，等. MATLAB 控制系统设计仿真应用[M]. 北京：中国电力出版社，2007.

[24] 欧阳黎明，等. MATLAB 控制系统设计[M]. 北京：国防工业出版社，2001.